"十三五"国家重点出版物出版规划项目
中国北方及其毗邻地区综合科学考察

董锁成　孙九林　主编

中国北方及其毗邻地区
地理环境背景科学考察报告

庄大方　徐新良　姜小三等　著

U0263325

科学出版社
北　京

内 容 简 介

　　中国北方及其毗邻地区是一个资源相对集中、生态环境格局复杂、气候地带性多样、人地关系显著的区域。本书通过资料搜集和整理、相关数据的综合分析，归纳和总结了中国北方及其毗邻地区地理环境背景的总体概况、各个生态地理分区的基本特征、气候背景状况和 20 世纪 70 年代以来的气候变化状况。

　　本书可供国土资源和环境保护机构的工作人员，资源、环境、生态、遥感和地理信息系统等科研部门的学者及大专院校相关专业师生借鉴和参考。

图书在版编目(CIP)数据

中国北方及其毗邻地区地理环境背景科学考察报告 / 庄大方等著 . —北京：科学出版社，2015.6

（中国北方及其毗邻地区综合科学考察）

"十三五"国家重点出版物出版规划项目

ISBN 978-7-03-044936-8

Ⅰ. ①中…　Ⅱ. ①庄…　Ⅲ. ①地理环境–科学考察–考察报告–中国　Ⅳ. ①X21

中国版本图书馆 CIP 数据核字（2015）第 128558 号

责任编辑：李　敏　周　杰 / 责任校对：张凤琴
责任印制：张　伟 / 封面设计：黄华斌　陈　敬

科 学 出 版 社 出版
北京东黄城根北街 16 号
邮政编码：100717
http://www.sciencep.com

北京建宏印刷有限公司 印刷
科学出版社发行　各地新华书店经销

*

2015 年 6 月第　一　版　　开本：787×1092　1/16
2019 年 1 月第二次印刷　　印张：15 1/4
字数：350 000

定价：158.00 元
（如有印装质量问题，我社负责调换）

中国北方及其毗邻地区综合科学考察
丛书编委会

项目顾问委员会

主 任

孙鸿烈　中国科学院原常务副院长、中国青藏高原研究会名誉理事长、中国科学院院士、研究员

陈宜瑜　国家自然科学基金委员会原主任、中国科学院院士、研究员

委 员

方　磊　中国生态经济学会原副理事长、原国家计划委员会国土地区司司长、教授

李文华　中国生态学学会顾问、中国工程院院士、研究员

田玉钊　原中国科学院−国家计委自然资源综合考察委员会副主任、研究员

刘兴土　中国科学院东北地理与农业生态研究所，中国工程院院士、研究员

周晓沛　外交部原欧亚司司长、中华人民共和国驻哈萨克斯坦共和国大使馆原大使

李静杰　中国社会科学院原苏联东欧所所长、学部委员、研究员

陈　才　吉林大学东北亚研究院名誉院长、东北师范大学终身荣誉教授

刘纪远　中国自然资源学会名誉理事长、资源与环境信息系统国家重点实验室原主任、中国科学院地理科学与资源研究所研究员

中国北方及其毗邻地区综合科学考察
丛书编委会

项目专家组

组　　长

刘　恕　　中国科学技术协会原副主席、荣誉委员，中国俄罗斯友好协会常务副会长、研究员

副组长

孙九林　　中国工程院院士、中国科学院地理科学与资源研究所研究员

专　　家

石玉林　　中国工程院院士、中国自然资源学会名誉理事长、研究员
尹伟伦　　中国工程院院士、北京林业大学原校长、教授
黄鼎成　　中国科学院资源环境科学与技术局原副局级学术秘书、研究员
葛全胜　　中国科学院地理科学与资源研究所所长、研究员
江　洪　　南京大学国际地球系统科学研究所副所长、教授
陈全功　　兰州大学草地农业科技学院教授
董锁成　　中国科学院地理科学与资源研究所研究员

中国北方及其毗邻地区综合科学考察
丛书编委会

编辑委员会

主　编　董锁成　孙九林

编　委（中方专家按姓氏笔画排序）

王卷乐　叶舜赞　朱华忠　庄大方　刘曙光

江　洪　孙九林　李　宇　李旭祥　杨雅萍

何德奎　张树文　张　路　陈　才　陈全功

陈毅锋　欧阳华　胡维平　顾兆林　徐兴良

徐新良　董锁成

Tulokhonov　Arnold（俄）　　Peter Ya. Baklanov（俄）

Mikail I. Kuzmin（俄）　　Boris A. Voronov（俄）

Viktor M. Plyusnin（俄）　　Endon Zh. Garmayev（俄）

Desyatkin Roman（俄）　　Dechingungaa Dorjgotov（蒙）

编委会办公室　李　宇　王卷乐　李泽红

《中国北方及其毗邻地区地理环境背景科学考察报告》

编写委员会

主　　笔　庄大方

副 主 笔　徐新良　姜小三

执笔人员　李　双　付　颖　通拉嘎　刘　洛
　　　　　郭腾蛟　袁兰兰　孙　源　刘洋洋
　　　　　万华伟　肖　桐　葛亚宁　张晓峰

序　一

　　科技部科技基础性工作专项重点项目"中国北方及其毗邻地区综合科学考察"经过中、俄、蒙三国 30 多家科研机构 170 余位科学家 5 年多的辛勤劳动，终于圆满完成既定的科学考察任务，形成系列科学考察报告，共 10 册。

　　中国北方及其毗邻的俄罗斯西伯利亚、远东地区及蒙古国是东北亚地区的重要组成部分。除了 20 世纪 50 年代对中苏合作的黑龙江流域综合考察外，长期以来，中国很少对该地区进行综合考察，尤其缺乏对俄蒙两国高纬度地区的考察研究。因此，该项考察成果的出版将为填补中国在该地区数据资料的空白做出重要贡献，且将为全球变化研究提供基础数据支持，对东北亚生态安全和可持续发展、"丝绸之路经济带"和"中俄蒙经济走廊"的建设具有重要的战略意义。

　　这次考察面积近 2000 万 km²，考察内容包括地理环境、土壤、植被、生物多样性、河流湖泊、人居环境、经济社会、气候变化、东北亚南北生态样带、综合科学考察技术规范等，是一项科学价值大、综合性强的跨国科学考察工作。系列科学考察报告是一套资料翔实，内容丰富，图文并茂的重要成果。

　　我相信，《中国北方及其毗邻地区综合科学考察》丛书的出版是一个良好的开端，这一地区还有待进一步深入全面考察研究。衷心希望项目组再接再厉，为中国的综合科学考察事业做出更大的贡献。

2014 年 12 月

序　二

2001 年，科技部启动科技基础性工作专项，明确了科技基础性工作是指对基本科学数据、资料和相关信息进行系统的考察、采集、鉴定，并进行评价和综合分析，以加强我国基础数据资料薄弱环节，探求基本规律，推动科学基础资料信息流动与利用的工作。近年来，科技基础性工作不断加强，综合科学考察进一步规范。"中国北方及其毗邻地区综合科学考察"正是科技部科技基础性工作专项资助的重点项目。

中国北方及其毗邻的俄罗斯西伯利亚、远东地区和蒙古国在地理环境上是一个整体，是东北亚地区的重要组成部分。随着全球化和多极化趋势的加强，东北亚地区的地缘战略地位不断提升，越来越成为大国竞争的热点和焦点。东北亚地区生态环境格局复杂多样，自然过程和人类活动相互作用，对中国资源、环境与社会经济发展具有深刻的影响。长期以来，中国缺少对该地区的科学研究和数据积累，尤其缺乏对俄蒙两国高纬度地区的考察研究。因此，该项综合科学考察成果的出版将填补我国在该地区长期缺乏数据资料的空白。该项综合科学考察工作必将极大地支持中国在全球变化领域中对该地区的创新研究，支持东北亚国际生态安全、资源安全等重大战略决策的制定，对中国社会经济可持续发展特别是丝绸之路经济带和中俄蒙经济走廊的建设都具有重要的战略意义。

《中国北方及其毗邻地区综合科学考察》丛书是中俄蒙三国 170 余位科学家通过 5 年多艰苦科学考察后，用两年多时间分析样本、整理数据、编撰完成的研究成果。该项科学考察体现了以下特点：

一是国际性。该项工作联合俄罗斯科学院、蒙古国科学院及中国 30 多家科研机构，开展跨国联合科学考察，吸收俄蒙资深科学家和中青年专家参与，使中断数十年的中苏联合科学考察工作在新时期得以延续。项目考察过程中，科考队员深入俄罗斯勒拿河流域、北冰洋沿岸、贝加尔湖流域、远东及太平洋沿岸等地区，采集到大量国外动物、植物、土壤、水样等标本。该项考察工作还探索出利用国外生态观测台站和实验室观测、实验获取第一手数据资料，合作共赢的国际合作模式。如此大规模的跨国科学考察，必将有力地推进中国综合科学考察工作的国际化。

二是综合性。从考察内容看，涉及地理环境、土壤植被、生物多样性、河流湖泊、人居环境、社会经济、气候变化、东北亚南北生态样带以及国际综合科学考察技术规范等内容，是一项内容丰富、综合性强的科学考察工作。

三是创新性。该项考察范围涉及近 2000 万 km^2。项目组探索出点、线、面结合，遥感监测与实地调查相结合，利用样带开展大面积综合科学考察的创新模式，建立 E-Science 信息化数据交流和共享平台，自主研制便携式野外数据采集仪。上述创新模式和技术保障了各项考察任务的圆满完成。

考察报告资料翔实，数据丰富，观点明确，在科学分析的基础上还提出中俄蒙跨国合作的建议，有许多创新之处。当然，由于考察区广袤，环境复杂，条件艰苦，对俄罗斯和蒙古全境自然资源、地理环境、生态系统与人类活动等专题性系统深入的综合科学考察还有待下一步全面展开。我相信，《中国北方及其毗邻地区综合科学考察》丛书的面世将对中国国际科学考察事业产生里程碑式的推动作用。衷心希望项目组全体专家再接再厉，为中国的综合科学考察事业做出更大的贡献。

2014 年 12 月

序 三

进入 21 世纪以来，我国启动实施科技基础性工作专项，支持通过科学考察、调查等过程，对基础科学数据资料进行系统收集和综合分析，以探求基本的科学规律。科技基础性工作长期采集和积累的科学数据与资料，为我国科技创新、政府决策、经济社会发展和保障国家安全发挥了巨大的支撑作用。这是我国科技发展的重要基础，是科技进步与创新的必要条件，也是整体科技水平提高和经济社会可持续发展的基石。

2008 年，科技部正式启动科技基础性工作专项重点项目"中国北方及其毗邻地区综合科学考察"，标志着我国跨国综合科学考察工作迈出了坚实的一步。这是我国首次开展对俄罗斯和蒙古国中高纬度地区的大型综合科学考察，在我国科技基础性工作史上具有划时代的意义。在该项目的推动下，以董锁成研究员为首席科学家的项目全体成员，联合国内外 170 余位科学家，利用 5 年多的时间连续对俄罗斯远东地区、西伯利亚地区、蒙古国，中国北方地区展开综合科学考察，该项目接续了中断数十年的中苏科学考察。科考队员足迹遍布俄罗斯北冰洋沿岸、东亚太平洋沿岸、贝加尔湖沿岸、勒拿河沿岸、阿穆尔河沿岸、西伯利亚铁路沿线、蒙古沙漠戈壁、中国北方等人迹罕至之处，历尽千辛万苦，成功获取考察区范围内成系列的原始森林、土壤、水、鱼类、藻类等珍贵样品和标本 3000 多个（号），地图和数据文献资料 400 多套（册），填补了我国近几十年在该地区的资料空白。同时，项目专家组在国际上首次尝试构建东北亚南北生态样带，揭示了东北亚生态、环境和经济社会样带的梯度变化规律；在国内首次制定 16 项综合科学考察标准规范，并自主研制了野外考察信息采集系统和分析软件；与俄蒙科研机构签署 12 项合作协议，创建了中俄蒙长期野外定位观测平台和 E-Science 数据共享与交流网络平台。项目取得的重大成果为我国今后系统研究俄蒙地区资源开发利用和区域可持续发展奠定了坚实的基础。我相信，在此项工作基础上完成的《中国北方及其毗邻地区综合科学考察》丛书，将是极富科学价值的。

中国北方及其毗邻地区在地理环境上是一个整体，它占据了全球最大的大陆——欧亚大陆东部及其腹地，其自然景观和生态格局复杂多样，自然环境和经济社会相互影响，在全球格局中，该地区具有十分重要的地缘政治、地缘经济和地缘生态环境战略地位。中俄蒙三国之间有着悠久的历史渊源、紧密联系的自然环境与社会经济活动，区内生态建设、环境保护与经济发展具有强烈的互补性和潜在的合作需求。在全球变化的背景下，该地区在自然环境和经济社会等诸多方面正发生重大变化，有许多重大科学问题亟待各国科学家共同探索，共同寻求该区域可持续发展路径。当务之急是摸清现状。例如，在当前应对气候变化的国际谈判、履约和节能减排重大决策中，迫切需要长期采集和积累的基础性、权威性全球气候环境变化基础数据资料作为支撑。在能源资源越来越短缺的今天，我国要获取和利用国内外的能源资源，首先必须有相关国家的资源环境基础资料。俄蒙等周边国家在我国全球资源战略中占有极其重要的地位。

中国科学家十分重视与俄、蒙等国科学家的学术联系，并与国外相关科研院所保持着长期良好的合作关系。1998 年、2004 年，全国人大常委会副委员长、中国科学院院长路甬祥两次访问俄罗斯，并代表中国科学院俄罗斯科学院签署两院院际合作协议。2005 年、2006 年，中国科学院地理科学与资源研究所等单位与俄罗斯科学院、蒙古科学院中亚等国科学院相关研究所成功组织了一系列综合科学考察与合作研究。近年来，各国科学家合作交流更加频繁，合作领域更加广泛，合作研究更加深入。《中国北方及其毗邻地区综合科学考察》丛书正是基于多年跨国综合科学考察与合作研究的成果结晶。该项成果包括：《中国北方及其毗邻地区科学考察综合报告》《中国北方及其毗邻地区土地利用/土地覆被科学考察报告》《中国北方及其毗邻地区地理环境背景科学考察报告》《中国北方及其毗邻地区生物多样性科学考察报告》《中国北方及其毗邻地区大河流域及典型湖泊科学考察报告》《中国北方及其毗邻地区经济社会科学考察报告》《中国北方及其毗邻地区人居环境科学考察报告》《东北亚南北综合样带的构建与梯度分析》《中国北方及其毗邻地区综合科学考察数据集》、*Proceedings of the International Forum on Regional Sustainable Development of Northeast and Central Asia*。

2013 年 9 月，习近平主席访问哈萨克斯坦时提出"共建丝绸之路经济带"的战略构想，得到各国领导人的响应。中国与俄蒙正在建立全面战略协作伙伴关系，俄罗斯科技界和政府部门正在着手建设欧亚北部跨大陆板块的交通经济带。2014 年 9 月，习近平主席提出建设中俄蒙经济走廊的战略构想，从我国北方经西伯利亚大铁路往西到欧洲，有望成为丝绸之路经济带建设的一条重要通道。在上海合作组织的框架下，巩固中俄蒙以及中国与中亚各国之间的战略合作伙伴关系是丝绸之路经济带建设的基石。资源、环境及科技合作是中俄蒙合作的优先领域和重要切入点，迫切需要通过科技基础工作加强对俄蒙的重点考察、调查与研究。在这个重大的历史时刻，中国北方及其毗邻地区综合科学考察丛书的出版，对广大科技工作者、政府决策部门和国际同行都是一项非常及时的、极富学术价值的重大成果。

2014 年 12 月

前　言

环境问题与区域地理因素、生态环境系统密切相关，呈现出区域性、长期性、共同性的特征。当今的环境问题不仅是国家内部事务，而且跨越国界限制，渗透到整个区域甚至全球生态系统。随着环境问题规模的扩大、监测和解决难度的增加，单一国家在资金、技术、人力等方面都难以应对区域环境问题，因此"国际合作"成为解决环境问题的必要途径。近年来，东北亚环境问题越来越突出，酸雨、沙尘暴、水污染等问题日益引起区域内各国的广泛关注，因此，加强和深化环境领域的国际合作，成为解决东北亚环境问题的内在要求。

中国北方及其毗邻地区（本书指中国黄河以北的东北、华北、西北地区，蒙古全境，俄罗斯西伯利亚及远东地区）是一个资源相对集中、生态环境格局复杂、气候地带性多样、人地关系显著的区域。该地区内的自然资源、生态环境与人类活动等具有典型的梯度变化特点。例如，年平均气温从高于20℃到低于-20℃，年降水量从100mm到2000mm，人口密度从每平方千米人数不到10人到1000人以上，土地利用从集约化程度非常高到人类活动干预非常少，等等。这些区域特征对于研究全球变化在该地区的响应、自身的可持续发展等问题具有重要意义。目前，包括美国、德国、日本、韩国等在内的国家都在该地区开展了长期科学研究合作和综合科学调查活动。21世纪初，中国科学院加强与俄罗斯科学院、蒙古科学院等机构的科研合作，在该地区联合开展了一系列综合科学考察。2008年，科学技术部专门资助并启动科技基础性工作专项重点项目"中国北方及其毗邻地区综合科学考察"，希望通过联合科学考察，加强对该地区本底资料的获取和分析，为在该地区深入开展地球系统、全球变化和区域可持续发展研究提供数据支撑。

本书是在对中国北方及其毗邻地区开展实地科学考察的基础上，通过资料搜集、整理以及综合分析相关数据，对该地区地理环境背景进行系统归纳和总结。全书共4章。第1章，中国北方及其毗邻地区地理环境背景总体概况：系统归纳和总结了中国北方及其毗邻地区的地形地貌、土壤、土地利用、自然资源、人口与主要城市、经济产业等各个方面的基本特点；第2章，中国北方及其毗邻地区生态地理分区：系统归纳和总结了寒带苔原带、亚寒带针叶林带（泰加林带）、温带草原带、温带混交林带、温带荒漠带五大生态地理分区的地理环境特征；第3章，中国北方及其毗邻地区气候背景状况：系统介绍了中国北方及其毗邻地区气温、降水的空间分布格局特征；第4章，中国北方及其毗邻地区气候变化状况：系统分析了近30年该地区气温、降水的时空变化规律。

本书由庄大方主笔，徐新良、姜小三副主笔，共同负责全书的设计、组织和审定。各章主要作者：第1章，肖桐、徐新良、刘洋洋、庄大方；第2章，万华伟、徐新良、郭腾蛟、葛亚宁、庄大方；第3章，姜小三、李双、通拉嘎、付颖、庄大方；第4章，徐新良、孙源、刘洛、袁兰兰、张晓峰、庄大方。

作　者

2014年6月

目　　录

第1章　中国北方及其毗邻地区地理环境背景总体概况

中国北方及其毗邻地区（简称东北亚）的空间范围包括中国黄河以北的东北、华北、西北地区，蒙古全境，俄罗斯西伯利亚（包括外贝加尔边疆区、伊尔库茨克、布里亚特等）及远东地区。东北亚是一个资源相对集中、生态环境格局复杂、气候地带性多样、人地关系显著的地区。该地区海拔 50~4000m，主要由平原、丘陵、山地等组成。由于纬度跨度大，该地区的自然资源、生态环境与人类活动等具有典型的梯度变化特点。在气候上有大陆型气候和海洋型气候，年内温差较大，冬季 1 月平均气温 -37~25℃，夏季 7 月平均气温 11~30℃。该地区降水量有巨大差异，年降水量 150~3500mm。人口密度从每平方千米人数小于 10 人到大于 1000 人，土地利用从集约化程度非常高到人类活动干预非常少，等等。

在全球变化的背景下，东北亚地区的特征对研究全球变化在该地区的响应、自身可持续发展等方面具有重要意义。美国、德国，以及亚洲的日本、韩国等国家长期在该地区开展了大量的科学研究合作和综合科学调查活动。21 世纪初，中国科学院加强了与俄罗斯科学院、蒙古科学院等机构的科研合作，联合在该地区开展综合科学考察。科学技术部（简称科技部）于 2008 年专门资助并启动科技基础性工作专项重点项目"中国北方及其毗邻地区综合科学考察"，希望通过联合科学考察，加强对该地区本底资料的获取和分析，为在该地区深入开展地球系统、全球变化和区域可持续发展研究提供数据支撑。

1.1　中国北方地区

中国北方地区包括秦岭-淮河一线以北的中国东北、华北和西北地区，涉及黑龙江、吉林、辽宁、甘肃、宁夏、青海、河北、河南、北京、天津、山西、陕西、山东、内蒙古、新疆等 15 个省（自治区、直辖市）。面积约占全国陆地总面积的 58.6%；总人口约 5.6 亿，约占全国人口的 41.8%。

中国北方地区主要是温带季风气候，局部地区是高原气候。冬季受来自高纬度内陆蒙古、西伯利亚高压中心西北季风的影响，盛行极地大陆气团；夏季受极地海洋气团或变性热带海洋气团的影响，盛行东南季风，因此具有夏季高温多雨、冬季寒冷干燥、雨热同期的气候特点。该区全年四季分明，天气多变，随着纬度的增高，冬、夏气温变幅相应增大，而降水逐渐减少。

1.1.1　地形地貌

中国北方地区地势西高东低（图 1-1），自西向东呈阶梯状下降。东部的东北、华北地区平原分布广泛，海拔多在 200m 以下。其中，辽东半岛和山东半岛多丘陵分布，海拔为 200～500m。西部多山地和高原，海拔多在 500m 以上，内蒙古、宁夏、甘肃、青海等地多高原，海拔在 1000m 以上。其中，新疆和青海南部海拔较高，多在 5000m 以上，最高处达 7465m。

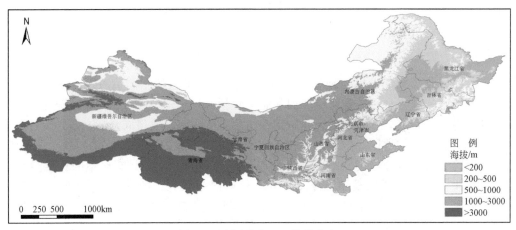

图 1-1　中国北方地区海拔分布

东北地区：狭义上指东北三省（包括辽宁省、吉林省、黑龙江省）所构成的区域；广义上则包括山海关以北的辽宁省、吉林省、黑龙江省以及内蒙古自治区东五盟市（呼伦贝尔市、通辽市、赤峰市、兴安盟、锡林郭勒盟）。东北地区地形东西两侧高，中间低，东边为低地；南北两侧高，中间低；南边和北边为低地。东北地区的地势高低，大致呈半球状的三带分布：外围是黑龙江、乌苏里江、图们江和鸭绿江等流域低地，地势较低；中间是山地和丘陵，地势较高；内部是广阔的高原，地势较高。

华北地区：位于 32°N～42°N，110°E～120°E，具体范围为大兴安岭以西、青藏高原以东、内蒙古高原以南、秦岭-淮河以北，东临渤海和黄海。华北地区包括四个自然地理单元：东部的辽东、山东低山丘陵，中部的黄淮海平原和辽河下游平原，西部的黄土高原，北部的冀北山地。辽东、山东半岛以犄角之势环抱渤海，这两个半岛上的山地丘陵海拔大多在 500m 左右，只有少数山峰超过 1000m。地势虽不高，但对海洋季风的运行却有一定的影响，构成华北地区海陆间的第一道地形屏障。中部广阔的黄淮海平原和辽河下游平原，地势低平，海拔一般不超过 50m，黄淮海平原北缘的冀北山地和西缘的太行山海拔 600～1000m，构成华北地区的第二道地形屏障，进一步阻挡海洋湿润气流向西延伸，加强了华北地区自然景观的东西差异。

西北地区：主要位于中国地势第二级阶梯，以高原和盆地为主。内蒙古高原（包括河套平原、宁夏平原、河西走廊）平坦开阔，东部为典型的温带草原，中西部多沙漠、戈壁；新疆地形为"三山夹两盆"，昆仑山脉、天山山脉、阿尔泰山脉都是亚洲中部重要的山脉，山顶终年积雪，山麓草场广大。其中，天山山脉横亘中部，把新疆分为南北两部分，山间多陷落盆地和谷地（吐鲁番盆地、伊犁河谷等）。艾丁湖海拔 -156m，是中国陆地最低点。南部是中国最大的盆地塔里木盆地，地表景观呈环状分布。"绿洲"是当地主要的农业区，中部有中国最大的沙漠塔克拉玛干沙漠，中国最长的内流河塔里木河分布其间。天山以北是中国第二大盆地准噶尔盆地，古尔班通古特沙漠是中国的第二大沙漠。新疆境内山脉和盆地相间：阿尔泰山—准噶尔盆地—天山—塔里木盆地—昆仑山、阿尔金山—吐鲁番盆地。西北地区的阿尔泰山、天山、昆仑山、祁连山等山系的强烈上升，形成西高东低呈巨大三级阶梯形下降的地形特征。

中国北方地区地貌类型包括平原、丘陵、台地和山地（图 1-2）。其中，以平原和山地为主，面积分别为 178.5 万 km² 和 158.5 万 km²，分别占北方地区总面积的 31.7% 和 28.2%；丘陵面积为 144.0 万 km²，占 25.6%；台地面积较小，为 83.0 万 km²，占 14.7%。中国北方地区拥有两大高原和两大平原，分别为黄土高原、内蒙古高原、东北平原和华北平原，它们是中国北方地区典型的地貌。

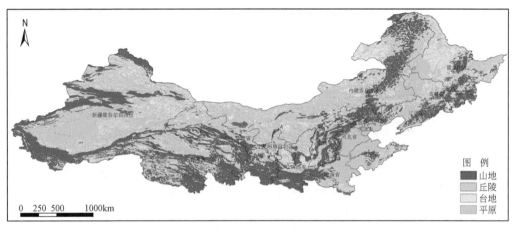

图 1-2　中国北方地区地貌类型分布

内蒙古高原为中国第二大高原，位于中国北部，大兴安岭以西，马鬃山以东，南沿长城，北接蒙古，为蒙古高原的一部分。空间范围包括内蒙古自治区全区、甘肃省及宁夏回族自治区北部的大部分地区，面积约 130 万 km²。内蒙古高原海拔在 1000m 左右，开阔坦荡，地面起伏和缓，多盆地。东部草原辽阔，约占高原总面积的 80%，植物种类中，多年旱生中温带草本植物占优势，最主要为丛生禾草，次为根茎禾草，杂类草及旱生小灌木和小半灌木成分，是中国重要的牧区。西部沙漠广布，分布面积占全国沙漠总面积的 37.8%，包括巴丹吉林沙漠、腾格里沙漠、浑善达克沙地、库布其沙漠、毛乌素沙地、乌兰布和沙漠、科尔沁沙地等。其中，巴丹吉林沙漠是中国第三大沙漠，面积达 4.43 万 km²；腾格里沙漠是中国第四大沙漠，面积约 4.27 万 km²。内蒙古高原湖泊资源丰富，但多为内陆湖，且湖泊浅小，分布集中。其中，位于内蒙古呼伦贝尔草原西部的达赉湖（又名呼伦湖）面积最大，超过 2300km²，其生态状况与呼伦贝尔草原及周边亿万生灵息息相关，被称为呼伦贝尔草原的"肾"。

黄土高原是世界最大的黄土沉积区，也是黄土层最深厚、黄土地貌最为发育的典型高平原地区（刘东生，2004），又称鸦金高原。黄土高原是中国第三大高原，是中华民族古代文明的发源地，位于 34°N ~ 40°N，103°E ~ 114°E，空间范围包括太行山以西、青海省日月山以东、关中平原以北、长城以南广大地区，跨河南省、青海省、陕西省、甘肃省、山西省、内蒙古自治区、宁夏回族自治区七省（自治区），平均海拔为 800 ~ 1800m，面积约 64 万 km²。除少数石质山地外，高原上覆盖深厚的黄土层，黄土厚度为

50～180m。这里的黄土是地质历史时期风力沉积作用堆积而成的，土质疏松，经过流水长期强烈侵蚀，逐渐形成了千沟万壑的黄土地貌。黄土高原水土流失严重，一方面是自然因素，黄土土质疏松，抗蚀力弱以及该地区偶发性强烈暴雨冲刷等造成；另一方面是人为因素，也是主导因素，由于人类在这一地区长期滥垦、滥伐使自然植被遭到严重的破坏，扰动地表，特别是坡地土层，加剧了水土流失。

东北平原为中国第一大平原，又称松辽平原，位于东北地区中部，40°25′N～48°40′N，118°40′E～128°E。南北长1000多千米，东西宽300～400km，总面积约35万km²，海拔大多低于200m。东北平原三面环山，东西两侧为长白山和大兴安岭山地，北部为小兴安岭山地，南部濒临辽东湾。主要由松嫩平原、三江平原和辽河平原三部分组成。

华北平原是中国第二大平原，又称黄淮海平原，位于燕山以南、太行山以东、淮河以北，东面濒临海洋，跨越河南、河北、山东、北京、天津等省（直辖市），面积约30万km²。华北平原地势平坦，海拔多在50m以下，是典型的冲积平原，经黄河、海河、淮河、滦河等所带的大量泥沙沉积所致，多数地方的沉积厚达七八百米。

1.1.2 土壤

中国北方地区土壤包括潮土、草甸土、褐土、棕壤、黑土和风沙土等类型。潮土是中国重要的农耕土壤资源，在北方地区主要分布在黄淮海平原、辽河下游平原，是一种在长期耕作、施肥和灌溉的作用下形成的半水成土壤。由于土壤地下水位较浅，毛管水前锋到达地表形成"夜潮现象"而被称为潮土。潮土土层深厚，矿物质养分丰富，有利于深根作物生长，农作物种植以小麦、玉米和棉花为主。草甸土直接受地下水浸润，在草甸植被覆盖下发育而成。主要分布在东北平原、内蒙古和西北地区的河谷平原或湖盆地区，其自然植被为湿生型与中生型草甸植被，主要农作物为水稻。褐土也称褐色森林土，表面呈褐色至棕黄色，主要分布在山西、河北、辽宁三省连接的丘陵低山地区，山东、河南两省的西部，甘肃东南部，内蒙古东南部地区也有部分分布。东部与棕壤相连，西北与半干旱区的栗褐土相接，南与黄褐土相接。褐土的自然植被以中生和旱生森林灌木为主，是中国北方重要的耕地土壤资源之一，既可用于种植小麦、玉米等粮食作物，又可用于种植水果（包括苹果、梨等）、棉花等经济作物（张凤荣，2002）。棕壤也称棕色森林土，是暖温带落叶阔叶林和针阔混交林下形成的土壤，主要分布于山东半岛和辽东半岛，在褐土的垂直带亦有分布。棕壤所处地形主要是低山丘陵，成土母质多为花岗岩、片麻岩及砂页岩的残积坡积物，或厚层洪积物。黑土是寒冷气候条件下，地表植物经过长时间腐蚀形成腐殖质后积累、演化而成的，为黑色土壤，土壤自然肥力高，土质疏松，最适于农耕。黑土主要分布在黑龙江和吉林两省，集中在小兴安岭和长白山西侧的山前波状台地，即松嫩平原，西与黑钙土为邻，是东北地区最重要的粮食基地。风沙土是发育于风成沙性母质的土壤，其主要特征是土壤矿质部分几乎全由细砂颗粒组成，主要分布在干旱少雨、昼夜温差大和多沙尘暴的西北地区。

1.1.3 土地利用

中国北方地区土地利用类型主要分为耕地、林地、草地、未利用土地和其他地类。

从 2010 年中国北方地区土地利用遥感监测结果（图 1-3）看，耕地集中分布在东北平原和华北平原，面积为 111.4 万 km²，占中国北方地区总面积的 19.8%。林地则主要分布在东北地区的大小兴安岭和长白山地，西北和华北地区较少，总面积为 81.5 万 km²，占中国北方地区总面积的 14.5%。北方地区草地面积为 163.5 万 km²，占中国北方地区总面积的 29.0%，在西北、内蒙古和东北地区北部成连片大面积分布。未利用土地主要分布在西北地区，面积较大，占中国北方地区总面积的 34.1%。其他地类包括水域和城乡工矿居民用地等，占地面积较少，仅为 3% 左右。

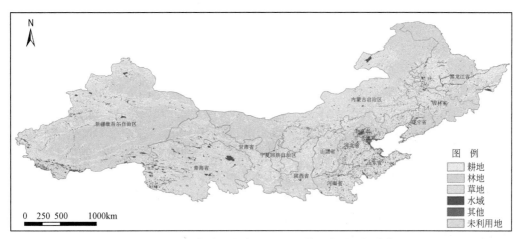

图 1-3　2010 年中国北方地区土地利用类型空间分布

（1）耕地

受地形、气候、土壤、水资源等多因素的影响，中国北方地区耕地分布呈现东多西少的特点。东北平原和华北平原是耕地的主要集中分布区，耕地所占比例在 75% 以上，而西北地区的新疆、甘肃、青海和内蒙古等地区耕地分布较少，大部分地区在 25% 以下（图 1-4）。东北地区中部的东北平原是中国耕地最为集中的地区之一，现有耕地面积约 243 万 hm²，土地资源丰富，土壤肥沃，东部和北部主要为自然肥力较高的黑土，水网发达，盛产水稻、大豆、小麦、玉米等粮食作物，是中国北方著名的"粮仓"和

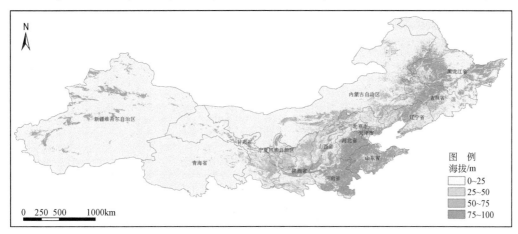

图 1-4　2010 年中国北方地区耕地分布

畜牧基地。华北平原是以旱作为主的农业区，该区土层深厚，土质肥沃，地带性土壤为棕壤和褐色土，主要粮食作物有小麦、水稻、玉米、高粱、谷子和甘薯等，经济作物主要有棉花、花生、芝麻、大豆和烟草等。华北平原是中国重要的粮棉油生产基地。黄河以北以二年三熟的粮食作物为主，随灌溉设施发展，一年两熟制面积不断扩大。粮食作物也以小麦、玉米为主，20 世纪 70 年代以来沿淮及湖洼地区扩大了水稻种植面积，经济作物主要有烤烟、芝麻、棉花、大豆等，另外还盛产苹果、梨、柿、枣等。华北平原河流改造为农业用水提供了水源保证，特别是跨流域的引滦入津工程，缓和了天津市用水紧张的状况；中、下游平原区开挖、疏浚了数千条大、小河道，使 666.67 万 hm² 低洼易涝耕地基本解除洪涝威胁，盐碱化土地也显著减少。西北地区耕地较少，以畜牧业为主。因降水稀少，种植业只分布在有灌溉水源的平原、河谷和绿洲，如吐鲁番盆地、宁夏平原、河套平原等，多呈点状、带状分布。

从耕地中水田和旱地的分布看，北方地区水田较少，主要在东北地区的松花江和辽河沿岸，华北地区河北、山东、河南三省的河流两岸及低洼地区分布。北方地区旱地面积较大，占耕地面积的 93.1%，广泛分布于东北、华北和内蒙古东部地区，西北地区有零散分布。北方旱地是中国最具开发潜力的农业生产基地，该地区地域辽阔，人均土地资源丰富，灌溉多采用水浇形式，种植的农作物有小麦、棉花、花生、甜菜等。东北地区农作物一年一熟，华北平原两年三熟或一年一熟。中国北方地区农业在全国具有重要的地位，商品粮基地集中在三江平原、松嫩平原和黄淮海平原；棉花生产基地集中在冀中南、鲁西北和豫北。

（2）林地

中国北方地区林地主要分布在东北地区，包括内蒙古东北部、黑龙江省东部和北部、吉林省东部和辽宁省东部，林地所占比例均在 75% 以上，西北和华北地区林地则较少（图 1-5）。东北林区是中国最大的天然林区，其中大小兴安岭和长白山林地分布最为集中。

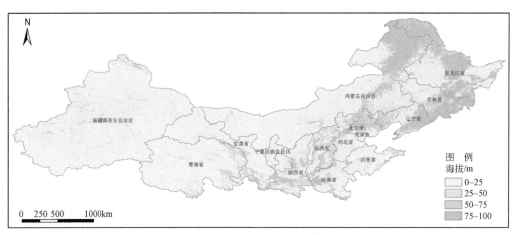

图 1-5　2010 年中国北方地区林地分布

大兴安岭位于黑龙江省和内蒙古自治区东北部，是内蒙古高原与松辽平原的分水岭。它北起黑龙江畔，南至西林木河上游谷地，全长超过 1200km，宽 200～300km，海拔 1100～1400m，东南坡较陡，西北坡向内蒙古高原倾斜。大兴安岭林带北宽南窄，跨纬度 7°，面积约 25 万 km²，森林覆盖率约为 62%。大兴安岭是中国东北部的著名山脉，也是中国最重要的林业生产基地之一，木材储量约占中国木材总储量的一半。大兴安岭中有许多优质的木材，如红松、水曲柳等。落叶松、白桦、山杨等是这里的主要树种。

小兴安岭位于中国黑龙江省中北部，西北接伊勒呼里山，东南到松花江畔，长约 500km。小兴安岭西与大兴安岭对峙，又称"东兴安岭"，亦名"布伦山"。小兴安岭是东北地区东北部的低山丘陵山地，是松花江以北的山地总称，地理特征是"八山半水半草一分田"。北部多台地、宽谷；中部低山丘陵，山势和缓；南部属低山，山势较陡。最高峰为平顶山，海拔 1429m。小兴安岭山脉走向近似西北，山势低缓，西南坡缓长，东北坡陡短。东南段主要出露花岗岩和变质岩，为长期隆起剥蚀区。小兴安岭是中国主要林区之一，林区森林茂密，树种较多，繁衍生长着红松等许多珍贵树木，为国家重点用材林基地，林区面积 1206 万 hm²。其中，森林面积 500 多万公顷，林木蓄积量约 4.5 亿 m³，红松蓄积量超过 4300 万 m³，占全国红松总蓄积量的 50% 以上，素有"红松故乡"之美称。小兴安岭还生长着落叶松、樟子松和"三大硬阔"（胡桃楸、水曲柳、黄菠萝），拥有独特的大森林地貌和气候条件，有着独特、古朴、原始的自然风貌和自然资源。同时，每年还有超过 100 万 m³ 的采伐、造材、加工剩余物，可为木材综合利用提供充足的原料保证。

长白山位于吉林省东南部，行政区域跨延边朝鲜族自治州安图县，白山市抚松县、长白朝鲜族自治县。该区域东南与朝鲜接壤，全区南北最大长度为 128km，东西最宽达 88km。

长白山森林资源可以划分为原始林、过伐林和次生林三种类型。

原始林也叫原生林，是指没有遭到人为破坏、发展到顶极并长时间保持其固有特征的森林，也是一种相对稳定而又在不断消长变化中保持平衡的森林群落。原始林群落的针阔乔木树种有十多种，以红松为优势树种，主要灌木超过 30 种。红松是长白山林区组成红松林的建群树种，是长白山分布最有代表性的森林植被类型之一，主要分布在海拔 500～1200m。此外，由云杉与冷杉所构成的暗针叶林也有相当稳定而独特的群落外貌特征，常与红松形成云杉、冷杉混交林，有时云杉、冷杉林中也间或有长白落叶松和杨、桦等阳性树种，这些都是森林演替过程中的残遗树种。长白落叶松是集中分布在长白山林区的特有树种，其分布范围也很广阔，可划分为山地、低山、沿岸或沼泽长白落叶松林 4 个不同类型。长白落叶松树干通直，色泽鲜艳，树形优美，被誉为"美人松"，是长白山特有的树种。它的天然分布区越来越窄小，仅限于长白山北坡，海拔 500～1600m 的二道白河及三道白河沿岸南北狭长地带，在二道白河镇至火车站附近有小面积纯林。落叶阔叶林是指以岳桦、钻天柳为优势树种构成的不同类型的原始林。

过伐林也叫原生次生林，是介于原始林和次生林之间的一种过渡型森林类型，属于不稳定的森林植被类型。过伐林分布广、面积大、蓄积量多，是长白山林区生产木材及林副产品的主要基地。长白山林区的过伐林可划分两个类型组：针阔叶混交林类型组和阔叶混交林类型组，其中针阔叶混交林类型组是长白山原始地带性森林植被；阔叶混交林类型组是长白山阔叶红松林遭到连续性破坏，残留的以原生阔叶林为主的阔叶混交林组。

次生林是原始林经过采伐、火烧、开垦等人为或自然的严重破坏后，在极大程度上失去地带性森林植被的固有面貌，发生树种更替，原始林中耐阴的针、阔叶树种被杨、桦、蒙古栎等阳性树种所代替，重新生长起来与该地带相适应的次生森林植被。

此外，华北地区的北京、天津、河北、山东、河南等为少林区。该区的林业类型以平原林业为主，即农田、沟渠、道路、村庄等防护林，绝大部分为带、网状形式，还有林农间作形式，极少量的片林。西北和华北西部包括山西、陕西、甘肃、青海、宁夏、新疆和内蒙古中部、西部地区，森林资源主要分布在秦岭南坡（汉中、甘肃白龙江流域）、天山、阿尔泰山、祁连山、青海东南部等。这里为原始林区，并有国有林业局分布。其次，陕西、甘肃陇东地区（小陇山、子午岭），陕西黄龙山、桥山，山西的管涔山、太岳山、吕梁山、五台山、关帝山、中条山等为次生林区。这里是我国"三北"防护林的主要地区，"三北"即东北、华北和西北。"三北"防护林工程是中国政府为改善生态环境，提高林地面积，在北方地区建设的大型人工林业生态工程。1979 年，政府把这项工程列为国家经济建设的重要项目，工程规划期限为70 年，分七期工程进行，目前正式启动第四期工程建设。"三北"防护林体系东起黑龙江宾县，西至新疆的乌孜别里山口，北抵北部边境，南沿海河、永定河、汾河、渭河、洮河下游、喀喇昆仑山，包括新疆、青海、甘肃、宁夏、陕西、山西、河北、辽宁、吉林、黑龙江、北京、天津等12 个省（自治区、直辖市）的 559 个县（旗、区、市），总面积406.9 万 km^2，占中国陆地面积的 42.4%。1978~2050 年，分三个阶段、七期工程进行，规划造林面积 5.35 亿亩。到 2050 年，三北地区的森林覆盖率将由 1977 年的 5.05% 提高到15.95%。1995 年，完成人工造林 18.15 万 km^2，森林覆盖率由原来的 5.05% 提高到8.28%，12% 的沙漠化土地得到治理。其中，4 万多平方千米"不毛之地"变成林海。黄土高原为中国最大、最严重的水土流失地区，为防止水土流失，保水保土成为该地区发展林业的重点任务，也为该地区脱贫致富创造良好的条件。蒙新高原是中国的干草原和荒漠区，风沙危害尤为严重，每年沙漠化面积以千万亩速度扩大。因此，防风固沙是这里林业发展的首要任务。新中国成立后，尤其是 20 世纪 70 年代以来，已营造各种防护林近亿亩，基本上控制了蒙新地区的风沙危害；平原地区基本实现林网、林带的保护；部分黄土高原水土流失区，进行小流域的综合治理，水土流失的面积有所缩小，灾情减轻。

（3）草地

中国北方地区草地资源丰富，主要分布在东北平原以西，沿内蒙古高原南缘，经黄土高原东侧至青藏高原东缘一线以西的广大地区（图 1-6）。因受气候条件，特别是热量和水分的影响，草地地带性分布规律十分明显，随着热量由南向北递减，草地类型由暖性灌草丛向温性草原变化；随着水分条件由东向西递减，草地类型则由温性草原逐渐向温性荒漠过渡（闫志坚，2005）。北方地区著名的草原有呼伦贝尔草原、科尔沁草原和锡林郭勒草原。呼伦贝尔草原位于大兴安岭以西，因呼伦湖、贝尔湖而得名。地势东高西低，海拔 650~700m。呼伦贝尔草原总面积 1126.67 万 hm^2，其中，可利用草场面积 833.33 万 hm^2，占内蒙古草原总面积的 9.6%。呼伦贝尔草原是中国目前保存最完好的草原，水草丰美，生长着碱草、针茅、苜蓿、冰草等 120 多种营养丰富的牧草，有"牧草王国"之称。科尔沁草原又称科尔沁沙地，位于 42°5′N~43°5′N，117°30′E~

123°30′E，海拔 250～650m，处于西拉木伦河西岸和老哈河之间的三角地带，西高东低，绵延 400 余千米，面积约 4.23 万 km²。科尔沁草原空间范围包括中国内蒙古自治区赤峰市的翁牛特旗、敖汉旗与通辽市的开鲁县、通辽市和科尔沁左翼后旗、奈曼旗、库伦旗。锡林郭勒草原位于内蒙古自治区锡林浩特市境内，面积 107.86 万 hm²，是世界闻名的大草原。这里气候为中温带半干旱大陆性气候，大部地区年降水量 200～300mm，自东向西递减。5～8 月太阳能辐射约占全年的 45%，是全年光照时间最长、太阳辐射最强的时期。该地区光、热、水同季，对动、植物的生长发育十分有利。这里地势平坦开阔，土质较好，草场类型多，水草丰富，拥有发展畜牧业得天独厚的优越自然条件。锡林郭勒大草原旅游资源非常丰富，尤其以草原旅游资源丰富、草原类型完整而著称，即草甸草原、典型草原、半荒漠草原、沙地草原均具备，地上植物达 1200 多种。境内有被联合国教科文组织列为国际生物圈网络的国家级草原自然保护区——锡林郭勒草原自然保护区。

图 1-6　2010 年中国北方地区草地分布

（4）未利用土地

未利用土地是指除农用地（直接用于农业生产的土地，包括耕地、林地、草地、农田水利用地、养殖水面等）和建设用地（建造建筑物、构筑物的土地，包括城乡住宅和公共设施用地、工矿用地、交通水利设施用地、旅游用地、军事设施用地等）以外的土地，包括荒草地、盐碱地、沼泽地、沙地、裸土地、裸岩等。中国北方地区未利用土地集中分布在西北地区。其中，新疆、青海、甘肃北部及内蒙古西部地区最为集中，未利用土地所占比例在 75% 以上（图 1-7），这些地区光照充足，热量较丰富，干旱少雨，多为沙地、戈壁。

（5）其他地类

其他地类包括水域和城乡工矿居民地等。其中，水域面积仅为 9.47 万 km²，并且空间分布极不均匀，总体表现为东多西少，东西差距较大。北方水资源贫乏，西北地区及额尔齐斯河流域面积占全国的 63.5%，而拥有的水资源量仅占全国的 4.6%。城乡工矿居民用地主要集中在东部地区，2010 年占地面积为 5.84 万 km²，仅占中国北方地区总面积的约 1%。

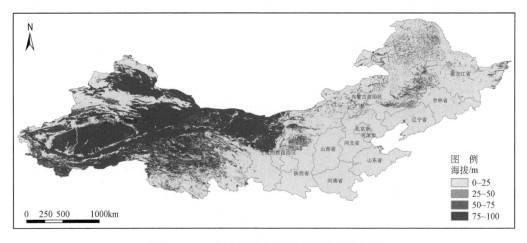

图 1-7　2010 年中国北方地区未利用土地分布

1.1.4　自然资源

中国北方地区具有丰富的煤炭资源和石油资源。但煤炭分布呈现"北多南少"、"西多东少"的特点。其中，华北地区煤炭储量最多，占全国的 49.25%；西北地区煤炭储量占全国的 30.39%；东北地区煤炭储量占 2.97%。山西省的大同、阳泉、平朔，内蒙古自治区的准格尔、霍林河、元宝山、伊敏河，陕西省的神府等地的煤炭资源最为集中。其中，山西省被称为"煤海"。中国北方地区的石油资源也十分丰富，主要分布在华北和东北地区，包括大庆油田、辽河油田、华北油田、胜利油田、中原油田、大港油田、吉林油田等。大庆油田是中国第一大油田，位于松辽平原中部的黑龙江省大庆市，于 1960 年投入开发建设，面积约 6000km²，勘探范围包括东北和西北两大探区，年产石油一直在 5000 万 t 以上。

1.1.5　人口与主要城市

（1）人口

2010 年中国北方地区人口分布极为不均（表 1-1）。华北地区的北京、天津、河南、河北等地人口密度较大，北京、天津两地人口密度均超过 1000 人/km²；西北地区甘肃、宁夏、内蒙古、新疆、青海等地人口密度则要低很多，均不足 100 人/km²，尤其是青海、新疆不足 10 人/km²，是人口显著稀少的地区。

（2）主要城市

中国北方地区的主要城市有北京、西安和沈阳等。

北京简称京，是中国的首都，是全国政治、文化中心和国际交往的枢纽，也是著名的历史文化名城，与西安、洛阳、开封、南京、杭州并列为中国六大古都。北京市位于华北平原西北边缘，市中心位于 39°N、116°E，东部与天津市毗邻，其余均与河北省交界。全市面积 16 000 多平方千米，市区面积 1000 多平方千米，辖东城区、西城区、朝阳区、海淀区、丰台区、石景山区、门头沟区、房山区、通州区、顺义区、大兴区、昌平区、平谷区、怀柔区、密云县、延庆县、经济技术开发区。2010 年全市常住人口

1961.2 万人。北京为暖温带半湿润大陆性季风气候，夏季炎热多雨，冬季寒冷干燥，春、秋较短，年平均气温 10～12℃。北京地势西北高耸，东南低缓。西部、北部和东北部是连绵不断的群山，东南是一片缓缓向渤海倾斜的平原。北京在航空、铁路和公路领域均是中国大陆重要的交通枢纽：北京首都国际机场是中国最大的机场；北京铁路枢纽是全国最大的枢纽；多条国道和高速公路由北京放射状发出。北京具有丰富的旅游资源，对外开放的旅游景点达 200 多处，有紫禁城、天坛、北海、颐和园、八达岭、慕田峪、司马台长城及恭王府等名胜古迹。另外，北京出产的象牙雕刻、玉器雕刻、地毯等传统手工艺品驰誉世界。北京又是中国最大的科学技术研究基地，有中国科学院等科学研究机构和号称中国硅谷的中关村科技园区，每年获国家奖励的成果占全国的 1/3。北京也是全国教育最发达的地区，经 2000 年调整后有高等院校 59 所，包括北京大学、清华大学、中国人民大学、北京师范大学等全国最著名的学府。北京拥有包括亚洲最大的图书馆在内的 24 家图书馆，门类众多的博物馆超过百家。

表 1-1　中国北方各省（自治区、直辖市）人口统计

省（自治区、直辖市）	人口/万人	人口密度/（人/km²）
北京市	1961.24	1167
天津市	1293.82	1145
河北省	7185.42	378
山西省	3571.21	229
内蒙古自治区	2470.63	21
辽宁省	4374.63	300
吉林省	2746.23	147
黑龙江省	3831.22	84
河南省	9402.36	563
甘肃省	2557.53	56
青海省	562.67	8
宁夏回族自治区	630.14	95
新疆维吾尔自治区	2181.33	13
陕西省	3732.74	182
山东省	9579.31	610

资料来源：国家统计局 2010 年第六次全国人口普查数据。

西安古称长安、京兆，是陕西省省会、副省级市，西北地区第一大城市，中国国家区域中心城市，国家重要的科研、教育和工业基地，陕西省的政治、经济、文化和科教中心，世界历史文化名城，亚洲知识技术创新中心，中国重要的制造基地。西安市位于渭河流域中部关中盆地，33.42°N～34.45°N，107.40°E～109.49°E，东以零河和灞源山地为界，与华县、渭南市、商州市、洛南县相接；西以太白山地及青化黄土台塬为界，与眉县、太白县接壤；南至北秦岭主脊，与佛坪县、宁陕县、柞水县分界；北至渭河，东北跨渭河，与咸阳市区、杨凌区和三原、泾阳、兴平、武功、扶风、富平等县（市）相邻。西安辖境东西长约 204km，南北宽约 116km，面积 9983km²，其中市区面

积 1066km²。西安市的地质构造兼跨秦岭地槽褶皱带和华北地台两大单元。距今约 1.3 亿年前燕山运动时期产生横跨境内的秦岭北麓大断裂，新近纪（距今约 2300 万年前）以来，大断裂以南秦岭地槽褶皱带新构造运动极为活跃，山体北仰南俯剧烈降升，造就了秦岭山脉。与此同时，大断裂以北属于华北地台的渭河断陷继续沉降，在风积黄土覆盖和渭河冲积的共同作用下形成渭河平原。西安市境内海拔高度差异悬殊位居全国各城市之冠。巍峨峻峭、群峰竞秀的秦岭山地与坦荡舒展、平畴沃野的渭河平原界线分明，构成西安市的地貌主体。秦岭山脉主脊海拔 2000~2800m，其中西南端太白山峰巅海拔 3867m，是大陆中部最高山峰。渭河平原海拔 400~700m，其中东北端渭河河床最低处海拔 345m。西安城区便建立在渭河平原的二级阶地上。西安市平原地区属暖温带半湿润大陆性季风气候，冷暖干湿四季分明。冬季寒冷、风小、多雾、少雨雪；春季温暖、干燥、多风、气候多变；夏季炎热多雨，伏旱突出，多雷雨大风；秋季凉爽，气温速降，秋淋明显。年平均气温 13.0~13.7℃，最冷 1 月平均气温 -1.2~0.0℃，最热 7 月平均气温 26.3~26.6℃，年极端最低气温可至 -21.2℃，年极端最高气温可至 43.4℃。年降水量 522.4~719.5mm，由北向南递增。7 月、9 月为两个明显降水高峰月。年日照时数 1646.1~2114.9h，年主导风向各地有差异，西安市区为东北风，周至、户县为西风，高陵、临潼为东东北风，长安为东南风，蓝田为西北风。气象灾害有干旱、连阴雨、暴雨、洪涝、城市内涝、冰雹、大风、干热风、高温、雷电、沙尘、大雾、霾、寒潮、低温冻害。

沈阳是辽宁省省会，别称盛京、奉天，是国家区域中心城市、国家副省级城市、沈阳经济区的核心城市，东北地区的政治、经济、文化、金融、科教、军事和商贸中心，东北第一大城市，是国家交通枢纽、国家通信枢纽、中国十大城市之一、国家门户城市。沈阳地处东北亚经济圈和环渤海经济圈的中心，是长三角、珠三角、京津冀地区通往东北地区的综合枢纽城市。沈阳全市总面积逾 1.3 万 km²，市区面积 3495km²。沈阳位于中国东北地区南部，辽宁省中部，以平原为主，山地、丘陵集中在东南部，辽河、浑河、秀水河等途经境内。属于温带季风气候，年平均气温 6.2~9.7℃，自 1951 年有完整的记录以来，沈阳冬寒时间较长，近 6 个月，降雪较少，最大降雪为 2007 年 3 月 4 日 47.0mm 的特大暴雪；夏季时间较短，多雨，1973 年 8 月 21 日曾下过 215.5mm 的大暴雨。春秋两季气温变化迅速，持续时间短：春季多风，秋季晴朗。沈阳森林面积为 14.7 万 hm²，草场面积为 8.2 万 hm²。沈阳水资源总量为 32.6 亿 m³，其中，地表水 11.4 亿 m³，地下水 21.2 亿 m³。沈阳已发现各类矿产 36 种，其中，探明储量的矿种 13 种，煤 20 亿 t，天然气储量 107 亿 m³。沈阳地处辽宁中部城市群中心，在 150km 为半径的范围内，分布着钢铁基地鞍山、煤炭基地抚顺、化纤基地辽阳、煤铁基地本溪、石油基地盘锦、煤粮基地铁岭、电力基地阜新等 7 座大型工商业城市，构成经济联系特别紧密、市场容量巨大、发展前途十分广阔的辽宁中部城市群。

1.1.6 经济产业

中国北方地区是中国重要的工业区，拥有辽中南工业区和京津唐工业区。区内丰富的煤、铁、石油资源，便利的交通，良好的工业基础，为发展重工业提供了有利的条件。中国北方地区主要产业包括石油工业、煤炭工业和钢铁工业等。

石油工业：1949 年中华人民共和国成立以来，中国石油工业有了很大发展。石油、天然气的勘探与开发取得巨大进展。20 世纪 50 年代初，主要在西北地区进行石油勘探，发现并开发白杨河、石油沟、鸭儿峡、冷湖、克拉玛依、百口泉等一批油田。50 年代后期，在吉林开发了扶余油田。1959 年在松辽地区陆相沉积中发现了大油田——大庆油田。1960 年投入开发的大庆油田采用早期内部注水（见注水开采）分层开采技术，形成有中国特色的一整套石油开发和开采技术，大庆油田的发现和开发，改变了中国石油工业落后的面貌，对中国工业的发展产生了极大的影响。60 年代还相继开发了胜利油田、江汉油田、辽河油田等。自 1976 年以来，大庆油田连续每年稳产 5000 万 t 以上。1963 年年底中国石油已可基本自给，自 1965 年开始石油产品实现全部自给。

煤炭工业：中国北方的大兴安岭—太行山与贺兰山之间的地区，地理范围包括煤炭资源量 1000 亿 t 以上的内蒙古、山西、陕西、宁夏、甘肃、河南 6 省（自治区）的全部或大部，是中国煤炭资源集中分布的地区，其煤炭资源量占全国煤炭资源总量的 50% 左右，占中国北方地区煤炭资源量的 55% 以上。丰富的煤炭资源为煤炭工业的发展提供了优势。"十一五"期间是中国煤炭工业结构调整、产业转型的最佳时期。"十一五"规划建议中进一步确立了"煤为基础、多元发展"的基本方略，为中国煤炭工业的兴旺发展奠定了基础。"十一五"期间新建煤矿规模 3 亿 t 左右，其中投产 2 亿 t，转结"十二五"1 亿 t。中国煤炭工业将继续保持旺盛的发展趋势，在今后一个较长时期内，中国煤炭工业的发展前景都将非常广阔。

钢铁工业：鞍钢集团公司（简称鞍钢集团或鞍钢）成立于 2010 年 5 月，由鞍山钢铁集团公司（简称鞍山钢铁）和攀钢集团有限公司（简称攀钢）联合重组而成。鞍山钢铁始建于 1916 年，是新中国第一个恢复建设的大型钢铁联合企业和最早建成的钢铁生产基地，被誉为"中国钢铁工业的摇篮""共和国钢铁工业的长子"。攀钢是中国最大、世界第二的产钒企业，是中国最大的钛原料和重要的钛白粉生产基地以及重要的铁路用钢、无缝钢管、特殊钢生产基地。重组后的鞍钢集团已形成跨区域、多基地、国际化的发展格局，成为国内布局完善、最具资源优势的钢铁企业；曾获得国家首批"创新型企业"、首批"全国企事业知识产权示范单位"荣誉称号和国家认定企业技术中心成就奖，是国内首家具有成套技术输出能力的钢铁企业。2011 年名列世界 500 强第 462 位。目前，鞍钢集团具备钢铁产能 3860 万 t。

1.2　蒙古

蒙古地处亚洲中部，东、南、西三面与中国接壤，北面同俄罗斯的西伯利亚为邻，深居亚欧大陆腹地，属东亚，总面积 156.65 万 km²，国土面积在全世界排第 18 位，是世界上第二大内陆国家。蒙古除首都乌兰巴托外，全国划分为 21 个省：后杭爱省、巴彦乌勒盖省、巴彦洪格尔省、布尔干省、戈壁阿尔泰省、东戈壁省、东方省、中戈壁省、扎布汗省、前杭爱省、南戈壁省、苏赫巴托尔省、色楞格省、中央省、乌布苏省、科布多省、库苏古尔省、肯特省、鄂尔浑省、达尔汗乌拉省和戈壁苏木贝尔省等。

蒙古远离海洋，属于典型的大陆性气候，气候季节变化明显，冬季漫长而寒冷，常有大风雪，冬季气温可降至−40℃；夏季短暂而酷热，且昼夜温差大，最高温度可达

35℃；春、秋两季短促。每年有一半以上时间为大陆高气压笼罩，是世界上最强大的蒙古高气压中心，为亚洲季风气候区冬季"寒潮"的源地之一。无霜期6~9月，仅有90~120d。降水很少，年降水量120~250mm，其中，戈壁地区为20~100mm，其他地区稍多，个别山地可达500mm。

1.2.1 地形地貌

蒙古地处蒙古高原，是一个高原山地国家，平原面积较少，地势海拔较高。全国平均海拔1580m，最高处为阿尔泰山区中蒙界山的主峰——友谊峰，海拔4374m；陆地最低点为蒙古东部平原的呼和湖盆地，海拔532m。蒙古地形总体走势为西高东低，全区按照地形，可明显地分为阿尔泰山区、杭爱-肯特山区、东部平原区和南部戈壁区四大自然地理区。蒙古境内西部、北部和中部多为山地，这里有蒙古最大的火山区阿尔泰山脉，这条延伸1500km的山脉分为蒙古阿尔泰、戈壁阿尔泰两部分。东部为丘陵平原，其中面积较大的为25万km²的东方平原。南部是戈壁沙漠，占国土面积的35%。

1.2.2 土壤

蒙古土壤分为黑土、栗钙土、高山草甸冻土、山地森林草甸土、戈壁棕钙土、荒漠灰棕漠土、草甸沼泽土和盐土。①黑土主要分布于蒙古草原地带，如海拔为1000~1400m的杭爱、肯特地区和阿尔泰、大兴安岭支脉、鄂尔浑、色楞格、鄂嫩、乌勒兹河谷等地区。黑土富含腐殖质（占6%~12%），厚度为60~70cm。②栗钙土主要分布于海拔1000~1200m的森林草原、草原地带。栗钙土分为腐殖质为3%~5%的黑栗钙土、腐殖质为2%~3%的栗钙土、腐殖质为1.6%~2%的淡栗钙土。栗钙土可种植各种农作物，不需要人工灌溉。棕钙土在戈壁地带分布广泛，其腐殖质不超过1%，厚层为15~20cm。③高山草甸冻土是发育于高山森林郁闭线以上草甸植被下的土壤，在中国曾称草毡土。其主要特征是：地表因常有冻裂和土滑作用而呈层状或小丘状；表层由草根交织成软韧的草皮层。高山草甸冻土有明显的腐殖质积聚，腐殖质层厚8~20cm，呈灰棕至黑褐色粒状-扁核状结构。高山草甸冻土所在的地形、部位多为山坡、高原面上缓丘、冰碛平台、宽谷和盆地等，母质多为残积-坡积物、坡积物、冰碛物和冰水沉积物等。高山草甸冻土所在地气候以寒冷、中湿、冻结期长为特征；年平均气温-6~4℃，年降水量400~700mm。植被属于高寒草甸，以密丛而根茎短的小嵩草、矮嵩草等为主，并常伴生多种苔草、圆穗蓼和杂类草，覆盖度为70%~90%，在临近森林线上限的阳坡还常有灌丛出现。④山地森林草甸土剖面一般较薄，在草皮层下，通常仅见薄层土壤，个别地段土层略厚。⑤戈壁棕钙土是腐殖质钙层土中最干旱并向漠境过渡的土壤，因棕色和富钙而得名，在蒙古，呈东北—西南走向，大部分分布在蒙古高原的中西部。⑥荒漠灰棕漠土为温带荒漠地区的土壤，是温带气候条件下粗骨母质上发育的地带性土壤。荒漠灰棕漠土有机质含量低，介于灰漠土和棕漠土之间。⑦草甸沼泽土是潮湿或周期性潮湿的、拥有矿质土的草地；为沼泽的主体，类型最多，面积最大，其面积往往比周围低，所以有时又称"低位沼泽"。又由于这里的植物可以直接从富有营养物质的地下水中获得营养，又称"富养沼泽"，故草本沼泽的种类丰富，覆盖度大，生产力强。⑧盐土是含水溶性盐类较多的低产土壤，表面有盐霜或盐结皮，pH一般不超过8.5。

根据成土过程及土壤形态特点，盐土可分为草甸盐土、滨海盐土、沼泽盐土、洪积盐土、残余盐土、碱化盐土6个亚类。

1.2.3 土地利用

蒙古土地利用类型可分为耕地、林地、草地、水域、城乡工矿居民用地和未利用土地。2005年，蒙古耕地约占国土面积的0.43%，其分布较集中，主要在发育暗栗钙土、降水充足的鄂尔浑-色楞格河谷、杭爱山南部和东部以及拥有足够水量灌溉的色楞格河流域、杭爱-肯特山区的河流谷地和东戈壁省河谷等地区。林地约占国土面积的9.76%，集中分布在库苏古尔、色楞格、肯特、杭爱等北部省份的山区，西部的阿尔泰山，中部的中央省部分地区。其中，灌木主要分布在鄂尔浑河-色楞格河支流两岸以及中部和南部的广大戈壁地区。蒙古天然草地分布广泛、面积辽阔，基本没有人工草场；森林草原主要分布在杭爱-肯特山脉地区北部；干草原分布在杭爱山、肯特山以南及东部高原，由于长期放牧，已逐渐退化；荒漠草原主要分布在西部大湖盆地和戈壁地区，其牧草产量不高。蒙古水域面积约占国土面积的0.99%；蒙古境内的阿尔泰山约有200条冰川，中部地区也有少量冰川；蒙古境内共有大小湖泊4000余个，分布不均匀，70%的湖泊分布在平原上、30%分布在山区。蒙古城乡工矿居民用地面积所占比例较小，约为2.42%，均分布在大型城市及其周边的经济较发达地区以及矿产资源集中的地区。未利用土地中沙漠、戈壁约占全国面积的1/3。从考察区2005年土地利用现状来看，各土地类型中面积所占比例最高的为草地和未利用土地，分别为47.1%和39.3%，说明该区土地利用结构以内陆干旱、半干旱为主体（魏云洁等，2008）。

1.2.4 自然资源

蒙古拥有丰富的水资源、森林资源和矿产资源，其中矿产资源最为丰富。

水资源：蒙古水资源总量为1920亿 m³，其中河流与湖泊水资源为1800亿 m³，地下水资源为120亿 m³，人均水资源为8万 m³。蒙古境内河流、湖泊众多，境内河流总长度为6.7万 km，面积大于0.1km²的湖泊有4000多处，泉水有7000多处；此外，还有丰富的地下水资源。主要河流湖泊有鄂尔浑河、色楞格河、扎布汗河、克鲁伦河、乌布苏湖、哈尔乌苏湖、库苏古尔湖等。其中，乌布苏湖是蒙古最大的湖泊，面积3350km²。库苏古尔湖是蒙古最大的淡水湖，面积2620km²，地处蒙古与俄罗斯边界，被誉为"东方的蓝色珍珠"。色楞格河是蒙古境内流域面积最大的河流，源出杭爱山脉北坡，注入苏联贝加尔湖，长992km（蒙古境内593km），流域面积42.5万 km²，主要靠地下水、雪水和雨水补给，全年水量丰沛。蒙古大小河流年平均径流量为390亿 m³，其中88%为内流河，其余流出境外。蒙古河流、湖泊主要靠春、夏、秋季雨水补给。

森林资源：蒙古森林资源丰富，森林覆盖率为8.2%，森林主要分布在与俄罗斯交界的北部地区，并形成西伯利亚泰加林与中亚干旱平原的过渡性植被类型。西部地区主要有落叶松，约占该地区树种的94%；东部地区以落叶松等松树类树种为主；中部地区主要是落叶松、樟子松及桦木类树种；南部及西南部地区分布着大面积的干旱森林及灌木林地，其中90%为梭梭林，10%为怪柳林。在蒙古，有开发潜力的森林面积为5万～6万 km²，森林蓄积量为13亿 m³，可开发的森林蓄积量约6亿 m³，森林蓄积年增长量为 560 万 m^3。其中，北部地区有开发潜力的森林蓄积量为 100～154m^3/hm^2，一般蓄积量为每 54～79m^3/hm^2。森林主要由针叶树种组成，以落叶松（*Larix* spp.）、石松（*Lycopodium japonicum* Thunb）、樟子松（*Pinus sylvestris* var. *mongolica* Litv.）为主。阔叶树种以白桦（*Betula platyphylla*）、欧洲山杨（*Populus tremula*）、胡杨（*Populus diversifolia*）、刺叶柳（*Salix berberifolia*）为主，另外还有榆树（*Ulmus pumila* L.）、锦鸡儿（*Caragana* Fabr.）、白刺（*Nitraria tangutorum* Bobr.）、胡颓子（*E. pungens*）等。从树种的面积看，落叶松面积最大，为 7.7 万 km^2，占森林总面积的 44.1%；其次为石松 1.0 万 km^2，桦木 0.9 万 km^2，樟子松 0.5 万 km^2；另外，还有西伯利亚红松、西伯利亚云杉及其他一些阔叶树种。

矿产资源：蒙古地处西伯利亚板块与中朝板块之间，在地质发展史上曾是一个地质构造和岩浆强烈活动的地区，成矿地质条件较为优越，形成众多的矿产地，是矿产资源丰富的国家。现探明有 80 多种矿物、6000 多个可采矿点，主要有铜、铁、煤、锰、铬、钨、钼、铝、锌、汞、铋、锡、砂金矿、岩金矿、磷矿、萤石、石棉、石墨、云母、水晶、绿宝石、紫晶、绿松石、石油、页岩矿等。其中，主要开发的矿产有铜、钼、煤、石油等，多为初级产品，主要销往中国，但大部分矿产品仍需要进一步开发才能使用（贾忠祥，2004）。统计数据显示，蒙古是世界上煤矿最富有的前十个国家之一，有 98 亿 t 的探明储量。其中，300 处矿床和矿产地散布于 15 个盆地。这 15 个大型含煤盆地内含有丰富的煤炭资源，约有 320 处煤矿（80 个矿床和 240 处储藏地）（安可玛，2013）。2009 年，蒙古矿产资源和能源部门公布的蒙古矿产资源储量（表1-2）显示，煤、磷、铁矿石和铜的储量较大，分别为 15 000 000 万 t、240 000 万 t、45 300 万 t 和 2 300 万 t，而其他矿产资源储量则较少。

表1-2 蒙古矿产资源储量

序号	矿产资源	储量/万 t
1	煤	15 000 000
2	磷	240 000
3	铁矿石	45 300
4	铜	2 300
5	氟石（萤石）	1 440
6	钼	21.85
7	铅	300
8	钨/钨钢	7
9	铀	6
10	银	1
11	锡	1
12	金	0.27

1.2.5　人口与主要城市

(1) 人口

蒙古地广人稀，是世界上人口密度最小的国家之一。统计数据显示，2010 年蒙古全国人口为 275.5 万人，人口密度为每平方千米 1.76 人，其中人口最稠密的地区是杭爱山区和鄂尔浑河谷地，每平方千米有 2~3 人；南部的戈壁沙漠和半沙漠地带，每 10~15km² 只有 1 人。蒙古人口年龄结构呈年轻化。其中，0~29 岁人口占总人口的 70% 左右。从蒙古人民共和国建立以来的人口统计数据看，1963 年达到 101.71 万人，进入人口增长较快的阶段；1969 年达到 119.76 万人；1979 年为 159.5 万人；1989 年为 204.4 万人，2003 年超过 250 万人；2005 年为 256 万人。过去大约 40% 的人口居住在乡村，20 世纪 90 年代以来城市居民占总人口的 80%。其中生活在首都乌兰巴托的居民占全国居民总数的 1/4。人口以喀尔喀蒙古族为主，约占全国人口的 80%。此外，还有哈萨克族、杜尔伯特、巴雅特、布里亚特等 15 个少数民族。居民主要信奉喇嘛教，根据《国家与寺庙关系法》的规定，喇嘛教为国教。还有一些居民信奉土著黄教和伊斯兰教。蒙古民族是一个游牧民族，善于骑马，因此也被称为"马背民族"。

(2) 主要城市

蒙古的主要城市是乌兰巴托。乌兰巴托是蒙古首都，也是蒙古第一大城市，建于 1639 年，当时称"乌尔格"，蒙语为"宫殿"之意，为喀尔喀蒙古"活佛"哲布尊巴一世的驻地。"乌尔格"在此后的 150 年里，游移于附近一带。1778 年起，逐渐定居于现址附近，并取名"库伦"和"大库伦"，蒙古语为"大寺院"之意。1924 年蒙古人民共和国成立后，改库伦为乌兰巴托，并定为首都，意思是"红色英雄城"。乌兰巴托市位于蒙古高原中部，肯特山南端，鄂尔浑河支流图拉河畔，海拔 1351m。这里地处内陆，属典型的大陆性气候，冬季最低气温达 -40℃，夏季最高气温达 35℃，年平均气温 -2.9℃。乌兰巴托是蒙古最大的城市，是蒙古政治、交通、文化、科技、工业中心，是蒙古政府最高领导机构所在地，国际组织驻蒙机构大都设在此。连接中俄的铁路贯穿乌兰巴托，北至苏赫-巴托尔，南抵中国内蒙古自治区的二连浩特市。乌兰巴托市距中国边境 718km，距俄罗斯边境 542km。2004 年年底，人口 94.2 万，占全国人口的 37%。其中，15 岁以下的儿童占 30.2%，15~59 岁的成年人占 64.5%，60 岁以上的老年人占 5.3%，人口中年轻人占绝大多数。在乌兰巴托市居住着许多民族。其中，哈拉哈人占 88%，哈萨克人占 2%，杜尔伯特人占 1.5%。此外，还有巴亚特、达里岗嘎、乌梁海、扎格钦、达尔哈德、图尔古特、乌格勤德、乌干图等民族。

1.2.6　经济产业

蒙古的特色产业主要为畜牧业与采矿业，其典型特点如下。

畜牧业：蒙古地广人稀，发展畜牧业有着得天独厚的优势。畜牧业是蒙古传统的经济部门，也是蒙古国民经济的基础。古往今来，蒙古人都以草原畜牧业为生，历来养殖五种牲畜，包括牛、马、绵羊、山羊和骆驼，并将其称为"五种珍宝"，过着"靠天养畜""逐水草而居"的生活，素有"畜牧业王国"之称。在蒙古不同草原类型区各种家畜的分布有所不同。他们按草原类型制订相适宜的家畜养殖计划。在森林草原和干草原带主要发展牛、细毛羊和半细毛羊，在高山山地发展犏牛，在荒漠草原地带主要发展山羊和骆驼。蒙古天然牧场辽阔，占整个国土面积的83%以上，居世界第六位，人均草原面积列世界之首。2007年，蒙古牲畜存栏总数达4030万头，比2006年增长15.7%，创历史最高纪录。2011年，从事畜牧业的牧业户为226 200户，牧民总人口为68.4万人，平均每个牧民户为4口人。其中，直接从事畜牧业生产的牧民户达171 300户，36.7万人。蒙古草原畜牧业对其他产业的发展具有很大的关联性，如除了满足国内外广大人民日常生活所需要的食物外，还能为轻工业提供大量的原材料。蒙古的轻工产业，如皮革厂、鞋厂、绒毛加工厂、地毯厂、肉加工厂、乳品厂、骨胶厂等企业的原料，75%以上来自草原畜牧业（道日吉帕拉木，1996）。例如，肉、奶是食品工业的主要原料；毛、皮是纺织工业、皮革工业的重要原材料；牧畜骨、血等是医药工业加工制造业的主要原材料；牧畜内脏是有关轻工业不可缺少的原材料。因此，草原畜牧业是轻纺工业、食品加工业发展的重要基础。2006年，蒙古草原畜牧业为国家轻纺工业、食品加工业共提供35.5万t肉、47.94万t鲜奶、1.52万t羊毛、0.4万t羊绒、6.5百万张皮革。与2005年相比，鲜奶、羊毛、羊绒分别增加了5.36万t、0.11万t、0.03万t，而肉类、皮革分别减少了3.16万t、0.4百万张（敖仁其，2004；娜仁，2008）。

采矿业：蒙古丰富的矿产资源为其采矿业的发展提供了条件，使矿产业成为蒙古的支柱行业。从表1-3中可以看出，2007~2011年，采矿业占蒙古内生产总值的1/5左右，2007年最高，占29.5%。采矿业占工业总产值的3/5左右，占蒙古GDP的20%多，占外贸出口总额的50%以上。

表1-3　采矿业在蒙古经济和工业中所占份额

年度	2007	2008	2009	2010	2011
占国内生产总值比例/%	29.5	20.6	19.8	23.6	21.7
占工业总产值比例/%	63.4	56.4	62.7	62.1	60.7

资料来源：蒙古国家统计局。

1.3　俄罗斯西伯利亚及远东地区

俄罗斯西伯利亚及远东地区包括西伯利亚的赤塔州、伊尔库茨克州、布里亚特共和国以及远东的滨海边疆区、哈巴罗夫斯克边疆区、阿穆尔州、萨哈林州、萨哈（雅库特）共和国和犹太自治州。总面积为605.99万 km²，总人口为1138.91万人。由于各地区典型特征差异较为明显，故对其分别进行叙述。

1.3.1　西伯利亚

西伯利亚（Siberia）是俄罗斯境内北亚地区的一片广阔地带。西起乌拉尔山脉，东迄太平洋，北临北冰洋，西南抵哈萨克斯坦中北部山地，南与中国、蒙古和朝鲜等国为邻，面积1276万 km²，除西南端外，全在俄罗斯境内。西伯利亚人口约4000万，俄罗斯人占80%以上，乌克兰人和白俄罗斯人约占5%，其他有科米人、雅库特人、图瓦人等。

1.3.1.1 外贝加尔边疆区

外贝加尔边疆区是俄罗斯东西伯利亚行政区之一，建于 1937 年 9 月 26 日①。位于西伯利亚东南部的边缘地带，西部与布里亚特共和国相邻，西北部和伊尔库茨克州接壤，东部、东北部与萨哈（雅库特）共和国、阿穆尔州相邻，南部、东南部与中国和蒙古接壤，有 1500km 边界线。外贝加尔边疆区包括 31 个行政区、10 个市、46 个市级镇及 3 个行政村。外贝加尔边疆区（中心是赤塔市），面积 43.15 万 km²（不含阿加布里亚特区面积），南北最大距离 1400km，东西 1200km，占俄罗斯联邦国土面积的 2.5%，在俄罗斯各行政区中为第九大行政区。

外贝加尔边疆区大陆性气候显著，冬季严寒、干燥又漫长，夏季多雨。7 月南部平均气温 16~19℃，北部则低于 16℃。降水大部分集中在 8 月，其中，南部年总降水量为 350~650mm，山地为 60~1400mm；北部降水量只有 300~500mm。

（1）地形地貌

外贝加尔边疆区境内有山地、高原、河谷和宽广的盆地，全境以山地为主，大部分是海拔 600~700m 的山地地形，最高点海拔约 3000m。中部和东南部有宽广的山间河谷平原。东部和东南部有阿穆尔河及石勒喀河和额尔古纳河，北部有奥廖克马河和维季姆河。

（2）土地利用

根据欧洲空间局土地覆盖遥感监测数据，赤塔州 2009 年土地利用类型可分为林地、草地、耕地、水域、城乡工矿居民用地和未利用土地 6 个类型。其中，林地较多且分布广泛，面积为 33.54 万 km²，占州面积的 77.78%；草地为 3.78 万 km²，占州面积的 8.76%，主要分布在赤塔州西南地区和北部地区，在中部和东部地区则零星分布；耕地面积为 5 万 km²，仅占州面积的 11.59%，集中分布在中部和南部地区；未利用土地为 0.6 万 km²，占州面积的 1.38%，多分布于赤塔州北部地区。

（3）自然资源

外贝加尔边疆区的水资源、森林资源和矿产资源都较为丰富。

水资源：外贝加尔边疆区具有丰富的水资源，境内有 9 条河流、13 个湖泊，其中主要河流有鄂嫩河、石勒喀河、奥廖克马河、维季姆河和音果达河等。鄂嫩河是一条主要位于蒙古和俄罗斯境内的河流，与音果达河汇合成石勒喀河，流经赤塔州东南部，与额尔古纳河相汇，形成中俄界河——黑龙江（阿穆尔河）。奥廖克马河为俄罗斯勒拿河右支流，源自赤塔州东北部的奥廖克马斯塔诺维克山，在奥廖克明斯克注入干流，长 1436km，流域面积 21 万 km²。奥廖克马河河口处年平均流量 1950m³/s，支流有通吉尔河、纽克扎河、恰拉河等。夏季多山洪，10 月至翌年 5 月封冻，结冰期约 7 个月。河口以上可通航 406km。维季姆河是俄罗斯西伯利亚东部河流，勒拿河的支流。源出布里亚特境内伊卡特山东坡，向北流，注入维季姆城三角洲上的勒拿河，长 1978km。此外，比较大的湖泊有巴伦托列伊湖、尊托列伊湖、尼恰特卡湖、伊万诺阿拉赫列伊湖、阿列

---

① 建立时，名为赤塔州。2008 年 3 月 1 日，赤塔州和阿加布里亚特自治区正式合并为外贝加尔边疆区。

伊湖、克农湖。还有很多矿泉。

森林资源：外贝加尔边疆区属于俄罗斯的多林地区，全州的森林覆盖面积达 2720 万 hm²，覆盖率为 68.7%（在西伯利亚地区仅低于伊尔库茨克州）。木材蓄积量为 24.86 亿 m³，占全俄总蓄积量的 3% 以上（葛新荣，2000）。外贝加尔边疆区北部丘陵、山地和峡谷地带生长大片的北方桦树林；北部丘陵地区主要为落叶松所覆盖，落叶松占该州原始森林带的 70%；南部生长着稀有的达乌尔松、白杨、山楂树等；中部与南部山区为雪松、云杉、冷杉的家园。

矿产资源：外贝加尔边疆区矿物资源主要有黑色金属、有色金属与贵金属、萤石、煤、泥煤、各种建筑材料。铁矿石产地集中在北部地区，该地区还出产铜、钛、磁铁矿、钼矿等。西部和北部地区生产大量的煤矿石。黄金、锌-铅矿多分布于中部和南部地区。赤塔州煤炭总储量达 69 亿 t，较大的煤矿分布在贝-阿铁路沿线地带，如该地区的阿莆萨特煤矿区。根据所掌握的资料，该地区沼气量达 1600 亿～1800 亿 m³，每年可利用 10 亿～15 亿 m³。

（4）人口与主要城市

1993 年开始，赤塔州人口的死亡率超过出生率。人口负增长是赤塔州的一大主要人口问题。2003 年赤塔州有人口 113.39 万人，2006 年人口数为 104.7 万人。该州有 70 多个民族，包括：俄罗斯人（占人口总数的 88.4%）、布里亚特人（占人口总数的 4.8%）、乌克兰人（占人口总数的 2%）、鞑靼人（占人口总数的 0.9%）、白俄罗斯人（占人口总数的 0.7%）、乌兹别克人（占人口总数的 0.2%）、楚瓦什人（占人口总数的 0.2%）、摩尔多瓦人（占人口总数的 0.2%）、巴什基尔人（占人口总数的 0.2%）、日耳曼人（占人口总数的 0.1%）、埃文克人（占人口总数的 0.1%）等（葛新荣，2000）。

外贝加尔边疆区的主要城市为赤塔市。赤塔市是外贝加尔边疆区的首府和经济、文化中心，位于俄罗斯东西伯利亚，赤塔河与因戈达河交汇处，距莫斯科 6074km。西伯利亚大铁路通过该市，也是公路和空运的枢纽。赤塔市面积 653km²，海拔 200m。人口 38 万，当地居住的民族主要有俄罗斯族、蒙古族、汉族及哥萨克族等。赤塔是东西伯利亚一个重要的工业城市。市内有机器制造、冶金、木材加工、轻工、食品等工业部门。自俄罗斯经济转轨以来，私营企业和组织发展迅速。赤塔又是一座美丽的山城，旅游资源丰富。由于赤塔坐落在赤塔河和因戈达河的河谷地带，城市建筑布局以梯形状态由切尔斯基山脚向上展开，街道弯弯曲曲掩映于天然松林之间，而位于因戈达河左岸的街道则排列整齐，平坦笔直，与前者相映成趣。赤塔市是外贝加尔边疆区的科学文化中心。该市有医学院、师范学院、工业学院、政治学院、铁道学院以及一些高等学府的分院，如新西伯利亚经济学院分院、哈巴罗夫斯克铁道学院分院、西伯利亚和远东兽医学院分院等高等学校；有外贝加尔工艺科学研究院、种植业和畜牧业研究所等科研机构。

（5）经济产业

外贝加尔边疆区的特色产业主要有两项：一是畜牧业，二是采矿业。畜牧业产值占农业总产值的 75%。这里是俄罗斯最大的养羊业中心之一。此地出产的羊毛和羊肉源源不断地运往克拉斯诺亚尔斯克边疆区等西西伯利亚地区和远东地区。赤塔州的采矿业主要指放射性元素铀矿、钍矿的开采和煤炭的开采。其中放射性元素铀矿和钍矿的开采，是出口的主要产品，占该州出口总额的 43%，主要开采、加工八氧化三铀，向发达国家出口。煤炭开采量与州内需求和向州外的出售量增加密不可分。据统计，2006年赤塔州境内开采煤炭 919.7 万 t，其中，褐煤产量为 917.7 万 t，石煤产量为 2 万 t。

1.3.1.2　伊尔库茨克州

伊尔库茨克州位于俄罗斯中西伯利亚高原南部，贝加尔湖以西，分别与克拉斯诺亚尔斯克边疆区、布里亚特共和国、萨哈（雅库特）共和国、图瓦共和国接壤，南同蒙古相邻。面积约 76.8 万 km²，东西长 1500km，南北长 1400km。1661 年开始有人在此定居，1937 年建州。伊尔库茨克州行政区划为 33 个区、14 个州属城市、8 个区属城市、59 个镇、380 个农村行政管理机构。10 万人以上的城市有伊尔库茨克、安加尔斯克和布拉茨克。伊尔库茨克州是俄罗斯联邦东部地区最重要的联邦主体之一，在俄罗斯联邦东部交通、经济、文化等领域占有举足轻重的地位，是俄罗斯联邦西部地区进入东部地区的前哨重地，是东西伯利亚-太平洋石油运输管道与"西伯利亚力量"天然气运输管道的起点（李琨，2013）。

伊尔库茨克州的气候为大陆性气候。1 月平均气温从南部地区的 -15℃ 到北部地区的 -33℃；6 月平均气温从北部的 17℃ 到南部的 19℃。降水量北部和山区约 400mm，有多年的冻土带。

（1）地形地貌

伊尔库茨克州大部为山地，平均海拔 500~700m，最高点位于科达尔山顶峰，海拔 2999m；最低点位于贝加尔湖湖底，邻近奥利洪岛，海拔 -1181m。伊尔库茨克州的总高度差为 4180m。北部和中部为中西伯利亚高原的一部分，西南为东萨彦岭，东为贝加尔湖沿岸山脉和斯塔诺夫高原。伊尔库茨克州的主要地形由中西伯利亚高原延伸出来的丘陵和宽谷组成，主要地貌为台地，并向北部和西北部稍微下倾。在州南部是广阔的哈马尔达坂峰和东萨彦岭。

（2）土地利用

根据欧洲空间局土地覆盖遥感监测数据，伊尔库茨克州 2009 年土地利用类型可分为林地、草地、耕地、水域、城乡工矿居民用地和未利用土地 6 个类型。其中，林地所占面积较大，为 70.19 万 km²，占州面积百分比高达 91.39%；草地为 4.1 万 km²，占州面积的 5.34%，主要分布在南部和西北地区；耕地所占面积极小，仅为 0.02 万 km²；水域占地面积为 1.94 万 km²，占 2.52%，主要分布在东部的贝加尔湖流域；城乡工矿居民用地占地面积较小，为 0.01 万 km²；未利用土地为 0.48 万 km²，占州面积的 0.63%。

（3）自然资源

伊尔库茨克州的森林资源、矿产资源、水力资源以及石油和天然气资源都极为丰富。

森林资源：伊尔库茨克州大约有 76% 的面积被森林覆盖，木材储量达 92 亿 m³，占俄罗斯木材储量的 10% 以上。伊尔库茨克州是俄罗斯大型的木材基地，在俄罗斯联邦中仅位于克拉斯诺亚尔斯克边疆区之后而排第二位，在俄罗斯联邦中良种树的储备及开发利用程度都是非常出色的。

矿产资源：伊尔库茨克州也是一个矿产资源丰富的地区。其中，最重要的矿产资源包括金、铁、煤类等。除此之外，还有一些有色金属和非金属矿物，这些矿产资源主要集中在伊尔库茨克盆地、坎斯克–阿钦斯克盆地的最东边与通古斯盆地南部。另外，伊尔库茨克州也拥有一些稀有金属，如铌、钽、锂、铷、铯、镁、锶等。该州的许多矿产原料产地都是伴生矿，如韦尔赫乔斯科耶（石油）、科韦克金斯科耶（天然气）、苏霍罗日斯科耶（金）、涅普斯科耶（钾盐）、别洛兹明斯科耶（铌、钽）、萨文斯科耶（天青石）、木昆斯科耶（煤）等。

水力资源：伊尔库茨克州的水电能资源潜在储量每年为 2000 亿~2500 亿 kW·h。其中，理论上可利用的资源每年大约 1900 亿 kW·h。伊尔库茨克州已建立三个水力发电站。其中，安加尔的电站总功率为 9.1kMW，年发电量在 500 亿 kW·h 左右；曼马干区（维季母河支流）的水电站功率在 100MW 左右，年产电 4 亿 kW·h。

油气资源：伊尔库茨克州基础经济为开采、加工石油，著名企业有安加尔斯克石油公司，东西伯利亚使用的大约 70% 的石油产品在这里生产，大部分产品供应远东。伊尔库茨克州石油总资源量约 250 亿 t，天然气总资源量约 8.4 万亿 m³（占全俄天然气总资源量 7%）；已探明的石油储量 4.32 亿 t，已探明的天然气储量约为 3.7 万亿 m³。据俄罗斯自然资源部官方网站公布的信息，伊尔库茨克州石油预测可采储量为 20.5 亿 t、天然气预测可采储量为 7.5 万亿 m³。伊尔库茨克州石油探明率约为 17.3%，天然气探明率约为 44%。

（4）人口与主要城市

根据 2010 年俄罗斯全国人口普查，伊尔库茨克州总人口为 242.88 万人。其中，男性为 112.44 万人（46.3%），女性为 130.44 万人（53.7%）。城市人口为 193.23 万人（79.6%），乡村人口为 49.64 万人（20.4%）。居住在伊尔库茨克州的民族以俄罗斯族为主，占所有人口的 88.3%；其次是布里亚特族，为 3.2%；乌克兰族为 1.3%；鞑靼族为 0.9%；白俄罗斯族为 0.3%；亚美尼亚族为 0.3%；阿塞拜疆族为 0.2%；其他民族为 5.5%。伊尔库茨克州的人口密度为 3.5 人/km²，相较于全国平均的 8.7 人/km²，伊尔库茨克州人口密度非常低。

伊尔库茨克市是伊尔库茨克州的首府。伊尔库茨克始建于 1661 年，已经拥有 300 多年的城市发展史，是西伯利亚最大的工业城市、交通和商贸枢纽，也是离贝加尔湖最近的城市，东西伯利亚第二大城市。伊尔库茨克市位于贝尔加湖南端，安加拉河与伊尔库茨克河的交汇处。伊尔库茨克市人口约 80 万，属大陆性气候，严寒期长，被称为“西伯利亚的心脏”“东方巴黎”“西伯利亚的明珠”，市中心与居民区间以天然白桦林连接。伊尔库茨克市海拔 467m；1 月平均气温 –20℃，7 月平均气温 17℃。这里年均降水量约 400mm。由于受贝加尔湖调节，1 月平均气温为 –15℃，夏天 7 月平均气温为 19℃，为避暑的好地方。安加拉河贯穿市区，有大桥连通到贝加尔湖的东南端。安加拉河从贝加尔湖流出后，形成一个大的湖湾，号称伊尔库茨克海，风景宜人。

（5）经济产业

伊尔库茨克州是俄罗斯经济最发达的地区之一，州内人均总产值比全俄平均水平高 29%。州东部地区开发程度较高，州总产值居全俄第 13 位，在俄罗斯亚洲部分居第四位。按人均产值计算，伊尔库茨克州人均工业产值比全俄高 43%，但农业发展薄弱，人均产值仅及全俄的 56%（杜莫娃，2011）。

木材工业是伊尔库茨克州的主要经济产业。伊尔库茨克州森林利用量占俄罗斯第一位，木材采伐接近东西伯利亚木材产量的一半，人均出口木材的数量超过俄罗斯平均水平的5倍。伊尔库茨克州硬纸板生产占俄联邦的11%、纸浆生产占俄联邦的51%。大型企业有：布拉茨综合集团股份公司、乌斯奇-伊里姆斯克林业康采恩股份责任公司、贝加尔纸浆联合体等。伊尔库茨克州的另一经济部门为农业，州内人均农用地0.92hm²，耕地0.64hm²，比东西伯利亚及全俄平均水平少一半。伊尔库茨克种植业集中在南部铁路沿线，农作物以麦类为主。目前小农业在州内居主导地位，居民个人副业产值占农业产值的65%，而农场经济有所萎缩。农业占州内总产值的8%，94%的农产品已由非国有经济提供。

伊尔库茨克州是以工业为主的区域，其在东西伯利亚地区的经济地位是非常重要的，更有一些产业是俄罗斯产业的重点项目。水力发电是伊尔库茨克工业的基础，这使得伊尔库茨克州的工业与自然资源开发及生产的专业化和集中程度超越远东和西伯利亚地区的许多地区。

1.3.1.3　布里亚特共和国

布里亚特共和国建立于1923年，位于东西伯利亚南部，98°40′E ~ 116°55′E、57°15′N ~ 49°55′N。南邻蒙古，西邻图瓦共和国，北部、西北部与伊尔库茨克州接壤，东邻外贝加尔边疆区，面积为35.22万km²，由北至南距离长600km，由西至东420km。行政单位有21个区，共和国附属城市3个，附属区的城市有3个，市区3个，城镇29个，农业机构225个。在俄罗斯，布里亚特共和国是行政自治权力级别很高的共和国。

布里亚特共和国气候为明显的温带大陆性气候，冬季长且寒冷，无风少雪，夏季短而暖温，夏季温度浮动于14 ~ 22℃，冬季浮动于-18 ~ 28℃。早期霜冻一般在8月下旬来临，平均年降水量为300mm左右，植物生长期为90 ~ 155d。在这种气候条件下，多年生耐寒植物品种多样。

（1）地形地貌

布里亚特共和国是典型的山地地形，平原少，海拔为500 ~ 700m。在布里亚特共和国境内有闻名世界的大湖——贝加尔湖。共和国内水域系统发达，许多河流流入贝加尔湖。在土壤类型分布方面，灰化土壤、沼泽占据大面积的山间盆地。

（2）土地利用

根据欧洲空间局土地覆盖遥感监测数据，布里亚特共和国2009年土地利用类型可分为林地、草地、耕地、水域、城乡工矿居民用地和未利用土地6个类型。其中，林地所占面积较大，且分布广泛，为24.81万km²，占共和国面积的70.45%；草地所占面积次之，为5.34万km²，占共和国面积的15.17%，主要分布在东南部和中部地区；耕地所占面积为1.69万km²，占共和国面积的4.8%，主要分布在南部地区；水域占地面积为2.24万km²，占6.36%，主要分布在西部地区，世界最大的淡水湖——贝加尔湖就位于共和国境内；城乡工矿居民用地占地面积较小，为0.02万km²，仅占共和国面积的0.06%；未利用土地为1.11万km²，占共和国面积的3.15%，多分布在北部和西南地区，东部较少。

（3）自然资源

布里亚特共和国拥有丰富的水资源、森林资源、动物资源和矿产资源，其中水资源和矿产资源最为丰富。

水资源：在布里亚特共和国领域内有闻名世界的贝加尔湖。贝加尔湖是世界上最深、最大的淡水湖，其湖水澄澈清冽，且稳定透明（透明度达40.8m），为世界第二，有"西伯利亚明眸"之美誉。贝加尔湖又是世界上最古老的湖泊，大约形成于2500万年前。该湖由地层断裂形成，面积3.15万km²，狭长的湖面自东北向西南分布，长636km，最大宽度79.5km，湖面海拔456m，中间最深处有1637m，水量达2.3万km³。贝加尔湖湖型狭长弯曲，宛如一弯新月，所以又有"月亮湖"之称。其两侧还有1000～2000m的悬崖峭壁包围着。在贝加尔湖周围，总共有大小河流336条注入湖中，最大的是色楞格河，而从湖中流出的则仅有安加拉河，年均流量仅为1870m³/s。湖水注入安加拉河的地方，宽1000m以上，白浪滔天。贝加尔湖构造罅隙四周围绕着山脉，这些山脉高度达到2500多米。贝加尔湖的湖底沉积物厚度超过8km，这使得贝加尔湖罅隙的实际深度为10～11km。此深度可以与世界海洋最深处的马里亚纳海沟相媲美。湖中有岛屿27个，最大的奥尔洪岛面积达730km²。贝加尔湖周围地区的冬季气温，平均为-38℃，非常寒冷，不过每年1～5月，湖面封冻，释放出潜热，从而缓解冬季的酷寒；夏季湖水解冻，大量吸热，降低了炎热程度。因而有人说，贝加尔湖是一个天然双向的巨型"空调机"，对湖滨地区的气候起着调节作用。一年之中，尽管贝加尔湖面有5个月结起60cm厚的冰，但阳光却能够透过冰层，将热能输入湖中形成"温室效应"，使冬季湖水接近夏天水温，有利于浮游生物繁殖，从而直接或间接为其他各类水生动物提供食物，促进它们的发育生长。据水下自动测温计测定，冬季贝加尔湖的底部水温约为-4.4℃，比湖的表面水温高。

矿产资源：布里亚特共和国有丰富的稀有金属、有色金属。地下矿产资源有钨、钼、金、石炭、褐煤、铁矿、霞石正长岩、石墨、石棉、石灰岩等。世界原子能组织认为，布里亚特共和国的铀矿是世界最好的铀矿体。布里亚特共和国还具有各种建筑材料矿：制砖和陶粒黏土、砂砾混合物、建筑用石、碳酸质岩石、建筑石灰石、珍珠岩和沸石等。俄罗斯所有的绿玉和黑玉的储备都在布里亚特共和国境内。布里亚特共和国是全俄唯一的特殊纯石英原料储备基地。布里亚特共和国已探明矿藏700多个。其中，金矿247个（228个砂矿、16个矿和3个综合矿），多金属矿5个，钨矿7个，铀矿13个，钼和铍各3个，锡和铝矿各1个，萤石矿8个，褐煤矿10个，烟煤矿4个，温石棉（纤维石棉）矿3个，还有磷灰石、磷钙土、沸石、石墨等其他矿产地。

（4）人口与主要城市

2003年，布里亚特共和国人口为100.33万人。布里亚特共和国的基本居民是布里亚特族。全俄布里亚特族总人口为42.1万人，在布里亚特领土上生活着34.1万人，占全俄布里亚特族总人数的81%，占共和国总人口的34%。在共和国境内除了布里亚特族还有俄罗斯族60多万人，占共和国总人口的60.3%，乌克兰族占1.3%，鞑靼族占0.8%及其他民族的人民。布里亚特人民有不同的宗教信仰，有东正耶稣教徒、喇嘛教徒、萨满教教徒。

乌兰乌德是布里亚特共和国的首府，城市人口40万左右，主要民族有布里亚特族、俄罗斯族、蒙古族。乌兰乌德市是东西伯利亚第三大城市，1666年由哥萨克人建立。乌兰乌德市临近西伯利亚铁路与蒙古乌兰巴托以至中国北京铁路的交界处。在经济发展上，它有各种矿产资源，如金、钨、钼、镍、铝、铁、锰和煤等；工业有采矿、冶金、机械、木材加工等。加工业在沿色楞格河流域比较发达，但主要还是畜牧业和肉奶业。乌兰乌德城市风貌富于民族特征，表现着一种不同于俄罗斯其他城市的文化。歌舞剧院、戏剧院、博物馆等建筑和文化艺术都体现着布里亚特风情和俄罗斯风格。

（5）经济产业

森林工业是布里亚特的重要经济产业，有 80% 的外汇收入来源于木材、纸浆造纸工业产品及有色金属产业。贝加尔湖畔的纸浆造纸厂为军用飞机轮胎提供耐高温浸胶帘线。只有用贝加尔湖特别纯净、含有特殊化学成分的水才能制造出这种经受得住起落时 3000℃ 高温和高空 −60℃ 低温的浸胶帘线。

布里亚特共和国农业比较落后。由于境内多山，农用地仅 2.70 万 km²。其中，1/3 是耕地，1/2 是牧场，其余为刈草场。畜牧业产值占农业总产值的 2/3 以上。主要产业部门有细毛羊饲养业、乳牛和肉牛饲养业。养马业是畜牧业的传统产业。由于境内自然气候恶劣、无霜期短、周期性干旱，有时整个春季和半个夏季滴雨不降，有时却洪水泛滥淹没万顷良田，农产品难以达到区内自给。20 世纪 90 年代初，年进口肉、奶制品、糖及其他食品的额度已达数千万美元（赵海燕，1994）。

布里亚特共和国的能源工业主要以石炭为基础。石炭主要供应地点是乌兰乌德综合供暖发电站、基姆柳伊斯克、巴扬戈里斯克、古西诺奥泽尔斯克综合供暖发电站及其他综合供暖发电站。重要的钨、钼开采及精加工地在德日金斯克，那里有大型的钨钼加工厂。在维季河畔可进行黄金开采。此外，木材工业在布里亚特共和国的工业中也占有很重要的地位。木材的主要储备在乌达河畔和贝加尔湖东岸地带，大量未经加工的木材被运往乌拉尔、哈萨克斯坦和中亚地区。

1.3.2　远东地区

俄罗斯远东地区地处俄罗斯联邦东部边陲，北面依傍远东西伯利亚海和楚科奇海，南面隔额尔古纳河、黑龙江（阿穆尔河）和乌苏里江与中国相邻，与中国黑龙江省、内蒙古自治区、吉林省有 4320km 的边界线；东面濒临太平洋的白令海、鄂霍次克海与美国、加拿大遥遥相对；东南方与日本、朝鲜、韩国环抱日本海。俄罗斯远东地区面积 450.84 万 km²，占全俄总面积的 26.40%，行政区划包括滨海边疆区、哈巴罗夫斯克边疆区、阿穆尔州、萨哈林州、萨哈（雅库特）共和国和犹太自治州，以下称为俄罗斯远东六区。

俄罗斯远东地区气候特点是季风环流。冬季 10 月至次年 5 月，由于受冬季季风的影响，气候干燥而寒冷，气温在 −35 ~ −23℃；夏季炎热、多雨，7 月最高温度在 30 ~ 32℃。

（1）地形地貌

俄罗斯远东六区以高原山地地形为主。该地区山地主要包括锡霍特山脉（最高点托尔多基-亚尼山 2077m）、西萨哈林山脉（最高点奥诺尔山 1330m）、东萨哈林山脉（最高点洛帕京山 1609m）和切尔斯基山脉（最高点胜利山海拔 3147m）等。俄罗斯远东山地地区有极其鲜明的自然地理特征：以中、新生代褶皱山地为主的地形，季风性的气候，东流的季风型水系，复杂多样、对比明显的自然景观等。

（2）土地利用

根据欧洲空间局土地覆盖遥感监测数据，俄罗斯远东六区 2009 年土地利用类型可分为林地、草地、耕地、水域、城乡工矿居民用地和未利用土地 6 个类型。其中，林地所占面积较大，为 330.47 万 km^2，占六区总面积的 73.3%，在萨哈（雅库特）共和国南部、哈巴罗夫克边疆区、阿穆尔州、萨哈林州、滨海边疆区和犹太自治州均广泛分布；草地所占面积为 78.09 万 km^2，占六区总面积的 17.32%，多分布于萨哈（雅库特）共和国东北和西北、哈巴罗夫克边疆区东部和犹太自治州南部地区；耕地较少，仅为 2.12 万 km^2，占六区总面积的 0.47%，多分布于阿穆尔州；水域为 11.9 万 km^2，占六区总面积的 2.64%，多分布在滨海边疆区和萨哈林州；未利用土地为 28.22 万 km^2，占六区总面积的 6.26%，多分布在萨哈（雅库特）共和国东北地区。

俄罗斯远东六区的人口、自然资源和主要城市等典型特征如下。

1.3.2.1 滨海边疆区

滨海边疆区位于俄罗斯远东地区的东南部，在 130°20′E ~ 139°E；42°20′N ~ 48°25′N。该区南北长 670km，东西宽 220km，面积为 16.59 万 km^2，约占远东地区面积的 1/37。滨海边疆区始建于 1938 年 10 月 20 日，首府设在符拉迪沃斯托克市（海参崴），下设 9 个直辖市、24 个区、48 个城镇和 219 个乡村。直辖市包括符拉迪沃斯托克（海参崴）、乌苏里斯克（双城子）、纳霍德卡、帕尔季赞斯克、阿尔谢尼耶夫、阿尔焦姆、达利涅列钦斯克、列索扎斯克、斯帕斯克-达里尼。

（1）人口

1994 年，滨海边疆区人口 230 万，约占远东地区人口的 1/3，是远东人口最稠密的地区。但是人口分布不平衡，大部分集中在城镇和自然条件较好的南部地区。城镇人口占 77%，农村人口占 23%。南部人口密度较大，平均每平方千米 50 人，中部和北部山区平均每平方千米只有 1 人。滨海边疆区的民族分为外来民族和当地土著民族两种。外来民族占人口总数的 99.99%，主要有俄罗斯族（占 85.5%）、乌克兰族（占 9.5%）。此外，还有白俄罗斯族、拉脱维亚族、爱沙尼亚族、犹太族等。土著民族只占人口的 0.1%，主要有乌德盖族，还有少量奥罗奇族、塔兹族、楚瓦什族和那乃族。

（2）自然资源

滨海边疆区的森林资源十分丰富，森林覆盖率达到 75%。林地总面积为 1230 万 hm^2。共有 2000 多种高级植被，约 250 种为乔木、灌木和藤本植物。针叶树种有雪松、冷杉、云杉和落叶松；软质树种有白桦、山杨、椴树；硬质阔叶树种为橡树、水曲柳、榆树和黄桦。混交林为森林的主体，在锡霍特山脉北部分布于山脚地带。与针叶林相比，混交林的动植物种类要丰富得多。阔叶树种与针叶树种交杂生长，林下灌木和藤本植物发达，乔木、灌木共计达 250 种，其中 50 种属于古生物类。混交林带的土壤为多石的棕色森林土，腐殖土层厚度为 5 ~ 15cm。滨海边疆区的木材总储量为 17.5 亿 m^3，每年的木材采伐限量为 1000 万 m^3。丰富的林业资源为木材采伐业和加工业的发展带来巨大的优势。2009 年，滨海边疆区有 230 多家不同规模和不同所有制的企业从事木材采伐作业。大型木材采伐企业的木材输出占边疆区木材输出总量的 1/3 左右。官方数据显示，2009 年滨海边疆区出口木材 321.02 万 m^3，原木商品材 274.77 万 m^3（卡拉伊万诺夫，2011）。滨海边疆区还具有发展海产养殖的充分条件，海产资源丰富，包括鳕鱼、明太鱼、比目鱼、红瓜鱼、海蟹、毛蟹、蓝蟹、长尾小虾、北方虾、海参、章鱼和海藻等；近海水域可进行海扇、海参以及藻类如伊谷草、海带等品种的人工养殖。近年来，滨海边疆区旅游业发展较快。由于滨海边疆区政府的重视和对旅游产品的积极开发与基础设施的建设，来滨海边疆区旅游的国内外游客越来越多，旅游收入也连年增长，三年间几乎翻了一番：由 2004 年的 40 亿卢布（占地方总产值的 2.7%，纳税额占边疆区全部税收的 3%）上升到 2006 年的 75 亿卢布。据有关人士预测，由俄欧地区来此度假的俄罗斯人也会不断增加，旅游业在地方总产值中所占比重还将继续提升（孙晓谦，2007）。

（3）主要城市

符拉迪沃斯托克市（海参崴）是滨海边疆区首府，是俄罗斯远东地区最大的城市之一，于 1860 年 7 月建立，人口约为 60 万人。符拉迪沃斯托克（海参崴）位于穆拉维耶夫－阿穆尔半岛最南端，半岛全长 30km，平均宽度为 12km。符拉迪沃斯托克（海参崴）到莫斯科的铁路线全长为 9288km，距离曼谷的直线距离为 5600km；距离东京的直线距离为 1050km。符拉迪沃斯托克（海参崴）是俄远东工业、贸易、文化和科技中心。借助优越的地理位置和政治优势，符拉迪沃斯托克（海参崴）已成为亚洲具有战略意义的重要大型运输枢纽之一。海港是市内最大的企业之一，共有 16 个码头，全长 4190m。这里既可装卸集中箱，也能装卸散货。符拉迪沃斯托克（海参崴）市科技与文化潜力巨大。这里有俄罗斯科学院远东分院的 14 个研究所包括化学研究所、地质研究所、海洋研究所、生物研究所、土壤研究所、自动化控制研究所等，其专家学者从事对海洋的综合性研究，为滨海边疆区动植物及土壤资源的利用和保护提供科学的依据。符拉迪沃斯托克（海参崴）还是远东地区最重要的教育中心。这里开设有 15 所高等学府，著名的有远东国立大学、远东理工大学、海洋学院和远东渔业大学。高等学府为远东的发展培养了各行各业的所需人才，包括教师与医生、工程师和科技工作者、远洋船长与舰队军官以及经贸方面的专业人员。符拉迪沃斯托克（海参崴）从事中等教育的学校有：船舶建筑技校、水文气象技校和动力工程技校；医学专科、音乐专科和师范专科以及诸多中等职业技术学校等。

1.3.2.2　哈巴罗夫斯克边疆区

哈巴罗夫斯克边疆区建于 1938 年 10 月 20 日，地处俄罗斯远东地区南部中心地带，与中国的黑龙江省毗邻，位于 130°30′E ～ 147°25′E，46°40′E ～ 62°40′E，面积为 78.86 万 km^2，为俄罗斯第四大行政区。该区与滨海边疆区、阿穆尔州和马加丹州接壤。哈巴罗夫斯克边疆区共有 21 个行政区、9 个城市、4 个城镇。较大的城市有哈巴罗夫斯克（伯力）、阿穆尔共青城、苏维埃港、阿穆尔斯克、尼古拉耶夫斯克（庙街）等。哈巴罗夫斯克（伯力）为其首府。哈巴罗夫斯克边疆区因其优越的地理位置、丰富的自然资源、良好的经济状况、便利的交通运输、真诚的合作态度而被称作远东地区的心脏。

（1）人口

2005 年，哈巴罗夫斯克边疆区的人口为 143 万。人口密度为平均每平方千米 2.2 人，人口稠密区在哈巴罗夫斯克边疆区南部、西伯利亚大铁路沿线地区。哈巴罗夫斯克边疆区的主要人口是俄罗斯人（占 85%）和乌克兰人（占 5.7%）。此外，还有犹太人、那乃人（赫哲族）、鄂温克人、埃文基人、雅库特人、乌里奇人、朝鲜人、鞑靼人、莫尔多瓦人、尼夫赫人等 15 个少数民族。

（2）自然资源

哈巴罗夫斯克边疆区大部分为山地（70%以上）。东部锡霍特-阿林山脉和沿岸山绵亘，西南部为图拉纳山、布列亚山、巴贾尔山、亚姆林山，北部为尤多马山、孙达尔-哈亚塔山。哈巴罗夫斯克边疆区西北部与萨哈（雅库特）共和国相接，地形为切割高原，向东与尤多马-马亚高地相接。哈巴罗夫斯克边疆区境内最大的平原沿阿穆尔河两岸伸展，中游平原多为沼泽。其他面积较大的低地是阿穆尔河下游低地、埃沃龙-图古尔低地和鄂霍次克低地等。

哈巴罗夫斯克边疆区的自然资源十分丰富，土地、水、森林、矿产、生物资源种类繁多，数量可观。其中，木材、珍贵鱼类及毛皮动物、铁矿及贵金属、水资源等在俄罗斯远东地区乃至整个俄罗斯都占有十分重要的地位。哈巴罗夫斯克边疆区拥有机械制造、金属加工、木材加工、造纸、有色金属开采、捕鱼和石油加工业等产业。哈巴罗夫斯克边疆区的水力资源也十分丰富，仅河流每年即有 45 亿 m³ 的水流量。这些河流大多是阿穆尔河的支流，通航期可达半年（高玲，1995）。哈巴罗夫斯克边疆区的主要矿产资源有煤、锰、铁、铝、锡、金、汞、铂等。其中，岩煤的工业储藏量超过 10 亿 t；焦煤的预测储藏量为 40 亿 t；褐煤主要分布在阿穆尔河流域中部，预测储藏量为 70 亿 t；石油和天然气的预测储量为 5 亿 t。

（3）主要城市

哈巴罗夫斯克（伯力）是哈巴罗夫斯克边疆区首府，是位于黑龙江（阿穆尔河）、乌苏里江会合口东岸的中等城市。伯力曾是清前期东北边疆重镇之一。现在，哈巴罗夫斯克（伯力）是俄罗斯东岸重要的航空、水路和铁路重镇。哈巴罗夫斯克市（伯力）辖 5 个区，是俄罗斯第四大城市，是俄罗斯远东地区第一大城市。哈巴罗夫斯克（伯力）面积 156.84km²，根据 2011 年 1 月的统计，常住人口 80 万左右，居远东第一位。当地人口的文化素质被认为普遍较高，政治和社会环境比较稳定。哈巴罗夫斯克（伯力）的水、电、气、交通、通信等城市基础设施建设比较完善，市区内高楼大厦不多，普遍都是充满浓郁俄罗斯风情的俄式建筑。航空、铁路、公路、水路运输把俄罗斯哈巴罗夫斯克（伯力）与中国的主要边境口岸城市连接起来。

1.3.2.3 阿穆尔州

阿穆尔州建于 1932 年 10 月 20 日，位于俄罗斯远东地区西南部。该州东邻哈巴罗夫斯克边疆区，西接赤塔州，北连萨哈（雅库特）共和国，南部的布拉戈维申斯克（海兰泡）与中国黑龙江省隔江相望。阿穆尔州位于 119°35′E～134°55′E，48°55′N～57°05′N。阿穆尔州面积为 36.37 万 km²，居远东地区第五位。阿穆尔州有 7 个市 [布拉戈维申斯克（海兰泡）、别洛戈尔斯克、斯沃博德内、赖奇欣斯克、腾达、结雅、施马诺夫斯克]、2 个区（扎维京斯克和斯科沃罗季诺），有 32 个城镇、267 个乡村。

（1）人口

阿穆尔州人口 80 万（2006 年），城市人口占总人口的 69%。阿穆尔州的人口主要集中在结雅-布列亚平原地区，其次是阿穆尔-结雅平原，北部山区人口较少。阿穆尔州的居民主要是俄罗斯人，其次是乌克兰人、白俄罗斯人、格鲁吉亚人、乌德盖人和鞑靼人。

（2）自然资源

阿穆尔州林业资源较为丰富，2004 年年底林区总面积 3050 万 hm²，占全州土地面积的 65%，其中，森林覆盖面积达 3000 万 hm²，木材总储量 19.76 亿 m³，可供开采的经济林为 990 万 m³。主要树种有落叶松、云杉、冷杉、樟子松、柞树、白桦树、白蜡树等。2004 年阿穆尔州实际采伐木材 91.02 万 m³，是 2003 年的 87.9%。按阿穆尔州 2004 年人口 88.77 万人计，人均采伐量 1.04m³。生产木材半成品 5.18 万 m³，是 2003 年的 24.6%；木质纤维板 3.05 万 m³，是 2003 年的 107.4%。阿穆尔州林业分为两个门类：采伐和加工，其中木材采伐量仍在徘徊波动，木材加工业有较大增长（张美雷，2005）。据估计，阿穆尔州仅矿产资源的经济潜能可达 4000 亿美元。在阿穆尔州的自然资源中，矿产占据着重要的地位。这里有 60 多种闻名于世的矿产资源，其中有石炭、褐煤、金、高岭土、建筑材料、铁、钛、铜、磷灰石、沸石、斜长岩、石头制品等。据地理学家勘探计算，有 123 个各种非金属矿原料和建筑材料产地，其中包括 40 亿 t 铁矿和 15 亿 t 煤。阿穆尔州的煤炭资源丰富，据预测尚未开采的石炭和褐煤资源约有 700 亿 t，资源产地包括奥特日斯克产地、斯沃埔德内产地、谢尔盖耶夫卡产地、叶尔果维兹克等。

（3）主要城市

阿穆尔州首府是布拉戈维申斯克市（简称布市），中国传统名称为"海兰泡"，是俄罗斯远东第三大城市，黑龙江（阿穆河）上中游北岸重镇。建市时间为 1858 年，由莫斯科至布拉戈维申斯克（海兰泡）市的距离为 7985km。该市内有两个区，分别是列宁区和边境区。该市建有阿穆尔州最大的港口，河运事业发达。20 世纪初布拉戈维申斯克（海兰泡）市成为远东大城市之一，造船业和船队得到蓬勃发展。2011 年，该市居民总计 50 万人，城市面积 321km²，市内道路总长度 323km。布拉戈维申斯克（海兰泡）是俄罗斯著名大学城，有高等院校 6 所，中等学校 15 所，中学 30 所，还有跑马场、博物馆、俱乐部、电影院、州音乐厅、剧院等。

1.3.2.4　萨哈林州

萨哈林州是俄罗斯唯一的岛屿州，1932 年 10 月 20 日建立，属哈巴罗夫斯克边疆区管辖，1947 年分出，改为独立的州。萨哈林州位于远东地区的东南部，濒临鄂霍次克海和日本海，其西隔鞑靼海峡与哈巴罗夫斯克边疆区相望，南与日本隔海相望。该州的面积为 8.71 万 km²，占俄罗斯联邦领土总面积的 0.51%。萨哈林州包括 17 个区、19 个城市。其中，9 个城市为州辖市，分别是南萨哈林斯克、萨哈林亚历山大罗夫斯克、多林斯克、科尔萨科夫、涅韦利斯克、奥哈、波罗奈斯克、乌格列格尔斯克和霍尔姆斯克。此外，还有 10 个市为区辖市，有 34 个城镇、66 个乡村。

（1）人口

萨哈林州的人口为 70.9 万人。其中，城市人口为 59.1 万人，农村人口为 11.8 万人，人口密度为 8.1 万人/km²。在萨哈林州，俄罗斯人占优势（占人口总数的 80.4%），其次是乌克兰人、白俄罗斯人、鞑靼人、摩尔达维亚人。此外，还有尼夫赫人、埃文基人和那乃人等土著民族。土著居民所占比例极小，他们主要居住在该州的南部。

（2）自然资源

萨哈林州具有得天独厚的自然环境，四面临海，内河亦较多，主要有波罗奈河（350km）、特米河（330km）、维阿赫图河和柳托加河（各为130km）等。此外，该州境内拥有众多的湖泊和沼泽地，均为捕鱼业的发展创造有利条件。1984年，渔业产值占全州工业总产值的47%，占远东地区总捕鱼量的20%。煤炭地质储量占远东地区煤炭储存量的37%，这里的煤质质量好，含硫少，热能高达8000～9000cal[①]。该州的石油资源是整个远东地区的石油供应基地，拥有完善的石油工业，可进行石油的深加工。萨哈林州的温带森林非常茂密，温带森林覆盖率高达90%以上，境内的森林为稀疏的落叶林，有萨哈林冷杉、鱼鳞松、阔叶藤本松等。萨哈林（库页岛）有山有海洋有清静的河流小溪，景色极为秀丽迷人，是夏秋季节避暑休闲观景的绝佳去处。

（3）主要城市

南萨哈林斯克是俄罗斯远东联邦区萨哈林州首府，位于库页岛南部，是全岛最大的城市。南哈萨林斯克位于铃谷盆地，被东边的铃谷山脉和西方的南萨哈林斯克山脉（日本名：桦太山脉）包围，铃谷河横亘市内。本市的范围包括旧时日治时期的丰原市、丰北村及川上村，全市人口约17.4万人。南萨哈林斯克1月平均气温为-22～-6℃，7月平均气温为18～25℃。南萨哈林斯克海运较发达，有11个海港与俄大陆的港口和亚太地区通航。跨岛公路和铁路连接南北，俄罗斯的主要机场位于南萨哈林斯克市。该市油气资源丰富，石油储量8.972亿t，天然气6710亿m³，有金、锗、硫等矿藏。木材蓄积量达6亿m³，煤炭地质储量124亿t。南萨哈林斯克主要工业部门是燃料能源工业、渔业、食品业、林业和纸浆生产业。"萨哈林-1～9号"海底石油项目引起世界广泛关注。其中，"萨哈林-1号"和"萨哈林-2号"项目正在实施。萨哈林州渔业产量占全俄总产量的11%。2005年采掘业产值为347.477亿卢布，加工工业产值为129.19亿卢布。南萨哈林斯克北部寒冷地区只能发展畜牧业，养殖驯鹿；中南部地区有农田耕作，主要农业产品为土豆、蔬菜、甜菜、谷物等。

1.3.2.5　萨哈（雅库特）共和国

雅库特苏维埃社会主义自治共和国于1922年4月27日成立，现称萨哈（雅库特）共和国。该共和国位于俄罗斯远东地区的西北部，最远的边界为105°40′E～163°E、55°40′N～77°05′N。萨哈（雅库特）共和国是俄罗斯最大的共和国，地域辽阔，面积为310.32万km²（几乎占远东地区总面积的1/2），从北到南近2000km，从西到东为2300km，相当于印度国土面积。

（1）人口

萨哈（雅库特）共和国的人口总数为103.4万，城市人口为71.9万，占69.5%，农村人口31.5万，占30.5%。人口密度为每平方千米0.3人。萨哈（雅库特）共和国有60多个民族，主要有雅库特人、俄罗斯人、乌克兰人、白俄罗斯人、鞑靼人、埃文基人、楚科奇人、尤卡吉尔人等。俄罗斯人大部分居住在大中城市中，雅库特人则散居

---

① 1 cal = 4.1868 J。

于共和国各地。

（2）自然资源

萨哈（雅库特）共和国自然资源丰富，尤其是矿产资源极为丰富，蕴藏着储量巨大、品种繁多的金刚石、金、石炭、天然气、锡、黑色金属、其他有色金属和稀有金属等，具有俄罗斯"罕见的矿物大宝库"之称。萨哈（雅库特）共和国的金刚石储量可与南非相媲美；黄金储量仅次于马加丹州，居全国第二位；云母（金云母）储量居全国第二位；锡矿、磷灰石、锑、水银矿储量巨大；食盐矿储量约 100 万 t；矿石储量约 70 万 t；稀有金属矿如红宝石、蓝宝石、紫晶石、石榴石等各种宝石储量也很丰富。在萨哈（雅库特）共和国的南部地区，有俄罗斯东部最大的优质铁矿区，预测储量达几百亿吨（牛燕平，1997）。萨哈（雅库特）共和国是俄罗斯境内河流和湖泊最多的地区，共有大小河流 70 万条，湖泊 80 多万个。河流总长度近 200 万 km，水力资源储藏量达 7000 亿 kW。通航的河流有勒拿河（4400km）、维柳伊河（2650km）、阿尔丹河（2273km）、科雷马河（2129km）、因迪吉尔卡河（1726km）、奥廖克马河（1436km）、阿纳巴尔河（939km）和亚纳河（872km）等。萨哈（雅库特）共和国境内拥有丰富的动物资源：海岛上有海象、环斑海豹、海豹和白熊等；陆地上有驼鹿、北方鹿、麝、雪羊、加拿大鹿、棕熊、狼，还有皮毛珍贵的赤狐、北极狐、黑貂、白鼬、黄鼬和美洲水貂等。萨哈（雅库特）共和国也是鸟类喜欢栖息的场所，这里有 250 多种鸟类（如海鸥、白鹤和黑鹤、杓鹬和白隼等）。海洋河流和湖泊中有近 50 种鱼类，主要是鲑鱼和白鲑。

（3）主要城市

萨哈（雅库特）共和国首府为雅库茨克，海拔 467m，在西伯利亚大陆腹部。雅库茨克市是萨哈（雅库特）共和国的科学、文化和经济中心，建于 1632 年。从莫斯科到雅库茨克市的距离为 8468km。雅库茨克市较莫斯科时间早 5h。雅库茨克市内有两个区，分别为十月区和亚拉斯拉夫斯克区，人口 22 万，居民多以雅库特人为主。雅库茨克市建于永久冻土层上，因此有"冰城"之称。

雅库茨克市是俄罗斯远东地区一个最古老的城市。历来以毛皮、皮革、家畜和象牙集散地而闻名。市内有木材加工、采煤、轻工、食品和建材等工业；有船舶修造厂、建筑材料厂、家具厂、制革制鞋厂、服装厂、乳品厂、啤酒厂、灌肠厂、糖果厂、通心粉厂、鱼类和肉类联合加工厂等企业。建有国营地区发电站，中央热电站。雅库茨克市是河运、铁路、公路、航空的交通运输枢纽。公路运输线通往萨哈（雅库特）共和国内外，勒拿河港口与阿穆尔-雅库特公路干线和别尔卡基铁路车站相连，水路线路四通八达，航空线路通往全国各地。雅库茨克市与各主要地区之间都有交通联系，有多条航空线路与俄罗斯各地相连。此外，还开通了牡丹江-雅库茨克国际客运航线、黑河-雅库茨克国际货运航线，2004 年开通了哈尔滨-雅库茨克国际包机航班。

1.3.2.6 犹太自治州

犹太自治州是远东地区最小的行政区，犹太自治州面积为 3.63 万 km²，1934 年由比罗比詹区改名为犹太自治州，成为俄远东地区第一个民族自治区。该州西部与西北部为小兴安岭，广布平原和沼泽。南部与中国隔河相望，共有 3 个沿江对口岸，为良好发展中俄关系提供了有利的条件。犹太自治州气候为季风气候，1月平均气温为-26～-21℃，7月平均气温为18～21℃，年降水量为500～800mm。

（1）人口

犹太自治州人口为17.6万人（2010年人口普查）。犹太人只有1628人，占总人口的0.93%；俄罗斯族16.01万人，占90.97%；乌克兰族4871人，占2.8%。

（2）自然资源

犹太自治州拥有丰富的森林资源和矿产资源。森林占犹太自治州面积60%以上，林地面积达220万hm²。其中，17万hm²是红松-阔叶混交林地，22.3万hm²为云杉-冷杉（白松）林地，14.5万hm²为落叶松林地，木材蓄积量达1.67亿m³。除木材外，这里有药用植物近300种，蜜源植物200多种，还盛产松子、野果和蕨菜等。森林工业和木材加工业是区内重要的产业部门，包括木材采伐、木材加工、建材生产和家具生产企业。犹太自治州木材采伐中心是比拉坎镇，木材加工中心是比罗比詹和尼古拉耶夫卡镇（赵海燕，2003）。犹太自治州矿产资源种类多样，境内已探明储备量大的矿产有煤炭、铁矿、锰矿、锡矿、金矿、石墨矿、滑石矿、水镁石矿等20多种。在众多矿产资源中，铁矿和铁锰矿开发价值较大，铁矿脉形成于寒武纪初期，长150km，宽10～40km。基姆坎斯基、苏达尔斯基及科斯坚金斯基矿区的工业勘探探明的储量为27亿t。锰矿同铁矿成层，已探明两大产地——比罗比詹产地（含锰量为18.4%，探明储量为600万t）和南兴安岭产地（含锰量为19.2%～21.1%，探明储量大约900万t）。铁矿储备量在很大程度上超过锰矿储备量。迄今已探明铁矿和铁锰矿产地35处以及呈矿现象15处。

（3）主要城市

比罗比詹市是犹太自治州首府，人口7.54万（2010年），位于哈巴罗夫斯克边疆区西南部，阿穆尔河（黑龙江）支流比拉河河畔，1937年设市，目前已发展成为犹太自治州的经济、行政、文化中心。比罗比詹市坐落在阿穆尔河中游低地、比拉河畔，距哈巴罗夫斯克（伯力）172km。该市属季风气候带，1月平均气温-26.5～-21℃，7月平均气温18～21℃，年降水量500～700mm。比罗比詹是犹太自治州的经济中心，主要工业部门和企业大都集中在这里，其轻工业在远东居首位，产品销往远东、西伯利亚。该市还是犹太自治州的交通枢纽，西伯利亚大铁路通过该市，并有支线通往黑龙江（阿穆尔河）沿岸地区的下列宁斯科耶（主要农业区）。比罗比詹市是公路运输的枢纽，有通往哈巴罗夫斯克（伯力）和奥布卢奇耶的公路。

第 2 章　中国北方及其毗邻地区生态地理分区

中国北方及其毗邻地区在生态地理分区上，由北向南依次可以划分为五大生态地理分区：寒带苔原带—亚寒带针叶林带（泰加林带）—温带草原带—温带混交林带—温带荒漠带（图2-1）。由于所处的地理纬度、地形地貌和气候特征差异显著，各生态地理分区发育了不同的生态系统，形成了不同的生态地理特征。

中国北方及其毗邻地区五大生态地理分区具有典型特征（表2-1）。

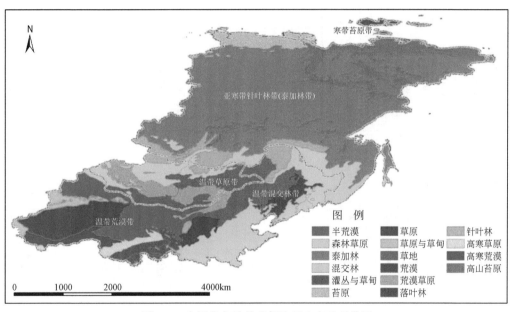

图2-1　中国北方及其毗邻地区生态地理分区

2.1　寒带苔原带

苔原也叫冻原，主要指北极圈内以及温带、寒温带高山树木线以上一种以苔藓、地衣、多年生草类和耐寒小灌木构成的植被带，是生长在寒冷的永久冻土上的生物群落。寒带苔原带的气候和土壤性状具有以下特点：

1）冬季漫长而严寒，夏季短促而凉爽。最暖月的平均气温一般不超过10℃，最低温度可达−55℃。植物的生长季仅2~3个月。

表2-1 中国北方及其毗邻地区各生态地理分区面积统计及地理分布

生态大区	生态亚区	名称	面积/10³km²	总面积/10³km²	纬度范围	国家
寒带苔原带	寒带苔原	泰梅尔-中西伯利亚苔原	178.85	178.85	70°N~78°N	俄罗斯
	高山苔原	西伯利亚东北部沿海苔原	221.99	837.37	68°N~73°N	俄罗斯
		楚科奇半岛苔原	0.64		68.5°N~70°N	俄罗斯
		切尔斯基-科雷马山苔原	396.39		59°N~72°N	俄罗斯
		跨贝加尔湖荒山苔原	218.61		50°N~60°N	俄罗斯
亚寒带针叶林带（泰加林带）	针叶林	东西伯利亚泰加林	2854.87	4655.78	50°N~72°N	俄罗斯
		东北西伯利亚泰加林	713.81		58°N~70°N	俄罗斯
		鄂霍茨克-中国东北泰加林	400.16		45°N~58.5°N	俄罗斯
		库页岛泰加林	65.17		46°N~54.5°N	俄罗斯
		萨彦岭山地针叶林	114.21		49.5°N~55.5°N	俄罗斯,蒙古
		大兴安岭-阿穆尔州针叶林	249.28		46°N~55°N	俄罗斯,中国
		跨贝加尔湖针叶林	201.19		48°N~55.5°N	俄罗斯,蒙古
		杭爱山针叶林	2.90		48°N~48.5°N	蒙古
		天山针叶林	12.82		42.5°N~44.5°N	中国
		贺兰山针叶林	24.70		37.5°N~40°N	中国
		祁连山针叶林	16.65		33.5°N~39°N	中国
温带草原带	荒漠草原	大湖盆地荒漠草原	135.68	557.77	45.5°N~51°N	蒙古
		戈壁湖流域荒漠草原	139.71		44°N~47°N	蒙古
		东戈壁荒漠草原	282.37		40°N~46.5°N	中国,蒙古
	草地	蒙古-中国东北草原	889.48	912.74	38°N~52°N	中国,蒙古
		嫩江草原	23.26		44.5°N~48°N	中国
	森林草原	南西伯利亚森林草原	29.14	572.43	52.5°N~55°N	俄罗斯
		达斡尔森林草原	209.64		47°N~53.5°N	俄罗斯,蒙古
		色楞格-鄂尔浑森林草原	226.28		45.5°N~53°N	俄罗斯,蒙古
		阿尔泰山地森林与森林草原	107.37		44.5°N~50.5°N	蒙古

续表

生态大区	生态亚区	名称	面积/10³ km²	总面积/10³ km²	纬度范围	国家
温带草原带	草原	萨彦山间草原	0.27	215.88	51.5°N~52°N	蒙古
		鄂尔多斯高原草原	215.61		39.5°N~36.5°N	中国
		中国东北混交林	452.89	1427.60	53.5°N~39.5°N	中国
		乌苏里江阔叶与混交林	197.41		50.5°N~42.5°N	俄罗斯
		南库页岛-千岛混交林	6.77		48°N~45.5°N	俄罗斯
	混交林	长白山混交林	46.08		46°N~41°N	中国
温带混交林带		中国中部黄土高原混交林	359.87		44°N~33.5°N	中国
		黄河平原混交林	362.03		40.5°N~32°N	中国
		怒江澜沧江峡谷高山针叶林与混交林	2.53		32.5°N~31.5°N	中国
	落叶林	中国东北平原落叶阔叶林	231.69	231.69	48.5°N~38.5°N	中国
	草原与草甸	天山山地草原与草甸	195.04	195.04	45.5°N~38.5°N	中国
	灌丛与草甸	西藏东南灌丛与草甸	180.65	352.03	38.5°N~31.5°N	中国
		青藏高原高寒灌丛与草甸	171.38		36.5°N~32.5°N	中国
	高寒荒漠	北藏高原昆仑山高寒荒漠	252.50	252.50	39°N~34.5°N	中国
	荒漠	新西伯利亚群岛北极岛极荒漠	35.43	778.09	77°N~73°N	俄罗斯
		塔克拉玛干沙漠	742.66		43.5°N~36°N	中国
温带荒漠带	半荒漠	准噶尔盆地半荒漠	273.17	1139.65	49°N~42.5°N	中国
		阿拉善高原半荒漠	674.36		45°N~36°N	中国
		柴达木盆地半荒漠	192.12		39.5°N~36°N	中国
	高寒草原	喀喇昆仑山-西青藏高原高寒草原	8.33	192.87	37.5°N~35°N	中国
		西藏高原高寒草原	184.54		38.5°N~33°N	中国

2）年降水量 200～300mm，主要集中在下半年。由于蒸发量小，气候本身并不干旱。

3）夏季白昼很长，黑夜很短。

4）风大，冬季的风速可达 15～30m/s。

5）土壤在一定深度有永冻层。即使在夏季，土壤仅表层冻土融化，且易引起土壤沼泽化。植被在这样的土壤里生长常常由于低温而导致生理干旱。

中国北方及其毗邻地区的苔原带位于最北端，可进一步划分为寒带苔原和高山苔原两大类。寒带苔原集中分布在北部沿北冰洋沿岸，以及北极圈内许多岛屿上，大部分位于俄罗斯境内，主要为泰梅尔-中西伯利亚苔原，总面积达到 $178.85\times10^3km^2$。高山苔原是极地苔原植被在寒温带、温带山地的类似物，是高海拔寒冷湿润气候与寒冻土壤生境的植被类型。高山苔原分布在山地垂直带的上部，向上则过渡到高山亚冰雪带或冰雪带。高山苔原在 50°N～78°N 内均有分布，北接北冰洋，南端延伸至泰加林边缘，在泰加林分布区内也有高山苔原分布，如西伯利亚东北部沿海苔原、切尔斯基-科雷马山苔原、跨贝加尔湖荒山苔原、楚科奇半岛苔原等，总面积达到 $837.64\times10^3km^2$。苔原总面积占中国北方及其毗邻地区总面积的 8.27%。

此外，在中国境内也发育部分高山苔原，主要分布在东北地区长白山和西北地区阿尔泰山的高山带。上述地区全年温度很低，相对湿度较大，植被生长期很短，如长白山高山带年平均气温在-5℃以下，夏季最热月（7 月）平均气温也不超过 10℃，在阴坡低洼处尚存有残余积雪。植物生长期 70～75d，风力常达 9～10 级，乔木难以生存。苔原植被是由耐寒小灌木、多年生草类、藓类构成的低矮植被。其中，苔藓类和地衣类较发达（张新时，2007）。

苔原带气候常年严寒，冬季漫长多暴风雪，夏季短促，热量不足，年净辐射仅 15～20kcal/cm^2，其南界与森林北界大致吻合。苔原气候带东西延伸，在大陆边缘南北宽窄不等，由于陆地轮廓、地形和沿岸洋流影响，苔原带南界与纬度带有显著偏差，其南界可达 60°N，东北部因寒流逼近，地形多山，海拔较高，其中东西伯利亚夏季较暖，7 月 10℃等温线向北凸出，使大陆苔原气候变窄。在西西伯利亚，苔原气候南界与北极圈一致，由于泰梅尔半岛向北延伸，大陆苔原气候北伸较远。苔原带因受到极地大陆气团和北极气团共同影响，冬季严寒达 8 个月以上，各月均有霜冻，极端温度达到-45℃左右。夏季短促，最暖月平均气温也在 10℃以下。苔原带北临北冰洋，多云雾，蒸散作用微弱，空气绝对湿度很小，但相对湿度很大，接近该气温条件下空气水汽饱和值，年降水量多为 100～250mm，且多为降雪。由于多吹东北风，风速常达 16～40m/s，积雪层薄，仅 25～50mm，雪被不均匀，永冻层深厚。苔原带还是亚洲大陆昼夜长短变化最大的地区，冬季永夜，夏季永昼。

苔原带土壤属于冰沼土，以泥炭质潜育土、泥炭沼泽土分布最广，化学风化和生物学过程极其缓慢，处于原始土壤形成阶段，冻土深厚，地表过湿，雪被较薄，特别是频繁的大风对植物生长不利。一年中仅有 2～3 个月的生长期，暖季土壤的活跃层不过几十厘米厚，使得苔原地区植被以地衣、苔藓为主，仅南部有矮小灌木和小树，它们植株低矮，呈坐垫状。在最南部的森林苔原亚带，有白桦、云松和落叶松等发育不良的树木，树木生长缓慢、细瘦弯曲矮小畸形，树冠呈旗状，因根系浅，树木歪斜成"醉林"

景观；一些植物保持绿色过冬和果实后熟现象。冰沼土系苔原植被下的地带性土壤，有机质来源少，土壤中的有机质和矿物质经常处在嫌气条件下，成土过程极其缓慢，表层有机质趋向泥炭化或半泥炭化，矿物质多处在还原状态，形成蓝灰色的潜育层。冰沼土剖面分层不明显，土层浅薄。苔原带土壤自北向南可分为四个亚带，即北极苔原-原始冰沼土、典型苔原-冰沼土、灌木苔原-冰沼土和森林苔原-灰化冰沼土。

苔原带严酷的环境条件，往往导致植被生理性干旱，不易生长，植被种类仅有 100~200 种，植被群落结构简单无层次，形成以苔藓和地衣占优势、无林的苔原带。其他植被种类如莎草科、禾本科、毛茛科、十字花科的多年生草本植物，以及杨柳科、石楠科与桦木科的矮小灌木也有分布。由于要经得住严寒、强风、低日照辐射、贫瘠冻土等严峻条件的考验，苔原植物对恶劣环境有特殊的适应性。这里的植被多数为常绿多年生长日照植物，这样可以充分利用短暂的营养期，而不必费时生长新叶和完成整个生命周期，但短暂的营养期使苔原植物生长非常缓慢，如极地柳一年仅能生长 1~5mm。苔原带永久冻土阻挡植物向土壤深处扎根，浅的根系也使植物不可能在狂风下向高处生长，因此苔原植物非常矮小，常匍匐生长或长成垫状，既可以防风，又可以保持温度。很多苔原植物有华丽的花朵，并可以在开花期忍受寒冷，花和果实甚至可以忍受被冻结而在解冻后继续发育。因此，苔原带生态系统的典型特征如下：

（1）种类组成贫乏

植物种的数目通常为 100~200 种，较南部地区可达 400~500 种。代表性的科为石南科、杨柳科、莎草科、禾本科、毛茛科、十字花科和蔷薇科。

（2）群落结构简单

苔原植被群落层次少且不明显，在一般情况下可分出 1~2 层，最多 3 层，即小灌木和矮灌木层、草本层、藓类和地衣层。其中藓类和地衣在群落中起着特殊的作用，灌木和草本植物的根、根状茎、茎的基部以及更新芽都隐藏在藓类、地衣层中，并受到保护。

（3）发育了适应寒带气候的典型特征

1）通常为多年生，极少为一年生植物。因为生长期很短，植物来不及完成整个发育周期。

2）多数为常绿植物，这些植物在春季可以很快地进行光合作用，不必耗时形成新叶。

3）适应低温、风大的特点，多数植物矮生，许多植物贴地面生长。

4）在大多数情况下，植物的根分布在比较不寒冷的土壤表层。

5）以长日照植物为主。

6）为了克服夏季短暂的现象，一些植物在夏季（暖季）到来以前就形成花芽，暖季一开始就进入开花期。尽管冬季温度低至-30℃，但芽和叶子在雪被下依然可以安全过冬。

7）由于土壤中缺乏氮素，一些植物具有固氮功能，如仙女木属（*Dryas*）可以使土壤中氮素的含量提高 10 倍以上。

此外，苔原带生境对动物的生存极其不利，因苔原带全年皆冬，气温很低，风力强劲，雪被深厚坚实，植被稀疏贫乏，动物食物条件很差；又因景观开阔，动物缺少天然庇护所；苔原带土壤为冰沼土，且永冻土很厚。在这种严酷的生境条件下，苔原地带动物群、种类成分组成单一且特殊，夏候鸟多，以鸟类和种子为食的啮齿类极少，无两栖类和爬行类，昆虫种类也很少。动物群季节变化明显，许多鸟兽冬季南迁至针叶林等较暖地带过冬。动物无冬眠现象。为适应环境，这里的动物躯体结构和生活方式特殊，动物耐寒能力很强，皮下脂肪厚，体毛绒密而长，宽蹄锐爪，便于扒雪寻食，具有杂食性，毛色季节变换。苔原带动物一般具有较高繁殖力，如鸟类产卵的数目较其他地区多，并且在长昼无夜的夏季，可昼夜不停地寻食和育雏；旅鼠在雪下也能繁殖。苔原带动物生命活动的季相变化显著，冬季由于白昼短暂，气温寒冷，绝大多数鸟类迁往温暖地方过冬，较大型兽类如驯鹿迁到针叶林带。有些动物冬季体毛变白，如北极狐、白鼬、雪兔、雷鸟等。由于苔原带生态系统及气候条件的变化，许多动物种类数量变动常具有周期性，如雷鸟、雪兔、旅鼠以及以它们为食的北极狐等，每隔3～4年或9～10年，数量波动一次。苔原在第四纪冰期分布较广，现在处于明显衰退阶段，动物群落对人类干扰异常敏感。动物种数不多，典型代表动物有北极狐、旅鼠、雪兔、驯鹿、麝牛、雪鼬、雪鸟等，在北部沿海还分布有白熊、海豹、海象以及北极鸥、三趾鸥等鸟类。特有驯鹿、旅鼠、北极狐等，夏季有大量鸟类在陡峭的海岸上栖息，形成"鸟市"。

2.2 亚寒带针叶林带（泰加林带）

泰加林（taiga）一词最初来自俄罗斯语，指极地附近与苔原南缘接壤的针叶林地带。现在这一术语泛指寒温带的北方森林（boreal forest）。在北半球的寒温带，泰加林遍布北美和欧亚大陆北部，形成浩渺无垠的茫茫林海，构成世界上最大的森林生态系统。在北美，这一地带分布最多的树种是白云杉（*Picea glauca*）、黑云杉（*Picea mariana*），到东西伯利亚，云杉林已完全消失，取而代之的是兴安落叶松（*Larix gmelinii*）。中国北方针叶林南延部分仅分布于大兴安岭北部，是世界北方林的重要组成部分。

亚寒带针叶林带（泰加林带）主要分布在寒带苔原带以南、温带草原带以北地区，33°N～72°N均有分布，在东北亚地区的俄罗斯、蒙古、中国均有大范围分布，典型的代表如东西伯利亚泰加林（50°N～72°N）、东北西伯利亚泰加林（58°N～70°N）、鄂霍茨克–中国东北泰加林（45°N～58.5°N）、大兴安岭–阿穆尔州针叶林（46°N～55°N）、跨贝加尔湖针叶林（48°N～55.5°N）等，这些地区泰加林面积均在20万km²以上。东北亚地区泰加林的分布总面积达到$4.655×10^6$ km²以上，为东北亚地区分布最为广泛的生态系统类型，呈宽阔的带状东西伸展。

亚寒带针叶林带（泰加林带）在气候特征方面北界为夏季最热月10℃等温线（即苔原带南界），南界大致以年平均气温4℃等温线为界，在西部约与纬线平行（大致与50°N线相当），在东部则沿蒙古高原北部山脉，从贝加尔湖南侧向东北沿外兴安岭而达鄂霍茨克海岸。亚寒带针叶林带（泰加林带）属于大陆性冷湿气候，受极地海洋气团和极地大陆气团的共同影响，并为极地大陆气团产生的源地，冬季黑夜时间长，正午太阳高度角小，又有积雪覆盖，地面辐射冷却剧烈，受不到海洋气团的调节。冬季常受北极气团侵入，暖季有时受热带大陆气团侵入。冬季由于极地高压扩张，冰洋气团可经常侵入，气候严寒。夏季气温上升。全年仅有寒暖两季，暖夏过后，就入寒冬。降水量由西向东减少。蒸发弱，相对湿度高。降水量少是因为本区气温低，空气中水汽含量不多，但这里蒸发弱，所以仍属于湿润气候。降水集中于夏季是因为夏季温度较高，空气中水汽含量较多，有气旋雨和对流雨；冬季温度低，水汽含量小，又受下沉的大陆反气旋控制，所以冬季降水少。冷季降雪，地面形成的雪被和冬雪量相差较少，但东部夏季雨量比冬雪量大，因而冬季积雪的厚度也由西向东变小。本区的南北宽度并非一致，东西差异也较寒带苔原带气候区增大。从东北亚整体上来看，亚寒带针叶林带（泰加林带）以中部最宽，东部因北有苔原，东有寒流冷海，内有北半球的寒极，加上外兴安岭的影响，宽度有显著收缩。亚寒带气候带的东西差异也很明显。俄罗斯远东区和中国黑龙江北部气候受季风环流的影响，年降水量一般为 500~700mm，雪被厚度只有 10~20mm。

亚寒带针叶林带（泰加林带）因气候寒冷而且地面阴湿，有机质不能很好分解，枯枝落叶产生酸类，使土壤发生灰化作用，成为森林灰化土，亦可称为灰壤或者棕色针叶林土。在降水量大于蒸发量的冷湿气候条件下，灰化土的形成以灰化过程发育为基本特征。针叶树的枯枝落叶残体中富含单宁、树脂，处于酸性环境下，细菌不能充分繁殖，有机残体分解主要靠真菌。在真菌作用下，有机物矿质化，释放出各种盐基，同时产生强酸性的富里酸。由于有机残体成分中盐基含量很少，物质分解缓慢，所以释放出的盐基不足以中和所形成的酸类，土壤溶液中出现游离的有机酸和一些无机酸，这些酸性溶液在下淋时，进入残落物层以下的矿质土层中，使土壤中代换性盐基淋失，引起灰化过程。表土中有非晶质粉末状二氧化硅析出，形成白色、片状结构或无结构灰化层。从灰化层下淋的溶液，主要成分是游离的富里酸等、有机酸与钙、镁、铁、锰等结合成的有机盐类，无机盐类，以及含铁、铝、硅酸等成分的胶体，下移过程中与愈来愈丰富的盐基相互作用，由于酸性溶液的中和作用，嫌气性微生物活动使上述各盐类发生凝聚和沉淀作用，形成比较坚实的红褐色或暗棕色沉积层，高度发育的沉积层常形成铁磐或粘磐层。在灰化土中，单纯的灰化过程是极其少见的。一般情况下，在灰化过程的同时，往往还进行着生草过程、沼泽化过程以及腐殖质化过程。

亚寒带针叶林在中国主要分布在大兴安岭北部，是经过漫长的地史时期和历史时期变迁而来的。古近纪，大兴安岭气候暖热而温润，植被由茂密的暖温带-亚热带落叶阔叶-针叶林所覆盖。但是从渐新世后期开始，气候变冷、干燥，致使本区森林中的亚热带成分大为削弱，松科和草本双子叶植物迅速增加，形成温带-暖温带落叶阔叶林。由于冰期和间冰期的作用，第四纪气温普遍下降，植物向低纬、低海拔地区迁徙，北部西伯利亚寒温带针叶林沿山地南下，与原地已完善自己适应新环境能力的部分植物一起丰富植物区系的组成，形成与目前近似的植被。

泰加林最明显的特征之一，就是外貌特殊，极易和其他森林类型区别。泰加林另一个典型特征，就是群落结构极其简单，常由一个或两个树种组成，下层常有一个灌木层、一个草木层和一个苔原层（地衣、苔藓和蕨类植物）。这里生境单调、严寒，冬季漫长寒冷，植物生长期很短。乔木几乎都是针叶树种，主要由云杉、银松、落叶松、冷杉、西伯利亚松等针叶树组成。树叶呈细长针状，有很厚的角质层，为世界重要的用材树种。林下阴湿，苔藓地被层很厚，无藤本及附生植物，少灌丛，森林结构简单，食物条件亦较单纯。

中国泰加林的植被区系典型东西伯利亚植被区系成分，常见植物有600多种，垂直分布明显，属于中国北方寒温带明亮针叶林生态系统。森林植被垂直分布谱中包括三种林分：①亚高山矮曲林带。此类型多分布在海拔1240m以上的平缓山顶，地面布满石砾，严寒干燥，植物种类极为单纯，堰松匍匐生长，还有少量岩高兰、扇叶桦等。②山地寒温性针叶疏林带。此类型以兴安落叶松、岳桦和堰松为建群种，混生有赤杨、扇叶桦、杜香、越橘和红花鹿蹄草等。③山地寒温性针叶林带。此类型是该地区的主要林带，林木组成单纯，以兴安落叶松为单优势种，形成兴安落叶松林，其间少量分布樟子松、云杉、白桦、花揪、岳桦和山杨等树种。

兴安落叶松（*Larix gmelinii*）是该区域的主要建群树种，属于阳性树种，树冠稀疏，透光度大，成林后形成所谓的"明亮针叶林"。兴安落叶松种子具长翅，传播远，萌发力强，林内凋落物层太厚时不利于种子自然更新。通常，兴安落叶松树高20～30m，胸径20～30cm，树龄100～150年，最长可达400年。兴安落叶松生长周期一般分为以下四个阶段：萌动（5月上中旬）—放叶、生长和开花（5月中下旬至6月上旬）—冬芽形成并停止生长（8月下旬至9月上旬）—休眠期（9月中下旬至翌年4月下旬）。兴安落叶松树各年结实量波动较大，一般3～5年为一个种子年（蒋延玲，2001）。

亚寒带针叶林带（泰加林带）虽然动物种类较苔原地带明显增多，但动物群种类仍较贫乏，以耐寒性和广适应性种类占绝对优势。这里包括大部分苔原动物，两栖类和爬行类稀少。动物季节变化也较为明显，许多定居生活的动物在冬季大多冬眠或储存食物，许多鸟兽也具有季节迁移特点。动物在形态构造和生理上大都具有在雪被上生活的适应能力，与苔原带相似。亚寒带针叶林带（泰加林带）动物群分布的垂直结构表现得比较明显，主要生活在两个层次——地面层和树顶层。大多数哺乳动物和部分鸟类生活在地面层，而树顶层主要栖息各种小鸟、松鼠和紫貂等。土壤层中，大型土壤动物相当贫乏，而蜈蚣和蚁类较多。典型代表动物有油松鼠、花鼠、鼯鼠、驼鹿、马鹿、紫貂、狼獾、猞猁、棕熊、松鸡等。亚寒带针叶林带（泰加林带）特有动物有驼鹿、紫貂、狼獾、星鸦、榛鸡和三趾啄木鸟等。此外，亚寒带针叶林带（泰加林带）有些土地现在已被开垦为农田，主要种植麦类及马铃薯等作物。

2.3 温带草原带

温带草原带分布在西伯利亚亚寒带针叶林带（泰加林带）以南，呈东西走向，宽度大，这里气候比亚寒带针叶林带（泰加林带）温暖得多，包括中亚北部，西伯利亚西南部及南部，蒙古大部，中国内蒙古、东北中部和北部以及黄河中游黄土高原。温带草原带纬度范围36°N～55°N，主要分为4个亚带：荒漠草原（556×10³km²）、草地（912×10³km²）、森林草原（572×10³km²）和草原（215×10³km²），总面积达2255×10³km²。典型代表有蒙古-中国东北草原（38°N～52°N）、东戈壁荒漠草原（40°N～46.5°N）、达斡尔森林草原（47°N～53.5°N）、色楞格-鄂尔浑森林草原（45.5°N～53°N）、鄂尔多斯高原草原（36.5°N～39.5°N），面积均在200×10³km²以上，蒙古-中国东北草原更是达到889×10³km²。

中国北方温带草原是欧亚大陆草原的东翼，从大兴安岭东麓辽东湾北段向西南经燕山-恒山-吕梁山北段-子午岭-六盘山南段-太白山-崛山北麓-祁连山-阿尔金山至昆仑山北麓一线以北的地区为北方温带草原区。从东向西年降水量由 500mm 逐步降至150mm，依次分布的地带性草地类型为草甸草原、典型草原和荒漠草原。中国北方温带草原区草地面积 1.67 亿 hm²，约占全国草地面积的 41%，是中国重要的天然草地，辽阔的草原是中国草地畜牧业的重要基地。目前该区草地大都过度利用，退化现象较为严重，而且部分草原被开垦为农田。据统计自 20 世纪 50 年代以来，1930 万 hm² 的优质草原被垦，中国现有耕地的 18.2% 源于草原。

温带草原带气候类型为温带大陆性半干旱气候（温带草原气候），是森林到沙漠的过渡地带。本区气候的主要特点是由于地处内陆或因有高山阻挡，不受海洋湿气的影响，气候呈干旱半干旱状况，土壤水分仅能供草本植物及耐旱作物生长。

温带草原带土壤为黑钙土和栗钙土。黑钙土中有机质的积累量大于分解量，土层上部有黑色或灰黑色肥沃的腐殖质层，在此层以下或土壤中下部有石灰富积的钙积层。黑钙土由腐殖质层、腐殖质过渡层、钙积层和母质层组成。黑钙土的腐殖质表层有机质含量较高，达 4%～7%，水稳性微团粒结构，土壤呈微性，pH 值 7.0～8.4，植物养分水平高。中国的黑钙土地区有大面积的农地和辽阔而优质的天然草场，以针茅、羊草、线叶菊、兔毛蒿、披碱草为代表，草丛高度 40～70cm，覆盖度 80%～90%。黑钙土分布区具有发展种植业和林、牧业的基础和优势，是中国建设防护林的重点地区。黑钙土潜在肥力较高，大部分已经开垦，有相当一部分适宜发展粮食和油料作物，主要种植大豆、高粱、玉米、春小麦、甜菜、向日葵等，熟制为一年一熟。黑钙土开垦后，由于施肥少，肥力会下降。由于受气候条件的影响，黑钙土表层腐殖质含量和腐殖质层厚度，由北往南，或从东向西，有逐渐减少的趋势；而此层中的石灰含量则逐渐增加，钙积层出现的部位也有所上升。栗钙土是在温带半干旱大陆性季风气候下弱腐殖质化和钙积过程形成的、具有较薄腐殖质层和钙积层的地带性土壤。栗钙土有较薄的（20～30cm）腐殖质层，腐殖质层颜色较淡，有机质含量较低（1%～4%），1m 内有明显的钙积层，pH 值 7.5～9.0。栗钙土分布区的天然植被为干草原，主要是针茅、羊草、隐子草等禾草伴生旱生杂类草、灌木与半灌木（如柠条）；草丛高度 30～50cm，覆盖度 30%～50%。栗钙土区年均气温–2～6℃；降水量 250～450mm；在热量方面只能满足一年一熟短生长期作物。虽然可以农作，但因为降雨少，年际变化大，风险极大。因此，栗钙土区主要以放牧为主。栗钙土区也是目前中国天然草场中面积最大的优良牧场。

温带草原植被群落主要由多年生丛生禾本科旱生植物组成，植物群落连绵成片。水分的不足使乔木难以立足。杂类草虽然也有出现，但一般处于次要地位。禾本科草类根系扎得较深，并成丛分布形成连续而稠密的草地。典型草原的禾本科草类具有旱生的结构特点：叶片狭窄，有绒毛卷叶，甚至具有蜡质层等。在温带大陆性气候下发育、以多年生低温旱生丛生禾草植物占优势的草本植物群落为温带草原。植物群以禾本科、豆科和莎草科占优势，其中，丛生禾草针茅属最为典型。此外，菊科、藜科和其他杂类草也占有重要地位。草原群落外貌呈暗绿色，植物体高度不大，生活型以地面芽植物为主。草原植物普遍具有旱生结构，如叶面积缩小，叶片内卷或气孔下陷以减少水分蒸腾，根系发育，以便吸收地下水分，能抵御强风。植物的地下部分发达，其郁闭程度常超过地上部分。多数植物根系分布较浅，集中在 0～30mm 的土层中。草原植物群落具有明显的季相变化，春末夏初一片葱绿，秋初枯黄。群落中建群植物生长、发育的盛季在六七月，不少植物的发育节律随降水情况发生变异，以营养繁殖为主。草原植物群分为草甸草原、典型草原（干草原）和荒漠草原。

温带草原带由于缺乏天然隐蔽条件，草原动物群种类一般比森林地带贫乏，但个体数量多，以群居的啮齿类和大型群居的有蹄类最为繁盛，猛禽与小型食肉兽也特别多，爬行类和两栖类数量很少。大型有蹄类动物均有迅速奔跑的能力，集群的生活方式以及敏锐的视听觉，如亚洲的黄羊、北美的叉角羚羊等都具有迅速奔跑的能力和敏锐的听力、视力。啮齿类动物具有惊人的挖洞本领，专营洞穴生活，具有很强的繁殖能力，如大量扩增种群个体而洞穴密度加大，草原便遭严重破坏，其结果又造成种群大批死亡和外移。草原食肉动物除狼外，鼬类最为广泛，它们以啮齿类动物和野兔为食，可起控制作用。鸟类中有利用鼠洞栖息的现象，形成所谓"鸟鼠同穴"；甚至草原上的两栖类、爬行类以及一些昆虫也有住鼠洞的，这是它们对草原生活的适应。许多草原动物具有南迁、冬眠、储藏饲料的习性。由于草原地带降水变率大，草本植物丰歉不均，加之气温年、日较差大，自然灾害频繁，草原动物首先是啮齿类动物变化很大。温带草原带典型代表动物包括黄羊、高鼻羚羊、野马、黄鼠、旱獭、田鼠、鼠兔、狼等，以及云雀、百灵鸟等鸟类。

2.4 温带混交林带

温带混交林带又称夏绿阔叶林带，主要分布于温带草原带和温带荒漠带的东西两端，包括中国东北和华北、日本列岛、朝鲜半岛、俄罗斯的堪察加半岛和萨哈林岛（库页岛）等，以及中纬度亚欧大陆东岸。

温带混交林带冬寒夏热，夏湿冬干，四季分明。夏季气温较高，如 7 月平均气温多在 20～26℃，最高可达 39℃，形成植物发育的有利气候条件。因此森林苍茂，植物种类也较丰富，近 1900 种，占中国东北植物种类的 3/5 以上。

温带混交林带受温带季风气候影响，温度较高，降水较多，特别是高温多雨的夏季对植物生长十分有利，植物发育很好，枝叶繁茂，富有灌木、草本植物，阔叶树种类成分较欧洲丰富，有蒙古栎、辽东栎以及槭属、椴属、桦属、杨属等组成的杂木林。群落的季相变化明显，冬季枝枯叶落，树干光秃，林内明亮。温带混交林带是中国主要用材林生产基地之一，其代表植被是以红松为主的温带针叶、落叶阔叶混交林，组成中特产植物很多，如红松、沙冷杉、紫杉、长白侧柏等针叶树种，以及拧筋槭、假色槭、白牛槭、水曲柳、山槐、核桃楸、黄檗、大青杨和香杨等阔叶树。这些树种有些属于古近纪、新近纪植物区系的孑遗种，如红松、水曲柳、黄檗、核桃楸等，再加上藤本植物山葡萄和北五味子等，另外如人参这样典型的特有植物尚未计算在内，足以说明该区域植物区系的古老性。这与此区域在地史上曾有过潮湿的古近纪、新近纪亚热带气候并受冰川影响较微弱有关，当然也得益于现代夏季温湿季风作用，使这些古近纪、新近纪的孑遗种能保存下来，并得以生长发育（张新时，2007）。

温带混交林带的土壤主要为棕色森林土、灰棕壤和褐色土。在温带季风气候条件下，成土过程具有明显的黏化过程、淋溶过程和较强盛的生物循环过程。由于棕壤地带暖季较长，温度较高，冬季土壤冻结较浅，黏化作用强烈，盐基成分的生物循环也相当强烈。由于富含盐基的生物残体在分解过程中不断中和土壤中的氢离子，因此土壤呈中性或微酸性反应，盐基饱和度高。灰棕壤土为温带湿润、半湿润季风带的地带性土壤，土地层厚度一般 0~20mm，有机含量 1.14%。褐色土剖面分异明显，由三个基本层段组成：腐殖质层，厚 10~15mm，呈灰棕色粒状或团块状结构，无石灰反应或弱石灰反应；黏化层，厚 40~70mm，褐色，质地黏重而紧实，核块状结构，结构面上常有暗红色胶膜；钙积层，呈黄棕色，石灰多呈斑状、假菌丝状、结核状。在褐土向棕壤过渡地区，因淋溶作用较强，剖面中无明显的石灰淀积，缺乏钙积层。褐土一般呈中性至微碱性反应，表层有机质含量多在 3%~5%。褐土依其发育阶段和特征不同，可分为淋溶褐土、普通褐土、碳酸盐褐土。褐土土层较深厚，自然肥力较高，历来是中国的耕作土壤，但其分布地区易受春旱影响，故需发展灌溉。

温带混交林带的动物种类比较少，但个体数量较多，主要有蹄类、鸟类、啮齿类和一些食肉动物。这里的生境条件要比针叶林地带好，动物有丰富的食料。温带混交林带动物种类比针叶林带丰富得多，种类成分也比较复杂，同种动物的个体数量比热带森林多，蹄类、食肉类动物比较多，大中型土壤动物也比较丰富。动物的季节性变化非常显著，夏季动物的种类和数量都比冬季多。许多动物尤其是鸟类冬季南迁，某些哺乳动物如熊、獾、刺猬、山鼠和蝙蝠皆冬眠，全年活动的动物多有储藏食物的习性。动物活动的昼夜差异表现也较为明显，昼出种类多于夜出种类。

温带混交林带主要生态地理类型包括：中国东北混交林、朝鲜半岛落叶林、日本列岛落叶林、黄河平原混交林、黄土高原混交林。各类型的典型特点如下。

1）中国东北混交林。中国东北混交林分布在从朝鲜半岛北部，经过中国吉林、辽宁、黑龙江直到俄罗斯阿穆尔河，是东北亚地区最多样化的森林生态系统分布区。该区常年寒冷干燥，1月平均气温-20~-15℃，年平均降水量 500~1000mm，海拔 500~1000m。随着地理纬度向北，平均气温逐渐降低，森林植被由以落叶阔叶林为主向以针叶林为主的混交林转变。针叶林树种主要包括红松、云杉和冷杉。落叶阔叶林树种主要包括蒙古栎、水曲柳、紫椴、白桦、千金榆和胡桃楸等。

2）朝鲜半岛落叶林。朝鲜半岛落叶林主要分布在朝鲜半岛中部地区，多为山地、丘陵，其海拔很少有超过 1200m 的，地形崎岖险峻。由于受温暖潮湿东亚季风的影响，年平均降水量超过 1000mm，分布为典型的温带落叶阔叶林，主要树种为松树、枫树、蒙古栎和枞沙松等。

3）日本列岛落叶林。日本列岛落叶林分布于日本本州岛日本海一侧，包括北海道半岛南部。它主要由丘陵和山脉组成，以冬季雪多而且漫长而闻名。亚高山冷山林和箭竹林是此地区主要的植被类型。在低海拔地区界的日本山毛榉林为常青树。由于气候的差异，这个生态区的植被不像本州太平洋一侧那样多种多样。

4）黄河平原混交林。黄河平原混交林区夏季温暖潮湿，冬季寒冷，土壤肥沃，主要为落叶阔叶林带。自然植被主要是落叶栎、麻栎和栓皮栎等。在海拔较高的山区植被以油松（低于 700m）和侧柏（700m 以上）为主。该区土地肥沃，农业发展历史悠久，因此许多混交林已经消失。

5）黄土高原混交林。黄土高原混交林位于黄河流域的西北部，是内蒙古草原和沙漠的过渡地带。该生态区域属于季节性干旱气候，主要植被为混交落叶阔叶林。黄土高原北部的原始植被属于温带植被。在海拔较高的地方，植被是以桦树、枫树和菩提树等橡木属为主的落叶阔叶林。在海拔较低的地方，植被是榆树、水曲柳等。由于受种植业与牧业的影响，大部分原始植被被榛子、黄荆、虎榛子、绣线菊、毛竹等灌木植被取代。

2.5　温带荒漠带

从大西洋沿岸的北非向东经亚洲西部而至亚洲中部，分布着世界上最广阔的荒漠，即"亚非荒漠"。温带荒漠带主要分布在温带草原带以南33°N～49°N的范围内，包括高寒荒漠（252×10³km²）、半荒漠（1139×10³km²）、荒漠（778×10³km²）和高寒草原（192×10³km²）四个亚类，总面积2361×10³km²。

中国西北部的荒漠区域位于温带荒漠带东段，在108°E以西，36°N，包括新疆维吾尔自治区的准噶尔盆地与塔里木盆地、青海省的柴达木盆地、甘肃省与宁夏回族自治区北部的阿拉善高平原，以及内蒙古自治区鄂尔多斯台地的西端，占中国面积的1/5强。其中，沙漠与戈壁面积约100万km²（张新时等，2007）。

温带荒漠带气压高，天气稳定，风总是从陆地吹向海洋，海上的潮湿空气无法进入陆地，因此雨量极少，非常干旱，地面上的岩石经风化后形成细小的沙粒，沙粒随风飘扬，堆积起来，就形成沙丘，沙丘广布，就变成浩瀚的沙漠。有些地方岩石风化的速度较慢，形成大片砾石，这就是荒漠。

温带荒漠带气候属于温带大陆性干旱气候。由于多半深居大陆内部，该区距海遥远，且被山地阻隔，地形闭塞，湿润的海洋气流难以到达，气候十分干燥，形成荒漠。降水稀少，年降水量一般在250mm以下，气温变化极端，气温年较差和日较差都很大。冬季有少量降雪，全年相对日照率高（60%～70%），冬寒夏热，气温变化急剧。温带荒漠带气候可分为干旱、极干旱两大类：干旱类型的年降水量150～200mm，准噶尔盆地四季降水分配较均匀、阿拉善东部降水多集中在夏季；极干旱类型包括阿拉善西部、塔里木盆地和柴达木盆地，年降水量只有50mm左右，最低的不足10mm，有的地方甚至全年无雨（尹林克，1997）。温带荒漠带降水分布的总体特征是从东、西两侧向中部急剧减少，如东部的景泰年降水量有189.2mm，西部的伊宁有326.1mm，但是内陆中部的呼鲁赤古特年降水量为17.1mm、哈密为33.4mm，而托克逊仅为3.9mm，为本区域最少雨的中心。该区气温，北部年均气温3～6℃，≥10℃年积温2500～3500℃；南部年均气温9～12℃，年积温4000℃左右，而柴达木盆地年均气温约1～4℃，年积温1000～1400℃。日照强烈，蒸发量大大超过降水量，干燥度>4；昼夜温差大，多大风和风暴（尹林克，1997）。该区域是中国日照长、日照百分率高、太阳总辐射收入最多、光热资源丰富的地区。日照时数长2000～3600h，多数地区大于3000h，日照百分率达到50%～80%，太阳总辐射收入120～175cal/（cm²·a），比长江中下游地区多20～40cal/（cm²·a）。这与该区域地处中纬度、远离海洋的内陆地区、地形闭塞、海洋气团不易到达、空气干燥、多晴天等有密切关系。

温带荒漠带区域地貌的基本特征是高山与盆地相间，形成截然分界的地貌单元组合。本区域有六个大型盆地：准噶尔盆地、塔里木盆地、柴达木盆地、阿拉善高平原、诺敏戈壁和哈顺戈壁。这些内陆盆地在地质结构和地貌特征上都具有同心圆式的环带状分布图式，即自盆地外围山地向盆地中央可有规律地划分为下列地貌单元：基质带–山前洪积倾斜平原–古老与现代的冲积平原–湖积平原与沙漠。荒漠区域高山的新构造运动都非常活跃，侵蚀、剥蚀、冰川及寒冻风化作用等特别强烈，并具有显著的地貌成层性，即低山、中山、高山、极高山各具特点的地貌特征，并因山地所处的水平地带位置不同而有很大差异（张新时等，2007）。

温带荒漠带的土壤基质主要是戈壁滩上的砾质洪积物；由于化学风化微弱，机械组成粗，成土过程缓慢，一般都具有土层浅薄、发育较差的特点。土体中各种元素基本不迁移，或移动极弱，碳酸钙在土壤表面积聚，石膏和易溶盐类淋洗不深，在剖面中积累。土壤的组成与母质近似，有机质含量甚微，地表多砾石，具有龟裂化、漆皮化、砾质化和碳酸盐表聚等特点。由于气候干旱、土壤缺水，土地资源难以利用。

温带荒漠带高等植物（包括蕨类）约计3900种，分属于130科、817属，约占中国植物区系科数的43.2%、总属数的27.4%，而种数仅占15.8%。相比较本区辽阔的幅员来说，该区植物种类颇为贫乏，但所占科数却不少，表明本区域多单属科、单种属与寡种属。本区是仙人掌及多浆植物的自然分布中心，常见花卉有仙人掌（*Opuntia*）、龙舌兰（*Agave*）、芦荟（*Aloe*）、十二卷（*Haworthia*）、伽蓝菜（*Kalanchoe*）等。这里砂质沙漠占有广大面积。生境条件与温带草原在景观开阔性、季节变化、昼夜相变化等特点上相似，但比温带草原更为严酷，特别是降水稀少且变率极大，水源缺乏，植被比较稀疏。

在温带荒漠带严酷的生境条件下，生活着一些适应荒漠环境的特殊动物种类。荒漠动物群种类贫乏，数量极少，且多在接近山麓及河湖附近绿洲水草丰茂之处聚居。荒漠动物以啮齿类和有蹄类动物最为繁盛，群聚性种类数量分布的区域性变化比草原大。该区鸟类贫乏，两栖类种类和数量极少，爬行类较多，特别是蜥蜴类较多。荒漠动物具有很强的挖洞能力和迅速奔跑的能力，并具有与背景砂土一致的保护色。荒漠动物的季相变化不如草原动物明显，不过冬眠现象少，大多数动物都营夜出性生活。因此，许多荒漠动物的眼睛和耳壳特别大。荒漠动物还有暂时降低体温以适应高温的习性。不少动物色淡、皮亮，以防强烈日晒。沙漠动物比草原少得多，主要有骆驼、沙漠狐、沙漠鼠和沙蛇，骆驼是最典型的沙漠动物。不论是体形略大的双峰驼，还是个头小一些的单峰驼，都可以在沙漠里任意行走，耐渴能力极强。

阿拉善高原半荒漠是该区主要的生态地理类型，位于内蒙古自治区西部，西起马鬃山，东到贺兰山，北接蒙古，属亚欧大陆腹地、中温带干旱荒漠区，远离海洋，降水稀少，水资源贫乏，为典型温带荒漠地区。大部分海拔1300m左右，地势由南向北缓倾，地面起伏不大，仅少数山地超过2000m。由于湿润的海洋季风势力鞭长莫及，年降水量均在200mm以下，从东部贺兰山的200mm左右向西递减到黑河下游的50mm左右。干燥度则从4.0左右递增到16.0左右。10℃以上的活动积温约3500℃，地域差异不大。阿拉善高原水资源以地下水为主，地表水较少，植被以极其稀疏的灌木、半灌木荒漠为主，甚有大片地区几无寸草。水泊、沼泽和草湖主要分布于腾格里沙漠和乌兰布和沙漠，通称沙漠湖盆。湖泊中，咸水湖泊居多，多分布于沙漠边缘地带，盛产盐硝碱；淡水湖泊多分布于沙漠腹地，集水面积较小，一般在 $0.1km^2$ 左右。湖畔芦草丛生，是沙漠中的绿洲，但无灌溉之利。

第3章 　中国北方及其毗邻地区气候背景状况

3.1　气候的基本特征

在太阳辐射、大气环流和自然地理背景等多因素的综合影响下，东北亚气候特征复杂多样。东北亚的气候有三大特点：一是季风性气候明显，主要表现为盛行风向随着季节变化有着显著的改变。夏季，风从海上吹向陆地，暖热多雨；冬季，风从大陆吹向海洋，寒冷干燥。二是大陆性气候强，具体表现为东北亚多数地区冬冷夏热，春秋短促，气温年差较大，降水季节特征较为明显。三是气候类型多种多样，如北冰洋沿岸地区的寒带苔原气候、横贯西伯利亚地区的亚寒带针叶林气候、温带大陆性半干旱气候和温带大陆性干旱气候等。此外，由于地形复杂多样，如高山深谷、丘陵盆地，往往在较小的水平范围内就可形成不同尺度的地带性气候。

3.1.1　各区域气候特征

3.1.1.1　中国北方地区

中国北方地区的主要气候类型包括东北湿润和半湿润温带气候、华北湿润和半湿润暖温带气候、西北温带及暖温带荒漠气候和内蒙古温带草原气候。

(1) 东北湿润和半湿润温带气候

中国东北地处欧亚大陆东部，地理纬度较高。东北地区的空间范围包括中国的黑龙江、吉林和辽宁三省，相当于中国的寒温带和温带湿润、半湿润地区，以冷湿的森林和草甸草原景观为主。东北地区属东亚季风区，气候湿润，在热带海洋气团影响之下，降水主要集中在夏季，年降水量的空间分布很不均匀，从东向西增加，南部降水较多且梯度变化大，西北部降水较少，南北相差大于700mm。除三江平原地区外，东北大部7月降水最多，夏季全区出现较重干旱的概率大于较重雨涝，旱灾更为突出。其中，辽西是较重旱涝频发的地区（龚强等，2006）。长白山地的迎风坡，年降水量可多达1000～1300mm，加之气温较低，蒸发较少，故属湿润地区。位于群山环抱之中的东北平原，则属半湿润地区。冬季，在大陆季风的长期控制之下，冬季长达半年以上，天气严寒、晴朗，降水很少。大兴安岭及其邻近地区，是中国唯一的寒温带，冬季长达230d，气温为全国最低。东北地区南部属温带，南北冬温相差25℃之多。东北冬季不仅温度低，而且低温持续时间相当长。日最低气温在0℃以下的寒冷日数，辽东半岛南部为120d，大兴安岭地区超过230d。大兴安岭地区低于-30℃的严寒日数多达80～100d。夏季盛行东南季风，日射强，昼长夜短，比较暖热。南北温度差异很小，夏季短暂。

（2）华北湿润和半湿润暖温带气候

中国华北地区是我国气候变化敏感区之一（马洁华等，2010）。中国华北地区一般指秦岭-淮河线以北，长城以南的中国广大区域，该区位于我国东部季风区的中纬度地带，受到冬夏季风的强烈影响，季风变化特别明显，雨热同季，光照资源丰富。其中，华北平原亦称黄淮海平原，位于32°N～40°N，114°E～121°E。该区西起太行山和伏牛山，东到黄海、渤海和山东丘陵，北依燕山，南至大别山区一线与长江流域分界，跨越河北、山东、河南、安徽、江苏、北京、天津等，面积达30万km²。华北平原大体在淮河以南属于北亚热带湿润气候，以北则属于暖温带湿润或半湿润气候。冬季干燥寒冷，夏季高温多雨，春季干旱少雨，蒸发强烈。春季旱情较重，夏季常有洪涝。年均气温和年降水量由南向北随纬度增加而递减。冬季，受蒙古高压控制，当极地大陆气团南下时，华北首当其冲，偏北风盛行，当冷锋过境时，气温猛降，风速增大，可出现沙暴或降雪。冬季寒冷是华北地区气候的一个主要特征。日最低气温≤0℃的寒冷日数，黄淮以北地区为100～150d，黄淮地区在75～100d。夏季，华北地区受大陆低压和西太平洋副热带高压的支配，在热带海洋气团影响下，温高湿重，炎热多雨，且暴雨天气多，局部时有冰雹成灾。全年有10～20d以上日最高气温≥35℃，有时其夏热程度甚至超过华南地区。华北地区降水不丰，绝大部分地区皆在700mm以下，为半湿润气候；黄土高原西部和北部属于半干旱气候；淮河流域和山地的迎风坡，年降水量可达800mm以上，是湿润气候的集中区域。华北地区降水集中于夏季（6～8月），7月是雨量最集中的月份，月平均降水可达200mm左右。暴雨频繁，且强度很大，有时一天可下数百毫米。强大的暴雨，在山区可以引起山洪，发生泥石流，在平原可以发生洪涝，造成严重灾害。春季，华北地区气旋活动十分频繁，常刮较强的偏北或偏南大风，伴有风沙天气，降水虽较冬季显著增多，但因升温很快，蒸发旺盛，故而春旱严重。秋季，极地大陆气团来临迅速，晴干而温和，多出现秋高气爽的天气。

（3）西北温带及暖温带荒漠气候

西北地区位于欧亚大陆的中心，地理上包括黄土高原西部、渭河平原、河西走廊、青藏高原北部、内蒙古高原西部、柴达木盆地和新疆大部的广大区域，通常简称"大西北"或"西北"。该地区以温带大陆性气候为主，冬季严寒干燥，有时有暴风雪天气；夏季则高温，且降水较少，我国夏季最热的地区——吐鲁番盆地就位于西北地区。该地区深居内陆，距海洋极为遥远；此外，四周又为一系列高山、高原所环绕，山脉在很大程度上阻隔了湿润的气流，导致湿润的海洋气流很难进入，加之该地区降水稀少，因此气候极其干旱，且干旱程度由东部向西部递增，气温的年较差和日较差都很大，谚语"早穿棉袄午穿纱，围着火炉吃西瓜"就鲜明的显现出该地区的日较差较大，景观则以各种类型的温带和暖温带荒漠为主。这里的气候特点首先是干旱少雨。年降水量一般不足200mm，自贺兰山向西递减，至黑河下游和塔里木盆地东部形成两个极端干旱的中心，年降水量分别在50mm和25mm以下。由此再向西，受到大西洋及北冰洋气团影响，降水量略有增加，塔里木盆地及准噶尔盆地西部边缘分别为100mm和200mm，而在天山和阿尔泰山的上部，分别可达400～600mm和600～800mm，伊犁谷地个别迎风坡更可达1000mm以上。西北地区降水变率很大，往往连续几个月乃至半年以上滴雨不降，而在 1 ~ 2d 之内又能骤然降下全年降水量的 1/2 乃至 2/3 以上。总体来说，西北大部分地区降水在 400mm 以下，大致趋势为自东向西由 400mm 左右减少到 50mm 以下，西北地区降水量最少的地方为托克逊地区。塔里木盆地属于暖温带，其他广大地区为温带，大陆性气候显著。冬季盆地中央比四周气温低，成为冷中心。极端最低气温在富蕴县达 -51.5℃，为全国最低纪录之一。夏季盆地中央的气温却比四周高，和冬季的温度分布完全相反。气温日较差，一般达 10 ~ 20℃ 以上，不少地区高达 35 ~ 40℃ 以上。冬季，朔风怒号，春秋季，冷暖气流激烈交锋，寒暑剧变，并多风暴；夏季，多热东风，山麓多焚风，故而在一些山口和风口地方，多大风天气，如阿拉山口，8 级以上的大风日数全年有 165d；鄯善的红旗坎到哈密红西间的 "百里风区"，年大风日数在 100d 以上。该地区加之气候干旱，地面坦荡，植被稀疏，风沙现象非常普遍，如民勤，多年平均风沙日数多达 134d。由于干旱少雨，日照时数很长，该地区太阳总辐射很强。

（4）内蒙古温带草原气候

内蒙古自治区位于中国北部边疆，由东北向西南斜伸，呈狭长形，经纬度东起 126°04′E，西至 97°12′E，横跨经度 28°52′，东西直线距离 2400 多千米；南起 37°24′N，北至 53°23′N，纵占纬度 15°59′，南北直线距离 1700km，横跨东北、华北、西北三大区。内蒙古东、南、西依次与黑龙江、吉林、辽宁、河北、山西、陕西、宁夏和甘肃 8 省（自治区）毗邻，跨越三北（东北、华北、西北），靠近京津；北部同蒙古、俄罗斯联邦接壤。内蒙古温带草原地区所处纬度较高，平均海拔高度 1000m 左右，基本上是一个高原型的地貌区，终年受西风带的支配，同时又受极地大陆气团控制的时间很长；另一方面，距离海洋较远，处于夏季风的边缘，海洋气流到达该地区，已成强弩之末，带来的水分不多，再加上地势较高，以及大兴安岭、阴山山脉的阻挡作用，形成了温带半干旱、干旱季风气候。该地区温度方面的主要特点是：冬季长而寒冷，多寒潮天气，多数地区冷季长达 5 个月到半年之久。其中，1 月最冷，月平均气温从南向北由 -10℃ 递减到 -32℃，夏短而温暖，昼夜温差较大，日照充足，多数地区仅一至两个月，部分地区无夏季。最热月份为 7 月，月平均气温为 16 ~ 27℃，最高气温为 36 ~ 43℃。气温变化剧烈，冷暖悬殊甚大。年平均气温为 0 ~ 8℃，气温年较差平均在 34 ~ 36℃，日较差平均为 12 ~ 16℃。每年 11 月至翌年 3 月有 5 个月的严寒期，平均气温在 0℃ 以下。寒潮可长驱直入，造成大风和严寒天气，有时并伴有风沙或雪暴。春季气旋频繁发生，天气多变，时寒时暖，常受晚霜之害。夏季炎热天气时间不长。9 月以后冷空气南下，气温迅速下降，出现晴朗的秋高气爽天气。该气候区降水方面的特点是年降水量较少，分布不均，集中在夏季，强度大，变率大。全区降水量的分布规律是从东向西逐渐减少，年总降水量 50 ~ 450mm。春季地面增温迅速，地表解冻，蒸发旺盛，春旱严重，多大风天气。夏季短促而炎热，降水较为集中，由于该地区是夏季风的边缘地带，季风势力稍有变化，即受影响，所以雨量年际变化很大，严重影响着该地区的农牧业生产。秋季气温剧降，霜冻往往早来，全年太阳辐射量从东北向西南递增。

3.1.1.2　蒙古高原地区

蒙古国是地处中国北部、俄罗斯南部且被中俄两国包围的一个多山的亚洲内陆国家。蒙古深居亚欧大陆腹地，北面同俄罗斯的西伯利亚为邻，其他三面均与中国接壤。

西部为山地，阿尔泰山自西北向东南蜿蜒。友谊峰海拔超过4000m，为蒙古最高峰，地处中蒙边界上。其他山脉包括埃恩赫塔伊万山、阿格拉山、尚德山、扎卢丘特山等。群山之间多盆地和谷地。蒙古东部为地势平缓的高地；南部是占国土面积1/3的戈壁地区。蒙古境内大部分地区为山地或高原，平均海拔1600m。主要地形以蒙古高原为主，气候属于温带极端大陆性气候，具有显著的大陆性和干燥性，在水文、土壤和植被等方面，都表现出极端大陆性干燥高原的特征。

强烈的大陆性充分表现在气温和天气的剧烈变化上。这里四季变化明显，冬季较长，并时常伴随有大风雪；夏季较短，且昼夜温差大；而春、秋两季较为短促。蒙古高原在气温上的最大特点是温差大、寒冷期长。这里严寒的冬季长达半年以上，最冷月1月平均气温北部在-36℃以下，只有东南部少数地区在-15℃以上。最热月7月平均气温北部多在15~20℃，南部可达26℃。冬冷夏热，年温差很大，一般为30~50℃，最大可达90℃。蒙古高原的日温差也很大，平均多为20~30℃。例如，乌兰巴托日较差为25.6℃，南蒙戈壁的日温差可高达40.2℃。由于高原地势高亢，故与亚欧大陆同纬度其他大陆性气候区相比，冬冷夏凉，年平均气温也较低，如乌兰巴托年平均气温为-3.8℃，这里属于比较冷凉的温带大陆性干旱与半干旱气候。

气温的上述特点以及降水量少且分配不均都突出地反映了蒙古气候的大陆性。蒙古高原雨量的年内分配很不均匀，年降水量主要集中在5~8月（7~8月最多雨），其余各月降水很少，因冬季降雪极其稀少，难以形成连续稳定的雪被。

由于蒙古高原地势较高，寒冷的极地大陆气团控制时间长，蒙古高原冬季长寒、积雪稀少，所以在北部有永冻层存在。除南部少数地区外，蒙古平均无霜期每年多不足120d，如乌兰巴托为76d，科布多为116d。春霜结束于5月中下旬，秋霜始于9月上中旬。

蒙古高原气候大陆性和干燥性特征的形成，是众多因素综合制约的结果，其中距海遥远、四周环山的地理位置和冬半年蒙古上空强大的反气旋系统，是决定气候特征的主要因素。

3.1.1.3 俄罗斯西伯利亚及远东地区

俄罗斯西伯利亚及远东地区可分为以高原山地为主的中西伯利亚高原地区和多山的俄罗斯远东山地区。

（1）中西伯利亚高原地区

中西伯利亚高原是俄罗斯西伯利亚中部面积最大的高原，南起东萨彦岭、贝加尔湖沿岸和外贝加尔山地，北至北西伯利亚低地，西同西西伯利亚平原相连，东同中雅库特低地相连。大部分地域位于亚洲大陆的东北方，纬度偏北，地势高亢，西距大西洋遥远，东离太平洋虽较近，但东、南侧都有高山屏障，受海洋影响不大；唯北向北冰洋畅通，且大部分地区位于北极圈内。所以本区气候特点是大陆性特别强，降水量少，比西西伯利亚气候条件更为恶劣，是极端严酷的大陆性气候。冬季气温很低，极为寒冷，且较为漫长，长达6~8个月之久，1月平均气温南部为-27~-20℃，北部为-50~-43℃；地表强烈冷却，太阳辐射量很少，平均每年80kcal/cm²，气压很高，整个区域基本上被冰洋气团和极地西伯利亚干冷气团控制。本区1月平均气温竟比同纬度其他地区低6~

14℃。由于辐射冷却而产生的逆温层可达数千米以上，一些山间盆地谷底更有助于气温的逆增现象。位于该区东北西伯利亚上扬克斯（位于海拔 120m 的雅纳河中游谷地）和奥伊米亚康（位于印迪吉卡尔河上游谷地）地区，因处在巨大的上扬斯克-科累马山弧北侧的河流谷地，其东、西、南三面为高山环绕，特别有助于冰洋气团寒冷空气的侵入和下沉停滞，再加之这里地处高纬，所以冬季气温极低，被称作北半球的"寒极"，年平均气温 -18℃ 的等温线在这里形成封闭的曲线。这里冬季反气旋发达，几乎无气旋活动，天气晴朗少云，降水量不多，为 30 ~ 150mm，仅占全年降水量的 15% ~ 25%。中西伯利亚的夏季气温较高，7 月平均气温一般在 14 ~ 16℃，南部个别地区可超过 20℃，日平均气温可达 30 ~ 35℃。暖季降水量多，占全年降水量的 75% ~ 80%。本区年降水量比西西伯利亚少，除了沿叶尼塞河河谷的东部狭窄地带及南西伯利亚山地外，年降水量一般在 400mm 以下，而"寒极"地区更少。稀少的年降水量、极大的年较差，说明东西伯利亚是亚洲大陆性气候最强烈的地区。

（2）俄罗斯远东山地区

俄罗斯远东山地区位于东北亚的东缘，东濒太平洋及其边缘海，西接东西伯利亚，北邻北冰洋楚科奇海，南以黑龙江（阿穆尔河）和乌苏里江为界。本区与中西伯利亚区的分界主要取决于气候，即本区受太平洋季风影响较大，具有季风性气候特征。不过只有远东南部气候的季风特色才较鲜明，远东北部季风性气候的特点已相当微弱，这里是季风性和海洋性气候的结合。季风性是本区最主要的气候特征。冬季，本区处在西伯利亚高压控制之下，盛行干冷的大陆季风，气候寒冷，冬长一般在 8 个月以上，最冷月 1 月平均气温在 -20℃ 以下，距海远的地区低于 -30℃；降水少，冬季 3 个月降水量仅占年降水量的 5% ~ 15%；天气多晴朗少云；沿海地区及岛屿受冬季大陆季风的影响较弱，1 月平均气温高于 -20℃。夏季，全区盛行来自太平洋的海洋季风，气温较高，7 月平均气温在南部为 18 ~ 20℃，北部因纬度高，且受冷海寒流的影响，气温较低；降水多，夏季 3 个月的降水量可占全年降水量的 60% ~ 70%，远东南部地区可受强台风的影响，台风带来的降水多在 8 月末和 9 月初，有时五六天中的降水量能占全月降水量的 70% ~ 90%。因此，本区降水变率很大，在少雨年份，夏季月降水量也可能低于 30mm，个别年份甚至滴雨不降。本区年降水量多在 400 ~ 600mm。本区仍属大陆性气候，但在寒冷程度上逊色于东西伯利亚，特别是远比不上"寒极"地区，若与同纬度其他自然地理区相比，仍然寒冷得多。由于冬季寒冷、夏季温暖，年较差较大。因受海陆相对位置及山地的影响，本区南部气候的大陆性自西向东减弱，如滨海地带年较差在 22 ~ 35℃，个别地区最热月是 8 月，海洋性色彩已相当明显。同时，降水量由沿海向内陆逐渐减少。本区气候还具有非纬度地带性突出、山地气候分布广的特点。由于全区南北长约 4500km，气候的地带性分布比较明显。但在逼近海岸的北东向山地的影响下，等温线的走向和气候带的分布界限表现出与山地走向一致的特点，其延伸方向呈北东向或近经向。本区山地气候的垂直分带性以远东南部山地较明显，远东北部受纬度的制约，垂直气候带比较简单。远东南部的大彼得湾沿岸和兴凯湖地区及沿海岛屿，纬度较低，由于北东向山地的屏障作用，干冷的冬季风影响较弱，同时受海洋影响显著，降水丰沛，冬季温和，夏季凉爽，气候宜人，是本区气候条件最好的地区。

3.1.2 不同自然带的气候特征

(1) 苔原带

寒带苔原气候属于极地气候带的气候类型之一，因这种气候全年极为寒冷，冬季漫长，白昼短等特点，只能生长低等植物的苔原群落，故以苔原命名。苔原带以高山苔原和苔原等植被为主，位于东北亚的最北部，其南界大致与7月平均气温10℃等温线相当。这里气候严寒、风大雪厚，如北极苔原-荒漠亚带冬季漫长严冷，极夜长达150d；夏季仍相当寒冷，气温在零度以上的天数只有10～50d，7月平均气温也不超过5℃，巨厚的永冻层上夏季活跃层只有25～50mm厚。形成该气候的主要原因与其所处地理纬度较高、太阳辐射较少、受极地气团或冰洋气团控制密不可分。

(2) 亚寒带针叶林带 (泰加林带)

亚寒带针叶林带位于苔原带以南，也叫泰加林带。针叶林能减少水分流失，耐寒性较好，故针叶林能适应该地区极寒的气候，在该地区分布较为广泛。泰加林带是东北亚冬季最寒冷的地带。冬季漫长而严寒，月平均气温通常处于0℃以下，1月平均气温多在-25～-20℃甚至以下，但是夏季较温暖且降水较多，月平均气温则在10℃以上。本区属于大陆性冷湿气候，受极地海洋气团和极地大陆气团的影响，并为极地大陆气团产生的源地。冬季由于极地高压扩张，冰洋气团可经常侵入，气候严寒，冬季持续6～8个月，月平均气温在0℃以下，最冷月平均气温-30～-15℃，绝对最低气温可达-50～-45℃，东西伯利亚的上扬斯克-奥义米亚康地区形成北半球的寒极。夏季气温上升，月平均气温在10℃以上，7月平均气温一般为10～12℃，南部可达18～20℃，个别日最高气温达到30～35℃。全年仅有寒暖两季，暖夏过后，就入寒冬。该区严冬虽比其他同纬度地区寒冷很多，但暖夏气温却相差无几。全年降水量300～600mm，集中于夏季，且由西向东减少，西部为300～600mm，东部为300～400mm，东北部为200～300mm，蒸发弱，相对湿度高。

(3) 温带草原带

温带草原带在北半球主要位于30°N～50°N的大陆内部、温带荒漠的外围。在欧亚大陆，自多瑙河下游起，向东经罗马尼亚、苏联、蒙古，直至中国东北和内蒙古等地，构成世界上最宽广的草原带。温带草原带是湿润气候和干燥气候之间的过渡地带，呈东西向延伸，为亚欧大陆温带草原带的主要部分。温带草原气候也是一种大陆性气候，呈干旱半干旱状况，土壤水分仅能供草本植物及耐旱作物生长。本区气候类型为温带大陆性半干旱气候区 (温带草原气候)，由于地处内陆或因有高山阻挡，失去海洋湿气的影响，降水量在400mm以下，年降水量多在250～450mm，主要集中在夏季，6～9月降水量占全年的70%～75%，且多为暴雨，雨量变率也大。蒸发量大于降水量，干燥度在1.5～3.99，干燥程度小于沙漠气候。气候大陆性强，冬季寒冷，1月平均气温多为-5～20℃，夏季较热，7月平均气温高于20℃；气温的年较差较大，多在36～37℃。

温带草原气候为荒漠气候与森林气候之间的过渡类型，不同地区的草原气候特征有明显差异。离荒漠近的干草原 (或低草草原) 温度变化大，降水少，植被 (草本) 也稀疏矮小；离森林近的湿草原 (或高草草原) 气温变化小，降水多，植被 (草本) 稠密高大。低纬度荒漠外围的热草原，最冷月平均气温在0℃以上。朝向赤道一侧的热草原在夏季受热带辐合气流影响，降水多在夏季；朝向中纬度一侧的热草原在冬季受温带气旋影响，降水多在冬季。中纬度荒漠周围的冷草原，最冷月平均气温在0℃以下。

（4）温带混交林带

本区气候冬寒夏热，夏湿冬干，四季分明。冬季受到强大西伯利亚高压影响，盛吹强劲的西北陆风，十分寒冷，1月平均气温达到-20℃，大陆上寒潮频袭，土壤冻结，北部有积雪，但雪被厚度很小。夏季盛吹东南海风，从海洋带来大量水汽，形成大量降水，年降水量达620~2010mm，山地东侧迎风坡，年降水量可达1000mm以上，平原年降水量500~700mm，而且年降水量的60%~70%集中于夏季，雨热同季。这也是温带季风气候的最大特点。

（5）温带荒漠带

温带荒漠带属于温带大陆性气候，分布于温带大陆内部，或高山背风区。因深居内陆，降水稀少，年降水量一般在250mm以下，气候干旱，全年相对日照率高（60%~70%），冬寒夏热，气温变化急剧。冬季有少量降雪。不适宜植被生长，仅有非常稀疏的草本植物和个别灌木，土壤类型主要是荒漠土。

3.2　气象数据来源及分析方法

3.2.1　气象数据来源

东北亚气象数据来源于美国国家气候资料中心（National Climatic Data Center, NCDC）（http://www.ncdc.noaa.gov/cgi-bin/res40.pl?page=gsod.html）。东北亚地区NCDC气象数据涉及气象站点1322个（图3-1）。其中，中国北方地区气象站点560个，

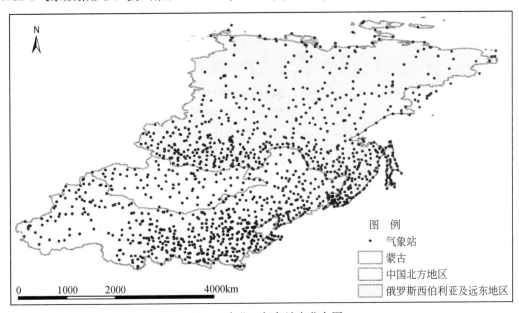

图 3-1　东北亚气象站点分布图

蒙古气象站点 80 个，俄罗斯西伯利亚以及远东部分地区气象站点 682 个。各气象站点的主要气象要素指标包括日平均气温、日最高气温、日最低气温、日降水量、日平均风速、日最大风速等。

3.2.2　气象数据分析方法

随着人类活动影响的加剧，以气候变暖为代表的全球性环境问题已成为国内外科学界最为关注的热点问题之一。20 世纪是全球近千年来增暖最为明显的时期，2007 年，IPCC 第四次全球气候变化研究报告指出，随着大气层中温室气体含量的增加，地球表面平均气温 100 年（1906～2005 年）增加了（0.74±0.18）℃，50 年变暖速度（0.13±0.03）℃/10a，100 年变暖速度（0.07±0.02）℃/a（傅小城等，2011）。全球气候变化是一个不可分割的整体，任何区域的气候状态都要受到大的气候背景的影响，东北亚地区也不例外。随着全球气候的变暖，东北亚也经历着气温上升，降水区域变化的过程。本研究通过对东北亚地区日气象数据的处理，生成了年（1～12 月）、春季（3～5 月）、夏季（6～8 月）、秋季（9～11 月）、冬季（12 月至次年 2 月）气温、降水等气候要素时间序列数据，对其平均值、最大值、最小值、变化倾斜率等特征量进行统计分析，得到气象要素变化特征，进而通过系统分析获取东北亚 1980 年以来的平均气候状况及其变化特征。气象数据分析方法主要采用线性趋势法和累积距平曲线法。

运用线性趋势线分析气象要素的变化趋势，即利用气象要素的时间序列（汪青春等，2007），以时间为自变量，要素为因变量，建立一元回归方程。设 y 为某一气象变量，t 为时间（年份或序号），建立 y 与 t 之间的一元线性回归方程。

$$y'(t) = b_0 + b_1 t \tag{3-1}$$

其趋势变化率为

$$\frac{dy'(t)}{dt} = b_1 \tag{3-2}$$

式中，b_1 称为变化倾斜率，可用最小二乘法来计算，公式如下：

$$b_1 = \frac{\sum_{i=1}^{n}(x_i - \bar{x})(y_i - \bar{y})}{\sum_{i=1}^{n}(x_i - \bar{x})^2}$$

式中，i 为年份；x、y 分别为年份和该年的平均气温、降水量；$\bar{x}$、$\bar{y}$ 分别为某年年平均气温、年降水量的平均值和所有年份年平均气温、年降水量的平均值。由于气候变化倾斜率是以回归方程的斜率表示的，因而其值大于 0 即为增温或降水增多，小于 0 则表示降温或降水减少。气候变化倾斜率的绝对值表征变化的幅度。

累积距平曲线的变化可以作为气候趋势分析的又一种方法，即对距平值序列 y_{di}（$i=1$，…，n），在样本中某一时刻 t 的累积距平表示为

$$I(t) = \sum_{i=1}^{n} y_{di}$$

把 $I(t)$ 值的时间变化绘成曲线称为累积距平曲线。在累积距平曲线变化中，上升表示累积距平值增加（正距平），如果要素是降水量，则表示降水偏多，下降则表示累积距

平值减少（负距平），对于降水量，则表示降水偏少。曲线上的微小变化可表示出降水量距平值变化，而长时期的曲线演变则可反映出降水的长期演变趋势。

3.3　气温的分布

气温和降水作为重要的气候资源，直接影响着人们的生产、生活，它们是气候的两个基本要素。它们不仅是自然地域系统界限划分的主要参考指标，而且也是反映地球表层系统水热状态的综合指数。气温和降水的分布以及年变化态势是各种气候因素综合影响的结果；而各种气候类型的划分，也主要依据气温和降水的特点。此外，气温和降水也是气候变化及其引起诸多环境问题的重要检测指标。

3.3.1　气温的地理分布

东北亚地区气候类型多种多样。从 1980～2010 年年平均气温空间分布（图 3-2）来看，整个东北亚地区气温表现出明显的纬度地带性。东北亚南北年平均气温差约 30℃，差别十分显著。中国的华北地区以及新疆内陆地区，年平均气温达到 10℃以上，是东北亚年平均气温最高的地区，由此往北年平均气温逐渐降低。从华北平原往北、往西进入蒙古高原和黄土高原，因地势陡升，温度骤降，在内蒙古中部地区和蒙古东南部地区年平均气温已降低到 5℃以下。在中国的东北地区和蒙古，年平均气温由南往北从沿海地区的 9℃递减至大兴安岭北部的–5℃左右，整个大、小兴安岭地区和蒙古北部山地的年平均气温都在 0℃以下。在俄罗斯西伯利亚地区，等温线大致与纬线平行，年平均气温在 0℃以下。而在远东地区，等温线呈东北走向，与海岸线平行，这与海洋洋流的影响关系密切。

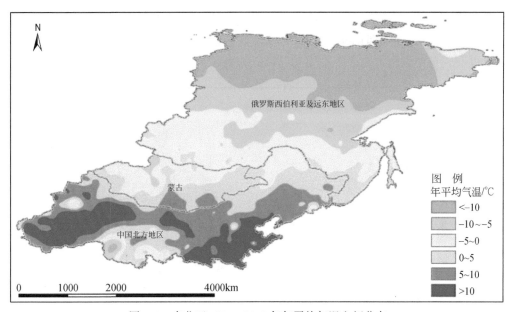

图 3-2　东北亚 1980～2010 年年平均气温空间分布

东北亚气温分布除受纬度差异影响外，还受地形地势的显著影响。中国的西北部年平均气温的分布受地形的影响非常显著，其分布和盆地形状有关，盆地中央温度高，四周低。南塔里木盆地年平均气温为10~12℃，准噶尔盆地为6~8℃。由此往盆地四周气温迅速降低，至天山中山地带和昆仑山地气温已低到0℃以下。吐鲁番盆地中央是整个东北亚地区年平均气温最高的地区，温度达到22℃。蒙古西北部多山地，阿尔泰山脉、杭爱山、肯特山、唐努山脉等山地及大湖盆地均集中在西北部，杭爱山脉是一个巨大的分水岭，它把内陆水系和北流注入北冰洋的外流水系分开，杭爱山脉以南，温度在0℃以上，而杭爱山脉以北温度已经降低到0℃以下。俄罗斯境内的东北部地区，由于切尔斯基山脉和上扬斯克山脉阻挡了太平洋的暖流，山脉西侧的温度要比东侧降低5℃左右。

（1）中国北方地区气温地理分布

中国北方地区年平均气温分布格局与各地区所属气候带较为吻合，华北平原大部分地区地处暖温带，温度较东北平原和内蒙古自治区所处的中温带要高些，在大兴安岭的最北端，平均气温为-5~0℃，属于寒温带，新疆维吾尔自治区在乌鲁木齐以南的地区处于暖温带，温度较高，而青海省位于青藏高原东北部，海拔为3000~5000m，属于高原气候区，平均气温较低，最低温度可达-10℃以下。从中国北方地区年平均气温空间分布图和柱状图看（图3-3、图3-4），中国北方地区的平均气温分布呈现出明显的空间差异性，华北平原和东北平原，大致趋势为温度从南向北递减，如华北平原，大多数省级行政区30年的年平均气温在10℃以上，最为明显的有河南省、山东省等，平均气温为14.31℃和12.89℃，平均值位居北方各省份的前列。随着向北纬度的增加，温度逐渐降低。处于东北平原最北端的黑龙江省年平均气温仅为1.91℃，为东北地区年平均气温最低的省份。此外，在黑龙江省和内蒙古交汇处的最北端，即大兴安岭的最北端，有少片地区温度在0℃以下。在我国西北地区，新疆维吾尔自治区的平均气温较高，甘肃和宁夏回族自治区的平均气温为5~10℃。而平均气温最低的地区分布于青海省，仅为0.29℃，在青海省的西南角，平均气温普遍低于0℃，平均气温最低的区域大多在-10℃以下，是中国北方地区年平均气温最低的地区。

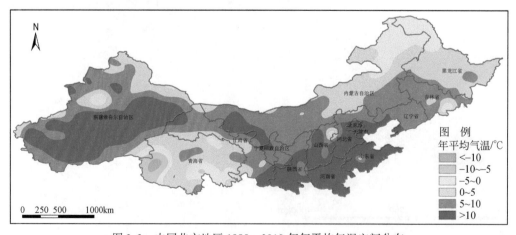

图3-3　中国北方地区1980~2010年年平均气温空间分布

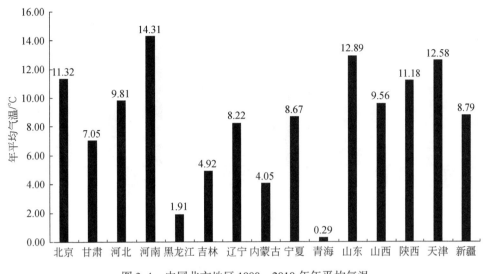

图 3-4　中国北方地区 1980～2010 年年平均气温

（2）蒙古气温地理分布

蒙古 30 年年平均气温空间分布差异性较为明显（图 3-5），大致趋势为由南向北，随着纬度的升高，气温逐渐降低。在蒙古的南部地区，南戈壁和东戈壁两省大部分地区的温度高于 5℃，平均值分别为 5.73℃ 和 4.38℃（图 3-6）。其中，南戈壁是蒙古温度平均值最高的地区，以 0℃ 为分界线，平均值在 0℃ 以上的地区和 0℃ 以下的地区基本上各占一半，戈壁阿尔泰的平均值较为接近分界线，30 年年平均气温为 -0.01℃。此外，年平均气温最低的省要属库苏古尔和扎布汗，分别为 -3.33℃ 和 -2.95℃。其中，较为寒冷的地区主要分布在库苏古尔省的西北部和巴彦洪戈尔的北部地区，平均气温值低于 -5℃，是蒙古 30 年平均气温较低的区域。

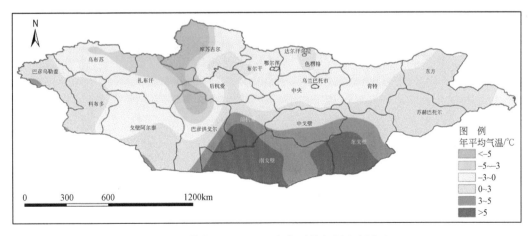

图 3-5　蒙古 1980～2010 年年平均气温空间分布

（3）俄罗斯西伯利亚及远东地区气温地理分布

俄罗斯西伯利亚及远东地区 1980～2010 年年平均气温由南向北递减的趋势较为明

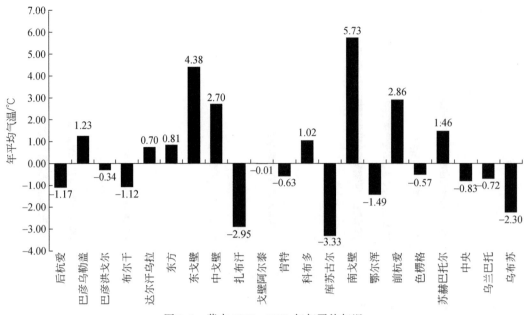

图 3-6　蒙古 1980～2010 年年平均气温

显（图 3-7、图 3-8）。从南向北，随着纬度的升高年平均气温逐步降低，其中，最南端的滨海边疆区的温度最高，平均值为 2.93℃，仅该地区与萨哈林州和犹太自治州的平均值在 0℃ 以上，其他地区的平均值则均处于 0℃ 以下。气温平均值最低的地区分布在俄罗斯北部的远东地区，气温平均值为 -11.39℃，在远东地区的南部年平均气温大多处于 -10～-5℃，在其北部则在 -15～-10℃，而在远东地区的东北地区，温度达 -15℃ 之下，是远东地区最冷的地方。

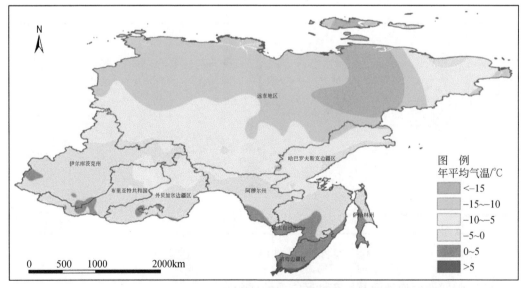

图 3-7　俄罗斯西伯利亚及远东地区 1980～2010 年年平均气温空间分布

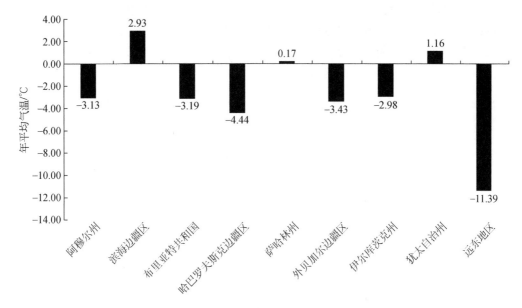

图 3-8　俄罗斯西伯利亚及远东地区 1980~2010 年年平均气温

(4) 各生态地理分区气温分布

从各生态地理分区年平均气温统计结果看，温带荒漠带年平均气温最高，为 8.99℃；其次是温带混交林带，为 7.77℃；再次是温带草原带为 5.09℃；亚寒带针叶林带的年平均气温在 0℃以下，为-7.47℃；苔原带年平均气温最低，为-13.11℃（表 3-1）。

表 3-1　各生态地理分区年平均气温　　　　　　　　　（单位：℃）

生态地理分区	年平均气温
寒带苔原带	-13.11
亚寒带针叶林带	-7.47
温带混交林带	7.77
温带草原带	5.09
温带荒漠带	8.99

3.3.2　气温的季节分布

由于年平均气温不能很好地反映温度变化的季节性，因此本节就东北亚春、夏、秋、冬温度的分布来分析东北亚地区气温的季节性差异。

3.3.2.1　春季气温的地理分布

东北亚春季气温地区差异较为明显（图 3-9），整个东北亚春季平均气温分布在-21~28℃，平均值为-1.2℃，呈由南向北逐渐降低趋势，区中高温地区主要集中在中国北方地区，中国北方地区的西部和东南部温度较高，平均气温在 10℃以上，随着纬度的升高，温度逐渐降低，蒙古和中国北方地区的交汇处，平均气温集中在 5～10℃，而蒙古的温度多是在 0～5℃，在俄罗斯西伯利亚及远东地区，南部温度为－10～0℃，该温度区间大致占整个地区总面积的 2/3，而北部则更为寒冷，平均气温达－10℃以下，是整个东北亚地区春季最为寒冷的地区。

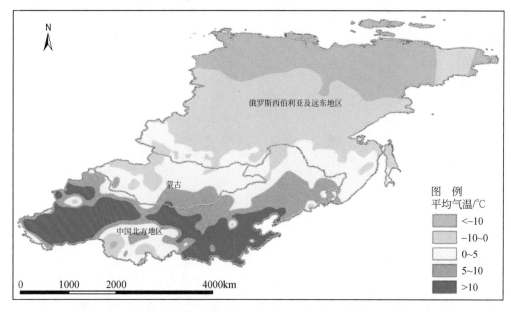

图 3-9　中国北方及其毗邻地区 1980～2010 年春季平均气温空间分布

（1）中国北方地区

中国北方地区的春季平均气温最高的地区集中在该地区的东南部，这里纬度较低，河南、山东、天津等地区与渤海、黄海相邻，地处中国温带季风气候区，春季气候较为温和，其中，以河南、天津气温平均值最高，分别为 15.34℃ 和 14.22℃。中国北方地区气温最低的要属青海省，该区地处青藏高原东北部，大部分地区海拔在 300～5000m，西高东低，地形复杂多样，形成了独具特色的高原大陆性气候，具有气温低、昼夜温差大、降雨少而集中、日照长、太阳辐射强等特点，青海省 30 年温度平均值在中国北方地区最低，仅 1.23℃。中国北方地区平均气温最高值出现在新疆维吾尔自治区，达 28.11℃，该区远离海洋，深居内陆，四周有高山阻隔，海洋湿气不易进入，形成明显的温带大陆性气候。由于新疆大部分地区春夏和秋冬之交日温差极大，故历来有"早穿皮袄午穿纱，围着火炉吃西瓜"之说（表 3-2）。

从中国北方地区气温分布区间面积统计结果看，中国北方地区平均气温大于 18℃的地区主要集中在新疆的中部和东部，面积有 19.46 万 km²，占中国整个北方地区的 3.46%；小于 0℃ 的地区主要分布在大兴安岭及周边地区以及青海省内，面积约为 36.43 万 km²，占中国北方地区总面积的 6.47%。从整体看，中国北方大部分地区平均气温主要集中为 0～18℃。其中，有 209.07 万 km² 的地区 6～12℃，占总面积的 37.13%，包括中国中部的内蒙古、甘肃、宁夏，以及东北部的吉林、辽宁（表 3-2、表 3-3）。

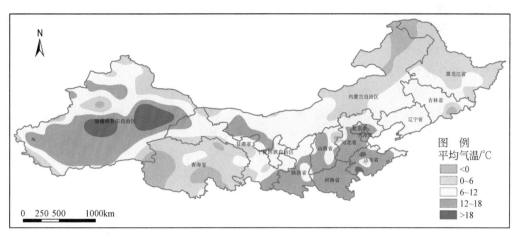

图 3-10　中国北方地区 1980~2010 年春季平均气温空间分布

表 3-2　中国北方地区 1980~2010 年春季平均气温统计　（单位：℃）

省级行政区	最低值	最高值	平均值
北京市	9.91	14.89	13.26
天津市	11.86	15.32	14.22
河北省	−1.22	17.31	11.59
山西省	−1.47	16.98	11.57
内蒙古自治区	−1.64	13.85	6.05
辽宁省	6.83	11.77	9.71
吉林省	−4.06	9.22	6.87
黑龙江省	−1.37	8.76	4.25
山东省	3.87	20.23	13.66
河南省	7.75	17.05	15.34
陕西省	6.59	17.39	12.69
甘肃省	0.02	17.49	8.81
青海省	−11.29	9.05	1.23
宁夏回族自治区	5.69	12.36	10.51
新疆维吾尔自治区	−8.50	28.11	11.74

表 3-3　中国北方地区各气温分布区间面积所占比例

温度区间/℃	面积/万 km²	所占比例/%
<0	36.43	6.47
0~6	159.97	28.41
6~12	209.07	37.13
12~18	138.07	24.52
>18	19.46	3.46

（2）蒙古

蒙古春季平均气温的整体趋势表现为南高北低，东高西低（图3-11和表3-4）。春季温度变化范围不大，主要集中在-4.49～11.22℃。蒙古春季温度较高的区域主要集中在南部，其中大于6℃的地区以南戈壁和东戈壁最为集中，全国温度平均值最高的也要属这两个地区，分别为7.09℃和6.05℃。其中，30年平均气温的最高值出现在南戈壁，为11.22℃，远远高于其他地区。低温主要集中在蒙古的西部，扎布汗、乌布苏、库苏古尔和巴彦洪戈尔的低温区最多，前三个地区的平均气温均为-1～0℃。其中，扎布汗的平均气温值最低，仅为-0.76℃。30年蒙古平均气温的最低值也出现在库苏古尔，为-4.49℃。蒙古气温最高值与最低值之差最大的区域分布在巴彦洪戈尔，差值为12.80℃。此外，蒙古北方的几个区域气温大多集中在0～2℃，东部的东方和苏赫巴托尔两个地区温度集中在2～4℃。

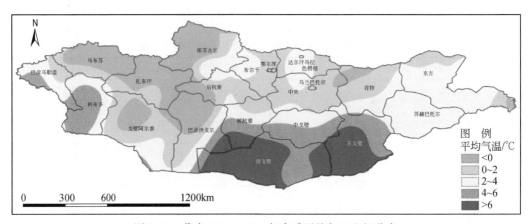

图 3-11　蒙古 1980～2010 年春季平均气温空间分布

表 3-4　蒙古 1980～2010 年春季平均气温统计　　　　　（单位：℃）

地区	最低值	最高值	平均值
后杭爱	-3.73	3.69	0.67
巴彦乌勒盖	0.30	6.09	3.19
巴彦洪戈尔	-4.38	8.42	0.87
布尔干	0.18	3.25	1.60
达尔汗乌拉	2.72	2.80	2.76
东方	-0.61	3.54	2.43
东戈壁	1.62	7.76	6.05
中戈壁	1.78	6.49	4.24
扎布汗	-3.15	3.29	-0.76
戈壁阿尔泰	-1.42	4.76	1.02
肯特	-0.30	4.39	1.52
科布多	1.04	5.75	4.10
库苏古尔	-4.49	3.73	-0.64

续表

地区	最低值	最高值	平均值
南戈壁	2.69	11.22	7.09
鄂尔浑	1.01	1.24	1.10
前杭爱	0.30	8.38	3.89
色楞格	0.17	2.91	1.92
苏赫巴托尔	2.56	4.04	3.12
中央	-0.15	2.82	1.30
乌兰巴托市	1.02	1.76	1.42
乌布苏	-1.80	2.33	-0.48

从蒙古各气温分布区间的面积统计结果看，小于0℃的地区主要集中在蒙古的西北部，以乌布苏、扎布汗、库苏古尔和巴彦洪戈尔几个地区最为集中，分布面积为28.78万km²，占整个蒙古的18.42%，而大于6℃的地区主要集中在蒙古的南方，以南戈壁和东戈壁最为集中，约19.39万km²，占整个蒙古的12.41%，2~4℃温度区间分布的面积最为广泛，集中在蒙古的东部和北部以及零散地分布在其他区域，面积为45.94万km²，占整个蒙古的29.41%。其次是0~2℃，面积为40.99万km²，占蒙古面积的26.24%，主要分布在该国的北部和西南部。4~6℃的区域主要分布在东戈壁和南戈壁周边，零星地分布在其他地区，占总面积的13.52%（表3-5）。

表3-5　蒙古各温度区间面积统计

温度区间/℃	面积/万 km²	所占比例/%
<0	28.78	18.42
0~2	40.99	26.24
2~4	45.94	29.41
4~6	21.13	13.52
>6	19.39	12.41

（3）俄罗斯西伯利亚及远东地区

俄罗斯西伯利亚及远东地区30年平均气温空间分布规律较为明显（图3-12和表3-6），由南向北随着纬度的升高，温度逐渐降低。整个俄罗斯西伯利亚及远东地区春季的平均气温整体处在-21.39~6.51℃，仅在最南端零星分布着平均气温大于0℃的地区，平均值的最高值也分布在最南端的滨海边疆区，为3.90℃。远东地区约占整个区域面积的2/3，地区内部温度差异较为明显，呈阶梯状分布，西南部有少片区域温度在-5~0℃，紧接着是-10~-5℃的区域，随着纬度继续向北，温度下降到-15~-10℃，在最北端则分布着俄罗斯西伯利亚及远东地区最为寒冷的地区，温度低至-15℃以下，占总面积的14%，故平均值最低的地区为远东地区，为-11.20℃，而平均气温的最低值也出现在远东地区最北端的低温带上，为-21.39℃。

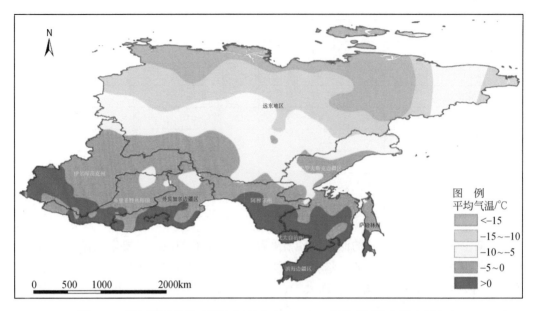

图 3-12　俄罗斯西伯利亚及远东地区 1980~2010 年春季平均气温空间分布

表 3-6　俄罗斯西伯利亚及远东地区 1980~2010 年春季平均气温值　（单位：℃）

地区	最低值	最高值	平均值
阿穆尔州	-7.00	4.76	-0.77
滨海边疆区	-0.36	6.51	3.90
布里亚特共和国	-6.86	2.79	-2.21
哈巴罗夫斯克边疆区	-11.86	4.47	-3.02
萨哈林州	-5.26	4.08	-1.36
外贝加尔边疆区	-6.51	2.62	-1.28
伊尔库茨克州	-6.86	2.02	-1.68
犹太自治州	1.67	4.24	3.12
远东地区	-21.39	-1.99	-11.20

从俄罗斯西伯利亚及远东地区各气温分区的面积统计结果看，平均气温大于0℃的区域主要集中在该国的最南端，由东向西依次有：萨哈林州的南部、整个滨海边疆区、犹太自治州、哈巴罗夫斯克边疆区的南部、阿穆尔州的南部、外贝加尔边疆区的南部、布里亚特共和国的南部以及伊尔库茨克州的西南部，面积之和为77.47万km²，占总面积的12.81%，随着纬度由南向北推移，分布着-5~0℃的地区，除了远东地区，剩余的地区大部分为-5~0℃的地区，该区间的面积有168.17万km²，约占总面积的28%，在整个国家中分布最为广泛。在远东地区的内部，由北向南依次分布着-10~5℃、-15~10℃和小于-15℃的气温带，面积分别为152.11万km²、119.21万km²和87.63万km²，分别占总面积的25.16%、19.72%和14.49%（表3-7）。

表 3-7　俄罗斯西伯利亚及远东地区各气温分布区间面积统计

温度区间/℃	面积/万 km²	所占比例/%
<-15	87.63	14.49
-15 ~ -10	119.21	19.72
-10 ~ -5	152.11	25.16
-5 ~ 0	168.17	27.82
>0	77.47	12.81

（4）各生态地理分区

从各生态地理分区春季平均气温空间分布情况看，五大生态地理分区温度差异较大。30 年春季平均气温的最高值出现在温带荒漠带，为 9.39℃；最低值出现在苔原带，为-14.68℃（表 3-8）。这与气候带所处的地理位置有较大的关系，温带荒漠带处于整个东北亚的西南部，纬度值较低，而苔原带则分布在整个东北亚的最北端，接近北极圈，气温极低。

表 3-8　各生态地理分区 1980 ~ 2010 年春季平均气温空间分布　（单位:℃）

生态地理分区	最低值	最高值	平均值
苔原带	-21.39	-3.56	-14.68
亚寒带针叶林带	-21.13	4.34	-6.19
温带混交林带	-5.11	20.23	7.12
温带草原带	-4.38	15.88	3.72
温带荒漠带	-11.29	28.11	9.39

3.3.2.2　夏季气温的地理分布

夏季，由于东北亚大陆普遍增温，故南北温差比冬季小很多。整个东北亚地区夏季平均气温为 18.17℃，最高温度达 40℃，而最低温度为-15℃，两者相差 55℃。各地区内部气温差异较为明显，最北端地区平均气温较低，处于 0 ~ 15℃，而在该区域东北部有少部分地区平均气温在 0℃以下。俄罗斯西伯利亚地区除最北端的区域外，大部分地区的平均气温在 15 ~ 20℃，连奥伊米亚康也曾测得 32℃的绝对最高气温。远东山地区夏季盛行来自太平洋的海洋季风，夏季平均气温在南部为 18 ~ 20℃，北部因纬度高，且受冷海寒流的影响，气温较低，如马加丹为 12.6℃，阿纳德尔 10.4℃。蒙古高原夏季平均气温北部多为 15 ~ 20℃，南部部分地区可达 26℃。中国北方大部分地区夏季平均气温在 20℃左右。青藏高原由于地势高耸，即使在盛夏，也有大面积地区气温低于 5℃（图 3-13）。

（1）中国北方地区

中国北方的夏季，温度普遍较高，从空间分布（图 3-14）看，仅在青海省境内的玉树藏族自治州和海西蒙古族藏族自治州的西边交汇处有少片区域平均气温在 0℃以下，平均气温的最低值-1.13℃就出现在该地区。该省的其他地区平均气温大致在 0 ~

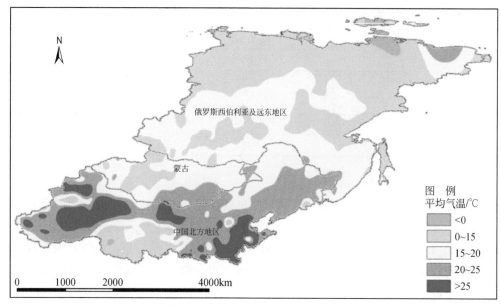

图 3-13　东北亚 1980～2010 年夏季平均气温空间分布

18℃范围内波动，而全国其他地区平均气温均大于 0℃，平均值普遍在 20℃以上，大于 30℃的高温区主要集中在新疆的中部和东部，平均气温的最高值也出现在该地区，最高值达 40.14℃，该地区的昼夜温差较大，最低值仅为 1.50℃，故最高值与最低值之差高达 38.64℃，在中国北方地区温度变化最为明显。此外，夏季平均气温最高的是河南、天津和山东，夏季平均气温分别为 25.99℃、25.97℃ 和 25.31℃（表 3-9）。

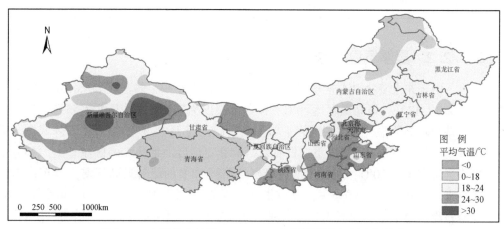

图 3-14　中国北方地区 1980～2010 年夏季平均气温空间分布

表 3-9　中国北方地区 1980～2010 年夏季平均气温统计　　　　（单位：℃）

省级行政区	最低值	最高值	平均值
北京市	22.28	26.40	24.97
天津市	24.31	26.60	25.97
河北省	10.63	28.55	23.59

续表

省级行政区	最低值	最高值	平均值
山西省	10.37	27.98	22.61
内蒙古自治区	15.15	27.49	20.60
辽宁省	20.32	24.23	23.07
吉林省	10.32	23.96	21.12
黑龙江省	15.98	23.57	20.12
山东省	15.08	31.43	25.31
河南省	17.93	28.07	25.99
陕西省	16.65	26.54	23.09
甘肃省	8.62	28.08	19.59
青海省	-1.13	19.11	11.05
宁夏回族自治区	15.86	23.48	21.54
新疆维吾尔自治区	1.50	40.14	23.55

从中国北方地区各气温分区的面积统计结果看，夏季平均气温在 0℃ 以下的区域仅仅有 1.11 万 km²，主要分布在青海省境内的玉树藏族自治州和海西蒙古族藏族自治州的西边交汇处，占全部区域面积的 0.20%。大于 30℃ 的区域主要分布在新疆维吾尔自治区的东部和中部，面积约为 18.30 万 km²，占全部区域的 3.25%。分布范围最广的是 18~24℃ 区域，主要集中在中国北方地区的东北部和中部。其中，东北三省、内蒙古自治区、宁夏回族自治区、山西省、甘肃省的大片区域均处在该区间范围内，面积共 284.21 万 km²，占北方地区总面积的 50.48%。0~18℃ 的区域主要集中在大兴安岭及周边地区和青海省大部，面积约为 134.79 万 km²，占总面积的 23.94%。24~30℃ 的区域则分布在我国中原地带的几个省，以河南省、山东省、河北省和陕西省最为集中，新疆维吾尔自治区内部也分布着较大面积的区域，共 124.59 万 km²，占总面积的 22.13%（表 3-10）。

表 3-10　各区间气温分布面积所占比例

温度区间/℃	面积/万 km²	所占比例/%
<0	1.11	0.20
0~18	134.79	23.94
18~24	284.21	50.48
24~30	124.59	22.13
>30	18.30	3.25

（2）蒙古

随着夏季的到来，蒙古各个地区温度普遍升高。夏季平均气温空间分布格局表现为南方高于北方，东部高于西部（图 3-15），仅在最西端的乌布苏有所差异。从夏季气温平均值空间分布看，蒙古夏季温度地区差异不是特别明显，温度平均值最高的区域位于蒙古南部的东戈壁和南戈壁，东戈壁夏季温度最高，为 21.63℃，比南戈壁高了

0.06℃。而 30 年蒙古夏季平均气温的最高值出现在南戈壁，为 25.93℃，高出东戈壁 2.96℃。此外，夏季气温最低值出现在北部偏西的库苏古尔，仅为 10.71℃，比最高值低 15.22℃。此外，各地区夏季平均气温最高的是东戈壁、南戈壁和中戈壁三个地区，夏季平均气温分别为 21.63℃、21.57℃和 19.52℃（表 3-11）。

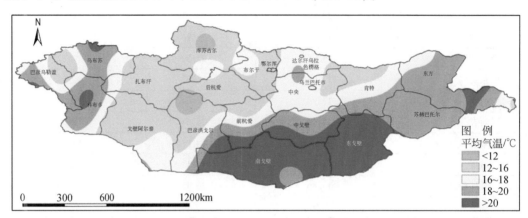

图 3-15　蒙古 1980～2010 年夏季平均气温空间分布

表 3-11　蒙古 1980～2010 年夏季平均气温统计　　　　（单位：℃）

地区	最低值	最高值	平均值
后杭爱	11.50	17.57	14.29
巴彦乌勒盖	13.76	20.51	17.26
巴彦洪戈尔	10.95	22.44	15.60
布尔干	14.57	17.06	15.73
达尔汗乌拉	17.42	17.56	17.49
东方	15.61	20.54	18.88
东戈壁	17.45	22.97	21.63
中戈壁	17.10	21.70	19.52
扎布汗	11.93	19.05	14.74
戈壁阿尔泰	12.51	18.46	14.91
肯特	14.55	20.26	17.10
科布多	14.97	20.28	18.44
库苏古尔	10.71	17.78	14.31
南戈壁	17.32	25.93	21.57
鄂尔浑	15.31	15.86	15.48
前杭爱	14.33	22.26	17.55
色楞格	15.39	18.28	16.95
苏赫巴托尔	18.45	20.21	19.12
中央	15.18	18.29	16.74
乌兰巴托市	16.36	17.12	16.75
乌布苏	13.77	20.44	17.46

从蒙古各气温分区的面积统计结果看，低于 12℃ 的区域面积较少，仅 2.81 万 km²，占蒙古全部面积的 1.80%，主要分布在库苏古尔的中部和巴彦洪戈尔的北端。高于 20℃ 的地区仍分布在蒙古南端的南戈壁和东戈壁以及蒙古西部的零星区域，面积为 31.10 万 km²，占蒙古面积的 19.91%。12～16℃ 的温度区间主要集中在蒙古西部的几个区域，包括库苏古尔、扎布汗、戈壁阿尔泰、后杭爱、布尔干和巴彦洪戈尔等地区，面积为 48.75 万 km²，占总面积的 31.20%，分布最为广泛。16～18℃ 的区域主要集中在蒙古中部的北端，零星分布在其他区域，面积为 34.91 万 km²，占总面积的 22.34%，18～20℃ 的区域主要集中在蒙古的东西两端，以东方、苏赫巴托尔、乌布苏和科布多分布面积最多，为 38.67 万 km²，占全国的 24.75%（表 3-12）。

表 3-12 　各区间气温分布面积所占比例

温度区间/℃	面积/万 km²	所占比例/%
<12	2.81	1.80
12～16	48.75	31.20
16～18	34.91	22.34
18～20	38.67	24.75
>20	31.10	19.91

(3) 俄罗斯西伯利亚及远东地区

俄罗斯西伯利亚及远东地区 30 年夏季平均气温空间差异不是特别明显（图 3-16），大片区域温度集中在 12～18℃，占整个地区总面积的 70%，仅东南角的少片区域平均气温大于 18℃，占总面积的 8%，在远东地区的最北端，有呈带状的区域，温度较低，在 0～8℃，紧接着这条带状区域以南有条带状的较宽区域，温度在 8～12℃。在东北角有小片区域温度低于 0℃，也是俄罗斯西伯利亚及远东地区 30 年夏季平均气温最低值

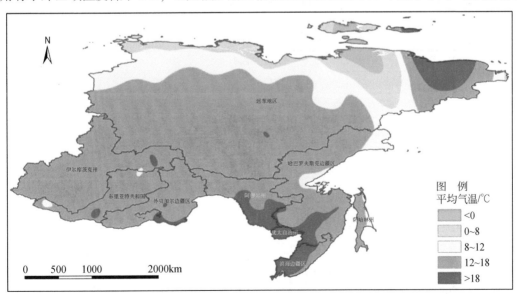

图 3-16 　俄罗斯西伯利亚及远东地区 1980～2010 年夏季平均气温空间分布

的出现区域，为-3.12℃。该区域以东，分布着温度大于18℃的地区，也是俄罗斯西伯利亚及远东地区30年夏季平均气温最高值出现的地区。平均值最高的地区要属犹太自治州，夏季气温平均值达20.41℃。此外，各地区夏季平均气温最高的是犹太自治州、滨海边疆区和阿穆尔州三个地区，夏季平均气温分别为19.38℃、18.47℃和17.01℃（表3-13）。

表3-13 俄罗斯西伯利亚及远东地区1980~2010年夏季平均气温统计   （单位：℃）

地区	最低值	最高值	平均值
阿穆尔州	12.50	21.75	17.01
滨海边疆区	13.69	20.93	18.47
布里亚特共和国	11.34	18.97	14.63
哈巴罗夫斯克边疆区	9.04	20.51	14.98
萨哈林州	6.50	16.34	13.23
外贝加尔边疆区	13.42	19.54	15.85
伊尔库茨克州	11.72	18.86	15.58
犹太自治州	17.94	20.41	19.38
远东地区	-3.12	28.94	12.43

从俄罗斯西伯利亚及远东地区各气温分区的面积统计结果看，该地区平均气温主要集中在12~18℃，面积为425.05万km²，占总面积的70.31%；大于18℃的地区主要集中在东南部的几个地区和远东地区的东北角，面积为45.38万km²，占总面积的7.51%；小于0℃的面积最少，集中在东北部的少片区域，近10.74万km²，占总面积的1.78%；在远东地区的最北端集中着0~8℃和8~12℃带状区域，面积分别为40.07万km²和83.34万km²，分别占总面积的6.63%和13.78%（表3-14）。

表3-14 东北亚各区间气温分布面积所占比例

温度区间/℃	面积/万 km²	所占比例/%
<0	10.74	1.78
0~8	40.07	6.63
8~12	83.34	13.78
12~18	425.05	70.31
>18	45.38	7.51

（4）各生态地理分区

从东北亚各生态地理分区夏季平均气温空间分布情况看，五个生态地理分区夏季温度差异较大，夏季平均气温的最高值和最低值分布位置与春季的一致。夏季平均气温的最高值出现在温带荒漠带，为40.14℃；最低值出现在苔原带，为-3.12℃。夏季气温平均值最高的仍然为温带荒漠带，21.41℃；苔原带的气温平均值最低，为9.93℃（表3-15）。

表3-15 各生态地理分区1980～2010年夏季平均气温统计 （单位：℃）

生态地理分区	最低值	最高值	平均值
亚寒带针叶林带	−0.21	22.40	14.45
温带混交林带	5.00	31.43	19.97
温带草原带	10.95	26.90	18.64
温带荒漠带	−1.13	40.14	21.41
苔原带	−3.12	24.22	9.93

对比各生态地理分区春夏季平均气温的变化，可以发现夏季增温最大的是苔原带，夏季平均气温比春季平均气温高出24.61℃；其次是亚寒带针叶林带，夏季平均气温比春季平均气温高出20.64℃；温带混交林带、温带草原带和温带荒漠带的夏季平均气温比春季平均气温高出温度在12～15℃。

3.3.2.3 秋季气温的地理分布

秋季的东北亚，气温相对夏季有所下降，且降幅较大，最低气温和最高气温均有所下降，最低气温降幅较小，相比夏季降低了5℃，为−20℃，而最高气温为18℃，与夏季相差22℃。东北亚秋季气温空间分布大致呈由北向南逐渐降低趋势，在中国北方地区，大部分区域温度处于2～10℃，温度普遍在0℃以上；与其相邻的蒙古，内部温度平均值差异较为明显，接近中国北方的地区平均气温在2～10℃，西北部地区温度则在−10～0℃，而东部有部分地区集中在0～2℃；与蒙古接壤的俄罗斯西伯利亚地区的大部分温度集中在−10～0℃，温度较中国北方地区和蒙古寒冷，该区的最北端约占俄罗斯西伯利亚及远东地区总面积1/3的地区温度在−10℃以下（图3-17）。

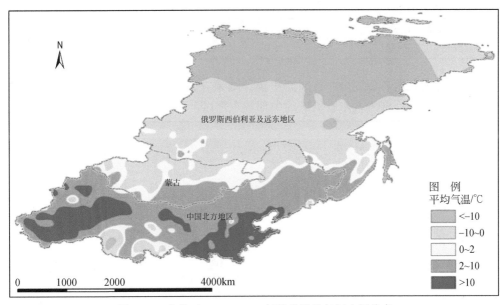

图3-17 东北亚1980～2010年秋季平均气温空间分布

（1）中国北方地区

中国北方地区秋季的平均气温呈现明显的空间差异性，大致以宁夏回族自治区为分界线，分界线以东平均气温分布具有明显的阶梯性，随着纬度的升高，由南向北温度依次降低，最南端的河南省平均气温最高，为 15.36℃，且整个北方地区的温度最高值出现在与该省相邻的山东省，为 19.70℃。分界线以西主要有青海省、新疆维吾尔自治区和甘肃省，三地内平均气温差异较为明显。青海省温度普遍偏低，均处于 8℃以下，中国北方地区平均气温的最低值也出现在该省，为−12.30℃。新疆维吾尔自治区平均气温普遍较高，大部分区域温度为 8~12℃，中国北方地区平均气温的最高值出现在该自治区，达 20.58℃，而最高值与最低值之差最大的也要属该自治区，温差高达 30.52℃（表 3-16）。

表 3-16　中国北方地区 1980~2010 年秋季平均气温统计　　　（单位：℃）

省级行政区	最低值	最高值	平均值
北京市	8.28	13.76	11.88
天津市	12.20	14.32	13.69
河北省	−0.76	16.17	10.59
山西省	−1.05	15.61	9.99
内蒙古自治区	−4.40	11.30	4.45
辽宁省	6.49	14.34	9.58
吉林省	−2.51	9.39	6.11
黑龙江省	−4.48	7.57	2.70
山东省	5.07	19.70	14.55
河南省	7.81	17.72	15.36
陕西省	6.86	17.02	11.69
甘肃省	−0.53	17.08	7.40
青海省	−12.30	8.14	0.44
宁夏回族自治区	5.26	10.28	9.03
新疆维吾尔自治区	−9.94	20.58	9.24

从中国北方地区各温度分布区间面积统计结果（图 3-18）看，平均气温大于 12℃的地区主要集中在新疆维吾尔自治区的中部和东部以及中部地区几个省级行政区，面积

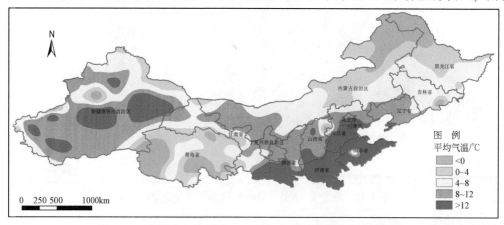

图 3-18　中国北方地区 1980~2010 年秋季平均气温空间分布

有 87.42 万 km²，占我国整个北方地区的 15.53%。小于 0℃ 的地区主要分布在大兴安岭及周边以及青海省内，面积为 56.38 万 km²，占中国北方地区总面积的 10.01%。可见，高温和低温分布区总面积仅占中国北方地区总面积的 25.54%。中国北方地区大部分气温集中在 4~8℃，有 161.42 万 km²，占总面积的 28.67%，大致分布在中国东北部的吉林、内蒙古（表 3-17）。

表 3-17　各区间气温分布面积所占比例

温度区间/℃	面积/万 km²	所占比例/%
<0	56.38	10.01
0~4	104.48	18.56
4~8	161.42	28.67
8~12	153.29	27.23
>12	87.42	15.53

（2）蒙古

秋季，蒙古的平均气温在 -7.55~8.47℃ 变动。从 30 年蒙古秋季平均气温的空间分布（图 3-19）看，温度较高的区域仍然集中在南戈壁和东戈壁，这两个地区的平均值达到 5.37℃ 和 4.30℃，分别居蒙古的首位和第二。平均气温的最高值也出现在其中的南戈壁，为 8.47℃。最低温度仍出现在蒙古北部偏西的库苏古尔，为 -7.55℃，远远低于其他地区。温度变化范围最大的地区要属紧邻南戈壁的西部的巴彦洪戈尔，该地区南部紧邻南戈壁，温度较高，北边又处于低温区，故该区内部平均气温差异较大，最高值与最低值温差高达 12.42℃（表 3-18）。

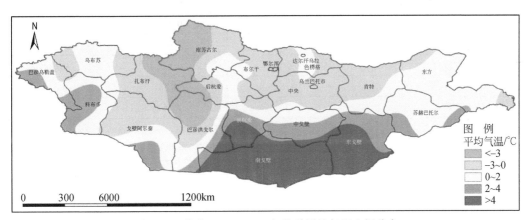

图 3-19　蒙古 1980~2010 年秋季平均气温空间分布

从蒙古气温分区面积统计结果看，低于 -3℃ 的面积较少，仅 13.47 万 km²，占全部面积的 8.62%，主要分布在库苏古尔、扎布汗、巴彦洪戈尔和后杭爱的交汇处。高于 4℃ 的地区主要分布在蒙古南端的南戈壁、东戈壁以及与南戈壁相邻的前杭爱的南部地区，面积为 24.98 万 km²，占总面积的 15.99%。-3~0℃ 的温度区间主要集中在蒙古西部的几个区域以及北部的一些区域，包括扎布汗、戈壁阿尔泰、布尔干、鄂尔浑、色楞格、中央、乌兰巴托市等，面积为 48.16 万 km²，占总面积的 30.83%，分布最为广泛。2~

4℃的区域主要集中在蒙古中部的北端，零星分布在其他区域，面积为20.74万km²，占总面积的13.28%。0~2℃的区域则主要集中在该国的东西两端，以东方、苏赫巴托尔、乌布苏和科布多面积最多，为48.88万km²，占总面积的31.29%（表3-19）。

表3-18 蒙古1980~2010年秋季平均气温统计   （单位:℃）

地区	最低值	最高值	平均值
后杭爱	-5.57	1.33	-1.17
巴彦乌勒盖	-0.88	4.23	1.47
巴彦洪戈尔	-6.27	6.15	-0.90
布尔干	-3.00	0.46	-1.36
达尔汗乌拉	0.23	0.42	0.35
东方	-1.46	2.18	0.90
东戈壁	-0.38	6.07	4.30
中戈壁	-0.19	4.82	2.49
扎布汗	-5.09	1.86	-2.44
戈壁阿尔泰	-3.16	4.01	0.19
肯特	-2.22	2.40	-0.49
科布多	-0.35	3.52	1.83
库苏古尔	-7.55	0.88	-3.17
南戈壁	0.83	8.47	5.37
鄂尔浑	-2.53	-1.98	-2.25
前杭爱	-1.89	6.19	2.61
色楞格	-2.60	0.47	-0.60
苏赫巴托尔	0.81	2.67	1.66
中央	-2.11	0.66	-0.81
乌兰巴托市	-1.23	-0.58	-0.88
乌布苏	-2.42	1.46	0.18

表3-19 各气温分布区间面积统计结果

温度区间/℃	面积/万 km²	所占比例/%
<-3	13.47	8.62
-3~0	48.16	30.83
0~2	48.88	31.29
2~4	20.74	13.28
>4	24.98	15.99

（3）俄罗斯西伯利亚及远东地区

30年俄罗斯西伯利亚及远东地区秋季平均气温空间分布具有明显的地区差异性（图3-20），从南到北秋季平均气温降低，大于0℃的区域主要集中在滨海边疆区、萨哈林州、犹太自治州和哈巴罗夫斯克边疆区的南端。其中，滨海边疆区平均气温最高，为 4.60℃，且平均气温的最高值也出现在该地区，为 10.03℃。随着纬度的升高，温度逐渐降低，在俄罗斯西伯利亚及远东地区的最北端，温度达到 -12℃ 以下，故平均气温的最低值位于最北端的远东地区，为 -11.70℃，且 30 年秋季平均气温的最低值也出现在该区域，为 -18.07℃，其他地区则为 -12~0℃（表 3-20）。

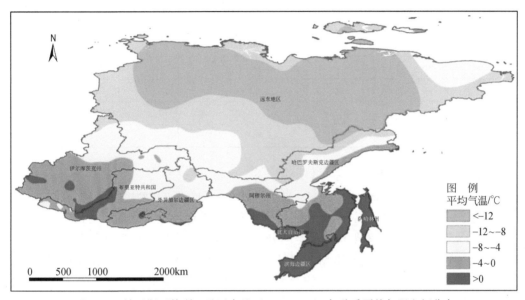

图 3-20　俄罗斯西伯利亚及远东地区 1980~2010 年秋季平均气温空间分布

表 3-20　俄罗斯西伯利亚及远东地区 1980~2010 年秋季平均气温统计　（单位:℃）

地区	最低值	最高值	平均值
阿穆尔州	-10.06	3.46	-3.40
滨海边疆区	-1.30	10.03	4.60
布里亚特共和国	-7.76	5.09	-3.03
哈巴罗夫斯克边疆区	-15.16	6.41	-3.94
萨哈林州	1.09	9.77	3.77
外贝加尔边疆区	-8.88	0.82	-3.62
伊尔库茨克州	-10.05	5.09	-3.29
犹太自治州	-0.36	3.73	2.02
远东地区	-18.07	-0.05	-11.70

从俄罗斯西伯利亚及远东地区各温度分布区间面积统计结果（图 3-20）看，平均气温大于 0℃ 的区域主要集中在俄罗斯西伯利亚及远东地区的最南端，由东向西依次有：萨哈林州、滨海边疆区、犹太自治州、哈巴罗斯福克边疆区的南部、布里亚特共和国和伊尔库茨克州的交汇处，面积之和为 45.66 万 km²，占总面积的 7.55%。随着纬度由南向北推移，分布着 -4~0℃ 的地区，在阿穆尔州、巴哈罗夫斯边疆区、外贝加尔边疆区、伊尔库茨克州等地区均有分布，该温度区间的面积有 102.58 万 km²，占总面积

的 16.97%。-8~-4℃的地区较多分布在远东边界线的两端，面积约131.62万km²，占整个面积的21.77%。在远东地区的内部，由北向南依次分布着-12~-8℃和小于-12℃的气温带，面积分别为142.96万km²、181.76万km²，分别占总面积的23.65%和30.06%（表3-21）。

表3-21 各气温分布区间面积统计

温度区间/℃	面积/万 km²	所占比例/%
<-12	181.76	30.06
-12~-8	142.96	23.65
-8~-4	131.62	21.77
-4~0	102.58	16.97
>0	45.66	7.55

（4）各生态地理分区

对比东北亚各生态地理分区春季、夏季、秋季平均气温的差异，可以发现除了苔原带，其他地区的秋季平均气温稍低于春季平均气温，但远低于夏季平均气温。

从各生态地理分区秋季平均气温空间分布情况看，五个生态地理分区秋季温度差异较大。秋季平均气温的最高值出现在温带荒漠带，为20.58℃；最低值出现在苔原带，为-18.07℃；秋季气温平均值最高的与春季最高的一致为温带荒漠带，为7.20℃；苔原带的气温平均值最低，为-12.76℃（表3-22）。

表3-22 各生态地理分区1980~2010年秋季平均气温统计 （单位：℃）

生态地理分区	最低值	最高值	平均值
亚寒带针叶林带	-18.06	7.16	-7.84
温带混交林带	-5.88	19.70	6.48
温带草原带	-7.19	12.80	2.14
温带荒漠带	-12.30	20.58	7.20
苔原带	-18.07	1.18	-12.76

3.3.2.4 冬季气温的地理分布

冬季，整个北半球受热明显减少，东北亚地区又位于亚欧大陆的东北部，很难受到西风暖流的影响，加上大陆幅员广大，高纬地区较广，北部地势向北冰洋敞开，直接受到冰洋气团侵袭，因此东北亚地区冬季成为了北半球的寒极，几乎整个东北亚地区冬季平均气温均在0℃以下（图3-21）。冬季最冷气温在上扬克斯—奥伊米亚康地区，温度低至-50℃。这里不仅冬季最冷，而且为期很长，月均气温在0℃以下的时间达7个月之久，全年只有3个月的平均气温在10℃以上。冬季，几乎整个俄罗斯西伯利亚及远东地区的平均气温都在-15℃以下，蒙古高原的冬季也十分严寒，且长达半年以上，平均气温北部在-25~-15℃，南部一般在-15~0℃。中国北部地区冬季受到极低大陆气团的控制，大部分地区的平均气温也在0℃以下。大兴安岭北部地区是中国北部最冷的地方，冬季平均气温低达-30℃左右，平均最低气温在-36℃以下，极端最低气温一般可达-47℃，1969年2月13日漠河气温曾经降低到-52.5℃，是中国现有气温纪录中的最低值。东北平原与华北北部温度在-15~0℃，平均最低气温为-16~-26℃，极端最低气温约为-30~-40℃。

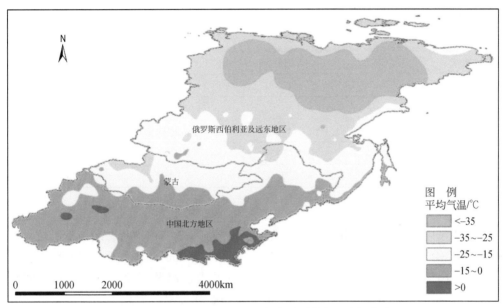

图3-21　东北亚1980~2010年冬季平均气温空间分布

(1) 中国北方地区

冬季，中国北方大部分地区温度的平均值处于0℃以下，较为寒冷，尤其是黑龙江省与内蒙古自治区交汇处的大兴安岭区，温度在-20℃以下，黑龙江的其他区域温度也集中在-20~-12℃，故平均值最低的要属该省，为-18.20℃，而平均气温的最低值也出现在该省的漠河，漠河地处黑龙江省最北端，是我国最冷的地方，冬天的最低气温可达-60℃，极端最低气温可达-70~-80℃，平均气温的最低值达-28.27℃。此外，紧挨黑龙江省的是内蒙古自治区，其最低温与黑龙江省仅差0.03℃，达-28.24℃。中国北方地区冬季气温最高值出现在中部两省——甘肃和陕西，甘肃省为7.04℃，陕西省为6.98℃分别位居中国北方地区的第一和第二。冬季气温平均值较高的省依旧为分布在中原的几个省级行政区，河南省为2.67℃最高，山东省为0.27℃次之，其余各省级行政区的气温平均值均在0℃以下（表3-23）。

表3-23　中国北方地区1980~2010年冬季平均气温统计　　　（单位：℃）

省级行政区	最低值	最高值	平均值
北京市	-7.28	-0.91	-2.85
天津市	-2.90	-0.46	-1.28
河北省	-14.17	2.11	-4.46
山西省	-14.51	2.76	-3.91

续表

省级行政区	最低值	最高值	平均值
内蒙古自治区	−28.24	−3.92	−13.47
辽宁省	−11.63	−1.01	−7.39
吉林省	−18.00	−6.09	−12.49
黑龙江省	−28.27	−11.08	−18.20
山东省	−7.87	5.77	0.27
河南省	−3.81	5.21	2.67
陕西省	−8.27	6.98	−0.56
甘肃省	−11.91	7.04	−5.59
青海省	−23.69	−1.02	−11.02
宁夏回族自治区	−6.37	−1.80	−4.46
新疆维吾尔自治区	−24.37	1.70	−7.40

从中国北方地区各气温分布区间面积统计结果（图 3-22）看，平均气温大于 0℃ 的地区主要集中在我国中部的几个省级行政区，包括河南省、山东省、陕西省以及河北省和新疆维吾尔自治区的少片区域，面积有 44.20 万 km²，占我国整个北方地区的 7.85%。小于 −20℃ 的地区主要分布在大兴安岭及周边以及青海省的西北角，面积为 45.16 万 km²，与大于 0℃ 的分布面积差不多，高温和低温区面积之和仅占中国北方地区总面积的 15.87%。大部分地区主要集中在 −20~0℃。其中，129.07 万 km² 的地区分布在 −20~−12℃，占总面积的 22.93%，主要集中在我国东北部的黑龙江和内蒙古以及新疆维吾尔自治区的北部。其他两个温度分布区间 −12~−8℃ 和 −8~0℃ 面积分别为 123.41 万 km² 和 221.15 万 km²，分别占总面积的 21.92% 和 39.28%（表 3-24）。前者大致分布在我国内蒙古、青海以及辽宁部分区域，后者在中国北方地区面积分布最为广泛，主要有山西省、新疆维吾尔自治区、宁夏回族自治区、北京市、天津市、河北省、甘肃省等地区。

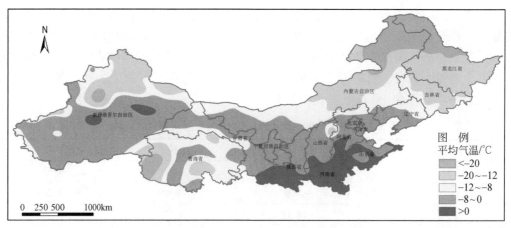

图 3-22　中国北方地区 1980~2010 年冬季平均气温空间分布

表 3-24　各气温分布区间面积统计

温度区间/℃	面积/万 km²	所占比例/%
< -20	45.16	8.02
-20 ~ -12	129.07	22.93
-12 ~ -8	123.41	21.92
-8 ~ 0	221.15	39.28
> 0	44.20	7.85

（2）蒙古

冬季，整个蒙古气候阴冷，30 年平均气温的空间分布具有明显的差异性，冬季温度在-33.09 ~ -6.85℃，低温主要集中在蒙古的西北角，以乌布苏、库苏古尔低温面积较多，且在-25℃以下，高温地区集中在蒙古的南方，以南戈壁和前杭爱面积较多。气温整体空间格局为南方高于北方，东部高于西部。各地区气温平均值均在-10.95 ~ 26.16℃，平均值的最低值分布在西北角的乌布苏，南戈壁的大部分地区处在-12℃以上，是平均值最高的地区，平均气温的最高值则出现前杭爱，为-6.85℃，最低值则出现在乌布苏，为-33.09℃（表 3-25）。

表 3-25　蒙古 1980 ~ 2010 年冬季平均气温统计　　　　（单位:℃）

地区	最低值	最高值	平均值
后杭爱	-26.15	-12.37	-18.38
巴彦乌勒盖	-20.54	-14.44	-16.78
巴彦洪戈尔	-25.59	-7.71	-16.70
布尔干	-25.09	-16.31	-20.21
达尔汗乌拉	-18.21	-17.48	-17.80
东方	-22.50	-16.71	-18.83
东戈壁	-20.32	-10.93	-14.47
中戈壁	-19.01	-11.97	-15.41
扎布汗	-29.83	-16.59	-23.20
戈壁阿尔泰	-21.48	-10.56	-15.41
肯特	-22.81	-17.73	-20.32
科布多	-24.49	-11.41	-19.93
库苏古尔	-34.20	-15.44	-23.92
南戈壁	-15.94	-7.98	-10.95
鄂尔浑	-20.72	-19.34	-20.02
前杭爱	-20.97	-6.85	-12.40
色楞格	-23.35	-17.30	-20.49
苏赫巴托尔	-19.15	-16.66	-17.92
中央	-22.77	-17.14	-20.24
乌兰巴托市	-20.28	-19.97	-20.13
乌布苏	-33.09	-15.19	-26.16

从蒙古气温分布区间面积统计结果（图3-23）看，低于−25℃的区域面积较少，仅13.33万 km²，占全部面积的8.53%，主要分布在乌布苏和扎布汗的北部、库苏古尔的西部。高于−12℃的地区主要分布在蒙古南端的南戈壁、东戈壁的北端以及与南戈壁相邻的前杭爱的南部地区，面积为21.95万 km²，占整个总面积的14.05%。−25～−20℃的温度区间主要集中在蒙古西部和北部的一些区域，包括扎布汗、科布多、布尔干、色楞格、中央、乌兰巴托市、肯特等地区，面积为33.95万 km²，占总面积的21.73%。−20～−18℃的区域主要集中在蒙古的东部，零星地分布在其他区域，面积为32.21万 km²，占总面积的20.62%。−18～−12℃的区域主要集中在蒙古的中部和西南部，分布面积最为广泛，以戈壁阿尔泰、巴彦洪戈尔、库苏古尔、后杭爱、中戈壁和东戈壁面积最多，为54.79万 km²，占总面积的35.07%（表3-26）。

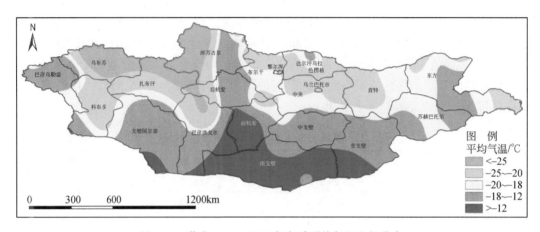

图3-23　蒙古1980～2010年冬季平均气温空间分布

表3-26　各气温分布区间面积统计

温度区间/℃	面积/万 km²	所占比例/%
<−25	13.33	8.53
−25～−20	33.95	21.73
−20～−18	32.21	20.62
−18～−12	54.79	35.07
>−12	21.95	14.05

（3）俄罗斯西伯利亚及远东地区

俄罗斯西伯利亚及远东地区的冬季极为寒冷，该区30年冬季平均气温大都在−20℃以下，仅最南端的少片区域温度在−20℃以上，萨哈林州和滨海边疆区整个地区平均气温在−20℃以上，是俄罗斯西伯利亚及远东地区冬季温度平均值最高的两个地区，分别为−14.59℃和−15.10℃，30年平均气温的最高值也出现在这两个地区，萨哈林州的为−5.29℃，滨海边疆区的为−4.85℃，而远东地区由于接近北极，仍为最寒冷的地区，平均值仅−35.08℃，30年平均气温的最低值也出现在远东地区，低达−50℃（表3-27）。

表 3-27　俄罗斯西伯利亚及远东地区 1980~2010 年冬季平均气温统计　　（单位：℃）

地区	最低值	最高值	平均值
阿穆尔州	−33.33	−18.50	−25.36
滨海边疆区	−22.51	−4.85	−15.10
布里亚特共和国	−30.71	−11.59	−22.09
哈巴罗夫斯克边疆区	−41.52	−9.51	−25.69
萨哈林州	−18.87	−5.29	−14.59
外贝加尔边疆区	−32.27	−16.54	−24.59
伊尔库茨克州	−33.70	−11.52	−22.50
犹太自治州	−22.97	−16.94	−19.81
远东地区	−50.00	−9.38	−35.08

　　从俄罗斯西伯利亚及远东地区气温分布区间面积统计结果（图 3-24）看，258.30 万 km² 地区 30 年冬季平均气温为−35~−25℃，占总面积的 42.72%，主要集中在远东地区，也有零星区域分布在远东地区边界以南的一些地区。小于−40℃的地区主要集中在远东地区的中东部，有 65.65 万 km²，占总面积的 10.86%。该区域周围分布着温度为−40~−35℃的地区，面积 120.41 万 km²，占总面积的 19.92%。在俄罗斯西伯利亚及远东地区东南部和西南部分布着温度大于−20℃的地区，主要集中在东南的滨海边疆区、萨哈林州以及西南部的伊尔库茨克州，面积 63.58 万 km²，占总面积的 10.52%。−25~−20℃地区主要分布在俄罗斯西伯利亚及远东地区南部，96.63 万 km²，占总面积的 15.98%（表 3-28）。

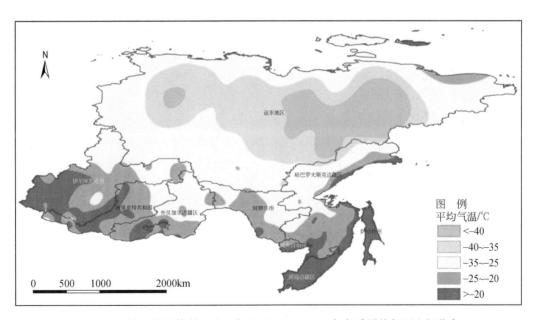

图 3-24　俄罗斯西伯利亚及远东地区 1980~2010 年冬季平均气温空间分布

表 3-28　各气温分布区间面积统计

温度区间/℃	面积/万 km²	所占比例/%
<−40	65.65	10.86
−40 ～ −35	120.41	19.92
−35 ～ −25	258.30	42.72
−25 ～ −20	96.63	15.98
>−20	63.58	10.52

（4）各生态地理分区

从东北亚各生态地理分区冬季平均气温空间分布情况看，五个生态地理分区冬季温度差异较大。冬季平均气温的最高值出现在温带混交林带，为 5.77℃；最低值出现在亚寒带针叶林带，为−50.00℃。冬季气温平均值最高的为温带荒漠带，为−8.24℃，苔原带的气温平均值最低，为−34.92℃（表 3-29）。

表 3-29　各生态地理分区 1980 ～ 2010 年冬季平均气温统计　　　　（单位：℃）

生态地理分区	最低值	最高值	平均值
亚寒带针叶林带	−50.00	−8.62	−30.31
温带混交林带	−28.10	5.77	−9.94
温带草原带	−33.93	−1.34	−16.53
温带荒漠带	−23.69	1.54	−8.24
苔原带	−49.87	−13.99	−34.92

冬季是东北亚各生态地理分区一年中气温最低的季节。对比各生态区冬夏两季年平均气温，可以发现苔原带和亚寒带针叶林带的冬夏平均气温差值最大，冬夏温差分别为 44.85℃ 和 44.76℃；其次是温带草原带冬夏温差较大，冬夏温差为 35.17℃；温带混交林带和温带荒漠带冬夏温差较小，分别为 29.91℃ 和 29.65℃。

3.4　降水的分布

3.4.1　降水空间分布格局

东北亚地区位于亚欧大陆的东北部，气候四季分明，南部部分地区濒临海洋，受到东南季风的影响，年降水量从东南向西北递减，形成东南多雨，西北偏旱的典型特点，（图 3-25）。

中国东北地区以长白山地区及鸭绿江流域降水量最多，可达 800mm 以上，除东北平原地区为 200 ～ 400mm 以外，东北亚地区的东南大部分区域降水量多在 400mm 以上。400mm 等雨量线，从大兴安岭向西南延伸，终止于西藏东南部。此线东南，气候湿润或比较湿润，森林繁茂；此线西北的内蒙古境内以及蒙古高原区，雨量不足 400mm，草原千里，是广阔的牧区和灌溉农业区。新疆地区深居内陆，东南季风鞭长莫及，西南季风受阻于世界屋脊，只有大西洋和北冰洋向中国西北的输入水汽，使新疆地区的降水量从西向东减少，且北疆多于南疆。因此，东北亚雨量最少的地区位于柴达木盆地和塔里木盆地，年降水量小于 100mm。

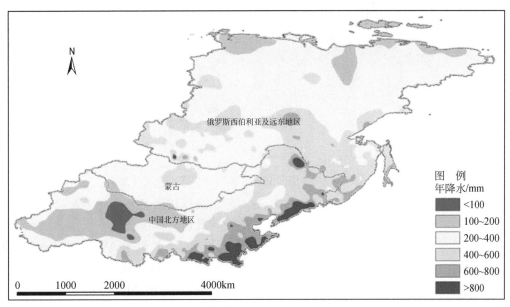

图 3-25　中国北方及其毗邻地区 1980～2010 年年降水空间分布

蒙古高原是一个广大的多山内陆高原，四周环山，距海遥远。蒙古高原气候的干燥性主要表现为降水量稀少，远离海洋的内陆位置、四周环山的地形是其主要原因。蒙古高原的年降水量一般在 200～400mm，南蒙戈壁部分地区在 200mm 以下，但北部山地年降水量稍多，可达 400～600mm。

俄罗斯西伯利亚及远东地区由于大西洋和太平洋的影响，从上扬斯克-奥伊米娅康"寒极"地区向东、向西两侧及南部边缘地区，气候的大陆性逐渐减弱，降水量增加。除西西伯利亚、远东部分地区及山区降水稍多外，大部分地区的降水在 400～500mm 以下。由于热量少，蒸发量小，所以湿度较大，气候冷湿。

（1）中国北方地区降水地理分布

中国北方地区的多年降水空间格局具有明显的地区差异性（图 3-26），降水量大致呈现从南向北、从东向西递减的趋势。降水量在 800mm 以上的地区主要分布在河南省大部分地区、山东省中部、陕西省的南部地区、辽宁省东半部和吉林省南部。其中，河南省降水最多，全省降水在 600mm 以上，且大部分地区降水在 800mm 以上；降水量在 400～800mm 的地区主要分布在东北三省、内蒙古自治区东南部边缘地区、河北省、山西省、陕西省和青海省部分地区；降水量最少的地区则主要分布于中国北方的西北地区，几乎整个新疆、整个甘肃、内蒙古东南部边缘以外的地方、青海的绝大部分地区、宁夏大部分地区的平均降水量都在 400mm 以下。其中，新疆年降水量最少，大部分地区均处于 100～200mm。在新疆维吾尔自治区、甘肃省和青海省三地交汇处降水量最少，平均降水量在 100mm 以下。

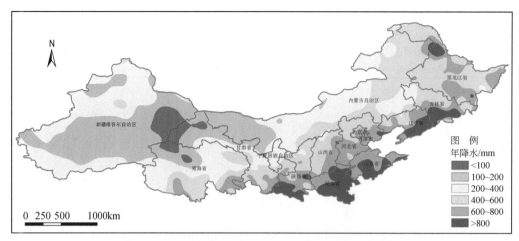

图 3-26　中国北方地区 1980~2010 年年降水空间分布

中国北方地区平均降水量在 200~950mm，各省级行政区多年降水量差异明显（图 3-27），平均降水量在 700~950mm 的有 3 个省级行政区。其中，河南省平均降水量最多，为 947.51mm，其次是山东省和辽宁省，平均降水量分别为 815.69mm 和 756.09mm；平均降水量在 550~700mm 的有 7 个省级行政区，包括天津市、陕西省、吉林省、北京市、河北省、山西省和黑龙江省；平均降水量在 400mm 以下的有 5 个省级行政区，包括青海省、内蒙古自治区、甘肃省、宁夏回族自治区和新疆维吾尔自治区，最低的新疆维吾尔自治区平均降水量仅 201.69mm。

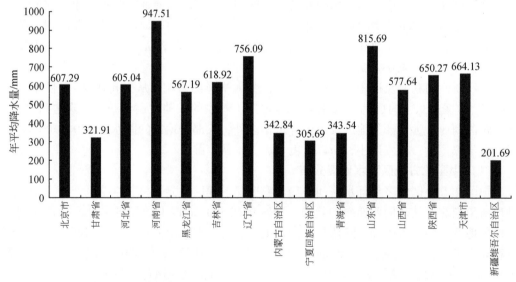

图 3-27　中国北方地区各省级行政区 1980~2010 年年平均降水量

（2）蒙古降水地理分布

蒙古 30 年平均降水量整体上低于中国北方地区，其空间分布表现出明显的北方高于南方的空间分异格局。其中，在中央省和布尔干省的交汇处降水量最为丰富，大于500mm，其他地区则以该地区为中心，随着向外扩散距离的增加，平均降水量逐步减少（图 3-28）。从整体看，蒙古以鄂尔浑降水量最多，而降水量较少的区域主要集中在蒙古的南部与西部。

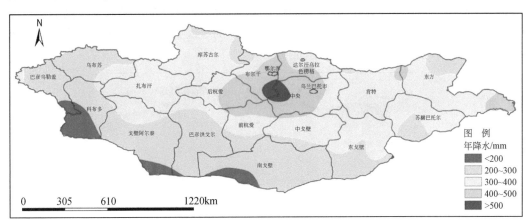

图 3-28　蒙古 1980 ~ 2010 年年降水空间分布

　　蒙古各地区多年降水量整体上低于中国北方各省级行政区,平均降水量在 200 ~ 500mm(图 3-29),其中平均降水量在 400 ~ 500mm 的有 5 个地区,鄂尔浑平均降水量最多为 481.01mm,其次是乌兰巴托、中央、布尔干和后杭爱,平均降水量分别为 433.91mm、427.54mm、424.03mm 和 403.18mm;平均降水量在 300 ~ 400mm 的有 10 个省,包括达尔汗乌拉、东方、东戈壁、中戈壁、扎布汗、肯特、库苏古尔、前杭爱、色楞格、苏赫巴托尔;平均降水量在 200 ~ 300mm 的有 6 个省,包括巴彦乌勒盖、巴彦洪戈尔、戈壁阿尔泰、科布多、南戈壁和乌布苏。其中,南戈壁省的平均降水量最低,仅 230.67mm,与最高值相差了 250.34mm,该地区位于蒙古的最南端,与中国北方地区相邻。

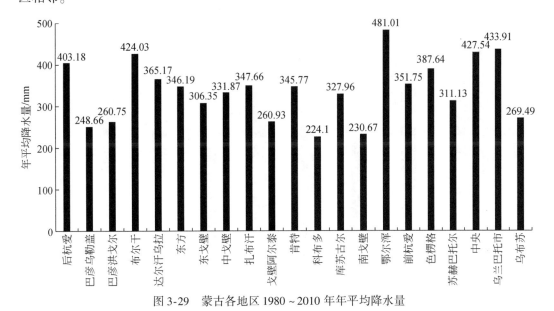

图 3-29　蒙古各地区 1980 ~ 2010 年年平均降水量

(3) 俄罗斯西伯利亚及远东地区降水地理分布

　　俄罗斯西伯利亚及远东地区的降水量大致空间格局为南方地区高于北方地区(图 3-30),与蒙古的降水量分布格局相反。俄罗斯西伯利亚及远东地区的降水量大多在

200～400mm；降水量在400mm以上的地区主要分布在俄罗斯西伯利亚及远东地区的南部地区。其中，降水量在600mm以上的地区则呈现零星的分布。降水量较高的地区主要集中在俄罗斯西伯利亚的东南角，而降水量较少的地区主要在远东地区，尤其是该地区的北部一些地区，年降水量在200mm以下。

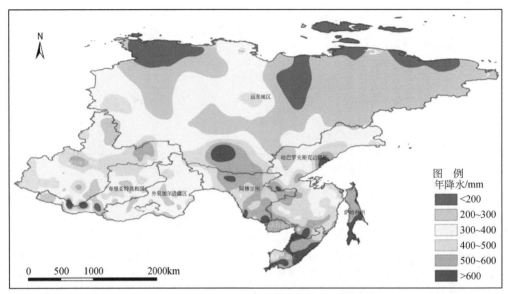

图 3-30 俄罗斯西伯利亚及远东地区 1980～2010 年年降水空间分布

从各地区多年降水量的分布（图 3-31）看，降水量在 500～600mm 的有 3 个地区，其中，萨哈林州平均降水量最多为 591.15mm，其次是滨海边疆区和犹太自治州，平均降水量分别为 569.74mm 和 561.55mm。平均降水量在 400～500mm 的有 2 个地区，为

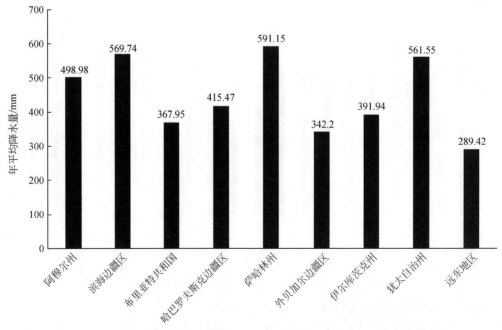

图 3-31 俄罗斯西伯利亚及远东各地区 1980～2010 年年平均降水量

阿穆尔州和哈巴罗夫斯克边疆区。平均降水量在 300～400mm 的有 3 个地区，为布里亚特共和国、外贝加尔边疆区和伊尔库茨克州。平均降水量最低的是远东地区，仅为 289.42mm，大致是萨哈林州降水量的 1/2。

（4）各生态地理分区降水分布

在东北亚各生态地理分区中，温带混交林带全年降水最多，温带荒漠带全年降水最少。温带混交林带全年降水达到 602.77mm，是整个东北亚地区年降水量的 1.31 倍；亚寒带针叶林带全年降水达到 353.23mm，是整个东北亚地区年降水量的 77%；温带草原带全年降水 334.91mm，是整个东北亚地区年降水量的 73%；苔原带全年降水 244.91mm，是整个东北亚地区年降水量的 53%；最少的是温带荒漠带，全年降水 194.72mm，是整个东北亚地区年降水量的 42%（表 3-30）。

表 3-30　各生态地理分区年降水量

生态地理分区	年降水量/mm	占全区平均降水的比值/%
亚寒带针叶林带	353.23	77
温带混交林带	602.77	131
温带草原带	334.91	73
温带荒漠带	194.72	42
苔原带	244.91	53
东北亚	458.63	100

3.4.2　降水的季节分布

东北亚大气环流的季节变化，直接影响其降水的季节分配与空间分布。东北亚春、夏、秋、冬四季降水时间和空间分异明显。东北亚的降水季节分布很不均匀，主要集中在夏季，秋季降水稍多于春季降水，冬季降水最为稀少。

3.4.2.1　春季降水的地理分布

整个东北亚地区春季降水量为 60mm。其中，春季降水量低于 45mm 的地区大面积成片地分布在俄罗斯西伯利亚及远东地区和中国北方地区；春季降水量高于 70mm 的地区主要分布在东北亚的东南边缘地带；春季降水量在 45～70mm 的地区面积最大，广泛地分布在东北亚除东南边缘地带以外的地区。中国北方地区、蒙古和俄罗斯西伯利亚及远东地区的春季降水量分别为 67mm、60.42mm 和 57.20mm。可见整体上中国北方地区的春季降水较为丰富，蒙古春季降水最少。

从春季降水量地区分布（图 3-32）看，中国北方地区的春季降水量呈现西部少、东部多的特点，新疆、内蒙古和青海有大片地区春季降水量低于 45mm，而春季降水量高于 70mm 的地区主要分布在除新疆、内蒙古和青海以外的其他地区；蒙古的春季降水量呈现中部多、四周少的典型特点；俄罗斯西伯利亚及远东地区绝大部分地区的春季降水量在 70mm 以下，春季降水量在 70mm 以上的地区主要集中在俄罗斯西伯利亚及远东地区东南部的小片区域。

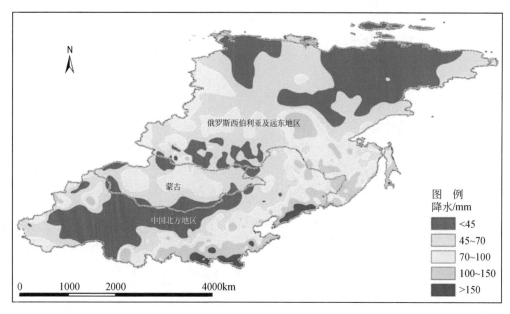

图 3-32　东北亚 1980~2010 年春季降水空间分布

从东北亚降水分级面积统计结果（表 3-31）看，春季降水量在 45~70mm 的地区面积最广，为 503.10 万 km²，占整个东北亚地区总面积的 38%；其次春季降水小于 45mm 的地区面积较广，为 418.72 万 km²，占整个东北亚地区总面积的 32%；另外，东北亚 22% 的地区春季降水量在 70~100mm，7% 地区的春季降水量在 100~150mm，仅有 1% 的地区春季降水量超过 150mm。

表 3-31　中国北方及其毗邻地区 1980~2010 年春季降水量分级面积统计

降水量/mm	面积/万 km²	比例/%
< 45	418.72	32
45~70	503.10	38
70~100	289.31	22
100~150	95.25	7
> 150	17.42	1
合计	1323.80	100

（1）中国北方地区

中国北方地区的春季降水空间格局具有明显的地区差异性（图 3-33），降水量大致呈现从南向北、从东向西递减的趋势。春季降水量在 150mm 以上的地区主要分布在河南省南部、陕西省南部、辽宁省南部和吉林省南部，其中，河南省春季降水最丰富，全省春季降水在 100mm 以上；春季降水量在 70~150mm 的地区主要分布在中国北方地区的东南边缘地带；春季降水量最少的地区则分布于我国西北地区，几乎整个新疆、整个甘肃、内蒙古自治区东南部边缘以外的地方、青海的大部分地区、宁夏大部分地区，这些地区春季降水量都在 70mm 以下；在新疆、甘肃、青海的交汇处和内蒙古东北部春季降水量最少，平均降水量在 45mm 以下。

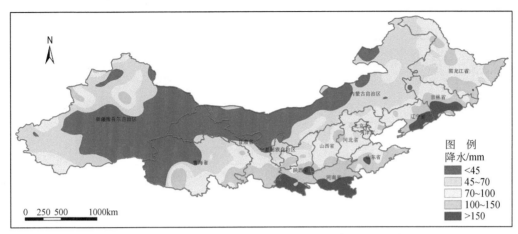

图 3-33　中国北方地区 1980~2010 年春季降水空间分布

从中国北方地区降水分级面积统计结果看，中国北方地区的春季降水量在 12.78~355.16mm，平均值为 67mm。春季降水量低于 45mm 的地区面积最广，为 174.45 万 km²，占整个中国北方地区总面积的 31%；其次春季降水量在 45~70mm 的面积较广，为 159.00 万 km²，占整个中国北方地区总面积的 28%；另外，中国北方地区 24% 的地区春季降水量在 70~100mm，13% 的地区春季降水量在 100~150mm，仅有 4% 的地区春季降水量超过 150mm（表 3-32）。

表 3-32　中国北方地区 1980~2010 年春季降水分级面积统计

降水量/mm	面积/万 km²	比例/%
<45	174.45	31
45~70	159.00	28
70~100	135.51	24
100~150	72.60	13
>150	21.44	4
合计	563.00	100

从各省级行政区降水的统计结果（表 3-33）看，春季降水量最高的是河南，最低的是新疆，分别为 164.72mm 和 48.18mm。春季降水量在 100mm 以上的共有 5 个省，除河南以外，还有陕西（122.03mm）、辽宁（119.74mm）、吉林（111.15mm）和山东（109.59mm）；春季降水量在 60~100mm 以上的共有 6 个省级行政区，包括黑龙江（88.88mm）、山西（87.36mm）、天津（85.11mm）、北京（83.05mm）、河北（81.14mm）和甘肃（61.89mm）；春季降水量在 60mm 以下的共有 4 个省级行政区，除了最低的新疆以外，还有青海（59.59mm）、宁夏（54.38mm）和内蒙古（49.77mm）。

表3-33　中国北方地区各省级行政区1980~2010年春季降水统计　　　（单位：mm）

省级行政区	最低值	最高值	平均降水量
北京市	68.67	94.99	83.05
天津市	69.04	94.98	85.11
河北省	53.66	129.51	81.14
山西省	50.41	184.36	87.36
内蒙古自治区	19.25	111.64	49.77
辽宁省	62.32	262.48	119.74
吉林省	43.66	227.38	111.15
黑龙江省	57.00	151.46	88.88
山东省	72.56	177.05	109.59
河南省	91.16	355.17	164.72
陕西省	61.28	276.86	122.03
甘肃省	12.86	182.06	61.89
青海省	14.51	141.88	59.59
宁夏回族自治区	29.85	98.19	54.38
新疆维吾尔自治区	12.78	124.51	48.18

（2）蒙古

蒙古春季降水量呈现中部多、四周少的特点（图3-34），整个蒙古春季降水量在100mm以下，而春季降水量在80mm以上的地区集中分布在扎布汗和戈壁阿尔泰的交汇处、后杭爱与前杭爱及中央的交汇处、中戈壁与东戈壁交汇处，其他地区则以这些地区为中心，随着向外扩散距离的增加而降水量逐步减少。在蒙古的边缘省如东方、苏赫巴托尔、南戈壁、库苏古尔、巴彦乌勒盖、乌布苏和科布多等春季平均降水量最少，仅在45mm以下。

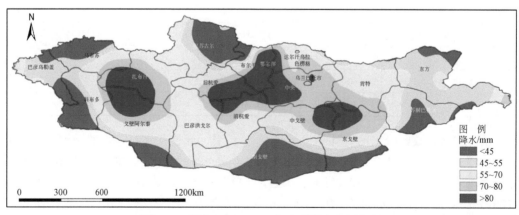

图3-34　蒙古1980~2010年春季降水空间分布

从降水分级面积统计结果看，蒙古的春季降水量在22.50~98.20mm，平均值为60.42mm。春季降水量在55~70mm的面积较广，为47.53万km²，占整个蒙古的30%；其次春季降水量在40~55mm和低于40mm的地区面积较广，分别为32.14万km²和

31.04 万 km², 分别占蒙古总面积的 21% 和 20%（表 3-34）。另外, 蒙古 16% 的地区春季降水量在 70~80mm, 13% 的地区春季降水量超过 80mm。

表 3-34　蒙古 1980~2010 年春季降水空间分布

降水量/mm	面积/万 km²	比例/%
<40	31.04	20
40~55	32.14	21
55~70	47.53	30
70~80	24.67	16
>80	20.85	13
合计	156.23	100

从各地区春季降水量统计结果看（表 3-35）, 春季降水量最高的是鄂尔浑, 最低的是南戈壁, 春季降水量分别为 96.20mm 和 45.22mm。春季降水量在 75mm 以上的共有 6 个地区, 除了鄂尔浑以外还有中央（79.29mm）、乌兰巴托市（78.64mm）、扎布汗（76.59mm）、布尔干（75.56mm）和后杭爱（75.49mm）；春季降水量在 50~75mm 以上的共有 11 个地区, 前杭爱（72.08mm）、色楞格（69.87mm）、中戈壁（69.56mm）、肯特（64.67mm）、戈壁阿尔泰（64.29mm）、达尔汗乌拉（64.27mm）、巴彦洪戈尔（64.01mm）、东戈壁（62.55mm）、乌布苏（50.78mm）、东方（50.66mm）和苏赫巴托尔（50.61mm）；而春季降水量在 50mm 以下的共有 4 个地区, 除了最低的南戈壁以外, 还有科布多（48.38mm）、库苏古尔（47.07mm）和巴彦乌勒盖（47.01mm）。

表 3-35　蒙古各地区 1980~2010 年春季降水空间分布　　　（单位：mm）

地区	最低值	最高值	平均降水量
后杭爱	46.71	96.00	75.49
巴彦乌勒盖	28.03	76.97	47.01
巴彦洪戈尔	33.43	92.46	64.01
布尔干	26.73	98.19	75.56
达尔汗乌拉	63.15	65.63	64.27
东方	27.36	79.14	50.66
东戈壁	26.18	88.12	62.55
中戈壁	47.27	88.06	69.56
扎布汗	61.46	94.80	76.59
戈壁阿尔泰	22.55	94.95	64.29
肯特	43.33	84.85	64.67
科布多	27.73	84.13	48.38
库苏古尔	26.43	65.81	47.07
南戈壁	29.74	67.02	45.22
鄂尔浑	94.60	97.35	96.20

续表

地区	最低值	最高值	平均降水量
前杭爱	53.75	95.09	72.08
色楞格	42.20	95.65	69.87
苏赫巴托尔	32.89	74.11	50.61
中央	55.63	97.59	79.29
乌兰巴托	77.17	79.78	78.64
乌布苏	28.88	83.54	50.78

（3）俄罗斯西伯利亚及远东地区

俄罗斯西伯利亚及远东地区的春季降水量呈现北部多、南部少的特点（图3-35）。春季降水量在75mm以上的地方主要分布在靠近阿穆尔州的远东地区南端以南的地区，包括哈巴罗夫斯克边疆区南部、萨哈林州、滨海边疆区、阿穆尔州、犹太自治州和靠近阿穆尔州的远东地区南端，在伊尔库茨克州也有小片分布；春季降水量60~75mm的地区主要分布在伊尔库茨克州和远东地区的西南部及中部小片地区；春季降水量40~60mm的地区主要分布在远东地区、外贝加尔边疆区、布里亚特共和国和伊尔库茨克州；春季平均降水量在40mm以下的地区主要集中在远东地区。从中可以看出，远东地区是俄罗斯西伯利亚及远东地区春季平均降水量最少的地区。

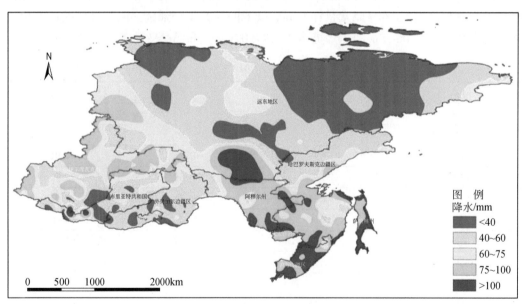

图3-35　俄罗斯西伯利亚及远东地区1980~2010年春季降水空间分布

从降水分级面积统计结果看，俄罗斯西伯利亚及远东地区的春季降水量在17~202mm，平均值为57.20mm。春季降水量在40~60mm的地区面积最广，为225.45万km²，约占整个俄罗斯西伯利亚及远东地区总面积的37%；其次春季降水量低于40mm的地区面积较广，为149.71万km²，占俄罗斯西伯利亚及远东地区总面积的25%；然后，春季降水量在60~75mm的地区面积占俄罗斯西伯利亚及远东地区总面积的

18%；春季降水量在 75～100mm 的地区面积占俄罗斯西伯利亚及远东地区总面积的 15%；仅 5% 的地区春季降水量超过 100mm（表 3-36）。

表 3-36　俄罗斯西伯利亚及远东地区 1980～2010 年春季降水空间分布

降水量/mm	面积/万 km²	比例/%
<40	149.71	25
40～60	225.45	37
60～75	108.83	18
75～100	89.19	15
>100	31.40	5
合计	604.58	100

从各地区春季降水量统计结果（表 3-37）看，春季降水量最高的是萨哈林州，最低的是远东地区，春季降水量分别为 110.87mm 和 49.32mm。春季降水量在 100mm 以上的有 2 个，除了萨哈林州以外还有滨海边疆区（101.26mm）；春季降水量在 80～100mm 的有 2 个，包括阿穆尔州（83.11mm）和犹太自治州（97.09mm）；春季降水量在 60～80mm 的有 2 个，包括哈巴罗夫斯克边疆区（69.51mm）和伊尔库茨克州（68.81mm）；春季降水量在 60mm 以下的有 3 个，除了远东地区以外，还包括布里亚特共和国（56.46mm）、外贝加尔边疆区（50.64mm）。

表 3-37　俄罗斯西伯利亚及远东各地区春季降水空间分布　　　（单位：mm）

地区	最低值	最高值	平均降水量
阿穆尔州	50.47	148.97	83.11
滨海边疆区	57.88	135.62	101.26
布里亚特共和国	17.19	202.52	56.46
哈巴罗夫斯克边疆区	36.25	132.79	69.51
萨哈林州	73.76	157.92	110.87
外贝加尔边疆区	27.32	86.42	50.64
伊尔库茨克州	26.51	200.02	68.81
犹太自治州	89.60	110.10	97.09
远东地区	22.07	138.84	49.32

（4）各生态地理分区

从东北亚各生态地理分区春季降水的统计结果（表 3-38）看，春季降水最高值分布在温带混交林带，降水最高为 292.79mm；春季降水最低值分布在温带荒漠带，降水量为 12.78mm。春季降水最为丰富的是温带混交林带，春季降水达到 100.15mm，占温带混交林带全年降水的 17%；其次是温带草原带和亚寒带针叶林带，春季降水分别为 59.42mm 和 59.36mm，分别占其全年降水的 18% 和 17%；而春季降水最少的是温带荒漠带和苔原带，春季降水分别为 40.55mm 和 40.02mm，分别占其全年降水的 21% 和 16%。

表 3-38　各生态地理分区 1980～2010 年春季降水空间分布　　（单位：mm）

生态地理分区	最低值	最高值	平均值
苔原带	22.28	81.59	40.02
亚寒带针叶林带	17.91	202.52	59.36
温带混交林带	27.13	292.79	100.15
温带草原带	17.19	131.49	59.42
温带荒漠带	12.78	139.89	40.55

3.4.2.2　夏季降水的地理分布

东北亚夏季降水较多，夏季平均降水量在 5.3～924mm，整个东北亚地区夏季的平均降水量为 176mm。夏季 3 个月的降水量可占全年降水量的 60%～70%，远东南部地区可受强台风的影响，台风带来的降水多在 8 月末 9 月初，有时五六天中的降水量能占全月降水量的 70%～90%。因此，远东地区降水变率很大，在个别年份，夏季月降水量低于 30mm，甚至滴雨不降。俄罗斯西伯利亚西部部分地区降水量稍多，在 40mm 以上。西伯利亚夏季由于极地西伯利亚气团势弱北退，大西洋气团的影响明显增加，锋面活动增强，降水也明显增多，集中在 7、8 两月，夏季平均降水量在 200mm 左右；蒙古高原降水稀少，气候干燥，季节分配很不均匀，夏季降水集中，80%～90% 的降水量集中在 5～9 月（7～8 月最多雨），并非太平洋夏季季风的直接影响，而主要取决于自西向东的气旋活动，因为大兴安岭已是夏季风的西缘，虽然季风性海洋气团在夏季尚能侵入蒙古东部，但因路程遥远，水分丧失，不能致雨。但这时，热带大陆气团和极低西伯利亚气团间有极锋产生，在西来气流影响下，在极锋带内发生气旋活动，形成夏季降雨。由于夏季蒙古气旋活动较弱，气旋的次数年际变化大，这就使高原上的雨量不仅少，而且变率大；夏季中国北部地区雨量比较集中，并且随着季风势力的往北扩张，主要雨带也有规律地自南而北推移。从夏季雨量的分布可以看出，雨量最多的地区主要集中在东北和华北地区的沿海地带，平均降水量在 400mm 以上，新疆以天山山地降水特别集中，为 100～200mm，其他地区则在 100mm 以下。

东北亚夏季降水比春季丰富许多，夏季平均降水量空间分布与春季降水量空间分布特点稍有不同，中部和东南部夏季平均降水量较多。夏季平均降水量低于 120mm 的地区在中国北方地区的西北部有大片分布，在俄罗斯西伯利亚及远东地区呈小片零散地分布，在蒙古靠近中国北方地区西北部的地方有小片分布；夏季平均降水量在 120～200mm 的地区广泛地分布在俄罗斯西伯利亚及远东地区的大部分和蒙古；夏季降水量高于 200mm 的地区主要分别在东北亚的东南边缘地带；夏季平均降水量最丰富的地区分布在中国北方地区的东南边缘地带，这些地区的夏季平均降水量在 420mm 以上。中国北方地区、蒙古和俄罗斯西伯利亚及远东地区的夏季平均降水量分别为 215mm、147mm 和 160mm，可见整体上仍然是中国北方地区的夏季降水较为丰富，蒙古夏季降水最少。

从夏季平均降水量的分布（图 3-36）看，中国北方地区的夏季平均降水量呈现西部少、东部多的特点，新疆、内蒙古和青海有大片地区夏季平均降水量低于 120mm，由此向东，随着距离的增大夏季平均降水量逐渐增多；蒙古的夏季平均降水量呈现东北多、西南少的特点，整个蒙古夏季平均降水量在 300mm 以下，且绝大部分地区夏季平均降水量在 200mm 以下；整个俄罗斯西伯利亚及远东地区夏季平均降水量在 420mm 以下，且绝大部分地区的夏季平均降水量在 200mm 以下；在俄罗斯西伯利亚及远东地区东南部是降水较多的地区，夏季平均降水量集中在 200～420mm。

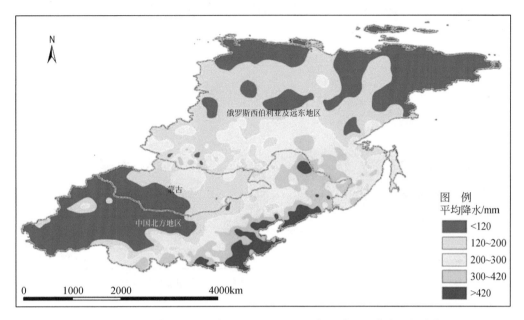

图 3-36   中国北方及其毗邻地区 1980～2010 年夏季平均降水空间分布

从降水分级面积统计结果（表 3-39）看，东北亚夏季平均降水量在 120～200mm 的地区面积最广，为 445.95 万 km²，占整个东北亚地区总面积的 34%；其次夏季平均降水量少于 120mm 的地区面积较广，为 440.01 万 km²，占整个东北亚地区总面积的 33%；另外，东北亚 22% 的地区夏季平均降水量在 200～300mm，8% 的地区夏季平均降水量在 300～420mm，仅有 3% 的地区夏季平均降水量超过 420mm。

表 3-39   中国北方及其毗邻地区 1980～2010 年夏季平均降水空间分布

降水量/mm	面积/万 km²	比例/%
<120	440.01	33
120～200	445.95	34
200～300	291.49	22
300～420	101.95	8
>420	44.41	3
合计	1323.81	100

（1）中国北方地区

中国北方地区的夏季平均降水量比春季高出许多，降水空间格局与春季降水空间格局大体一致（图 3-37），降水量大致呈现从南向北、从东向西递减的趋势。夏季平均降水量在 420mm 以上的地区主要分布在山东省、河南省、陕西省南端、河北部分地区、辽宁省东部和吉林省南部。其中，整个河南省和山东省、几乎整个辽宁省、山西省和河北省夏季平均降水在 300mm 以上。除了以上地区，夏季平均降水量在 300～420mm 的地区主要分布在黑龙江省的大部分地区。夏季降水量在 120～300mm 的地区主要分布在内蒙古、甘肃、青海和宁夏。夏季降水量最少的地区则分布于中国北方的西北地区，新疆、甘肃北部、内蒙古西部小部分地区和青海的北部部分地区的夏季平均降水量都在 120mm 以下。

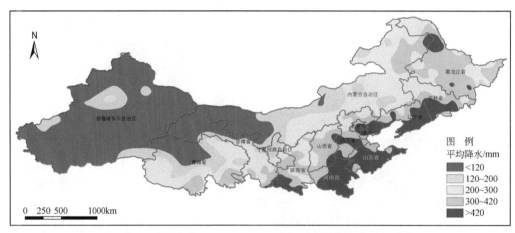

图 3-37　中国北方地区 1980～2010 年夏季平均降水空间分布

从降水分级面积统计结果看，中国北方地区的夏季平均降水量在 5.3～924mm，平均值为 215mm。夏季平均降水量低于 120mm 的地区面积最广，为 199.54 万 km²，占整个中国北方地区总面积的 35%；其次夏季平均降水量在 200～300mm 的面积较广，为 139.47 万 km²，占整个中国北方地区总面积的 25%；另外，中国北方地区 17% 的地区夏季平均降水量在 300～420mm，13% 的地区夏季平均降水量在 120～200mm，10% 的地区夏季平均降水量超过 420mm（表 3-40）。

表 3-40　中国北方地区 1980～2010 年夏季平均降水空间分布

降水量/mm	面积/万 km²	比例/%
<120	199.54	35
120～200	71.34	13
200～300	139.47	25
300～420	96.06	17
>420	56.58	10
合计	562.99	100

从各省级行政区夏季降水量统计结果（表 3-41）看，中国北方地区夏季平均降水量最高的是河南省，最低的是新疆，夏季平均降水量分别为 495.92mm 和 75.77mm。夏季平均降水量在 400mm 以上的省级行政区共有 5 个，除河南以外，还有山东（490.84mm）、辽宁（454.97mm）、天津（438.90mm）和北京（405.94mm）；夏季平

均降水量在 300 ~ 400mm 以上的省共有 5 个：河北（377.27mm）、吉林（354.17mm）、山西（340.49mm）、陕西（339.94mm）和黑龙江（333.26mm）；夏季平均降水量在 300mm 以下的省级行政区共有 5 个，除了最低的新疆以外，还有内蒙古（208.33mm）、青海（187.65mm）、宁夏（184.47mm）和甘肃（170.99mm）。

表 3-41　中国北方地区各省级行政区 1980 ~ 2010 年夏季平均降水统计　　（单位：mm）

省级行政区	最低值	最高值	平均降水量
北京市	277.36	479.40	405.94
天津市	365.30	475.57	438.90
河北省	234.78	571.92	377.27
山西省	214.54	488.78	340.49
内蒙古自治区	44.42	581.77	208.33
辽宁省	189.17	900.20	454.97
吉林省	200.89	665.39	354.17
黑龙江省	164.03	611.18	333.26
山东省	360.60	799.02	490.84
河南省	310.36	705.08	495.92
陕西省	227.94	652.63	339.94
甘肃省	6.56	482.51	170.99
青海省	19.42	408.37	187.65
宁夏回族自治区	125.92	318.36	184.47
新疆维吾尔自治区	5.38	212.32	75.77

（2）蒙古

蒙古夏季平均降水量比春季多，且降水空间分布特征发生明显变化（图 3-38），降水最充沛的地区由春季降水最为充沛的扎布汗和戈壁阿尔泰的交汇处、后杭爱与前杭爱及中央的交汇处、中戈壁与东戈壁交汇处，向北移动至库苏古尔北部、布尔干与色楞格和中央的交汇处、东方与肯特的交汇处，这三个地方的夏季平均降水量均在 220mm 以上，其他地区则以这些地区为中心，随着向外扩散距离的增加而夏季平均降水量逐步减少。蒙古的西南部边缘地区如南戈壁西部、巴彦乌勒盖、戈壁阿尔泰、乌布苏西北部和科布多等夏季平均降水量最少，在 110mm 以下。

从降水分级面积统计结果看，蒙古的夏季平均降水量在 52 ~ 274mm，平均值为 147mm。夏季平均降水量在 110 ~ 150mm 的地区面积最广，为 48.82 万 km²，占整个蒙古总面积的 31%；其次夏季平均降水量在 110mm 以下的地区面积较广，为 43.43 万 km²，占整个蒙古总面积的 28%；另外，蒙古 17% 的地区夏季平均降水量在 150 ~ 180mm，13% 的地区夏季平均降水量在 180 ~ 220mm，11% 的地区夏季平均降水量超过 220mm（表 3-42）。

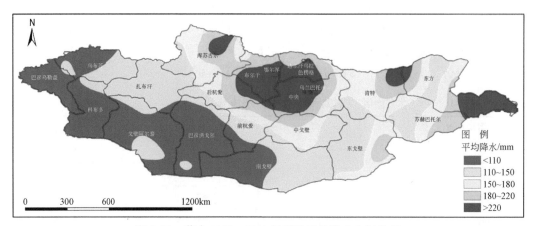

图 3-38　蒙古 1980～2010 年夏季平均降水空间分布

表 3-42　蒙古 1980～2010 年夏季平均降水分级面积统计

降水量/mm	面积/万 km²	比例/%
<110	43.43	28
110～150	48.82	31
150～180	26.28	17
180～220	19.81	13
>220	17.89	11
合计	156.23	100

从各地区夏季平均降水量统计结果（表 3-43）看，蒙古夏季平均降水量最高的是乌兰巴托和鄂尔浑，分别为 236.34mm 和 236.18mm；最低的是巴彦乌勒盖，夏季平均降水量仅为 85.01mm。夏季平均降水量在 200mm 以上的省（市）共有 6 个，除了乌兰巴托市和鄂尔浑以外，还有布尔干（228.31mm）、中央（220.23mm）、色楞格（218.32mm）和达尔汗乌拉（217.93mm）；夏季平均降水量在 100～200mm 的共有 12 个，东方（195.28mm）、后杭爱（181.36mm）、库苏古尔（178.11mm）、肯特（172.60mm）、苏赫巴托尔（162.65mm）、中戈壁（158.05mm）、东戈壁（148.09mm）、前杭爱（145.81mm）、扎布汗（128.43mm）、南戈壁（113.52mm）、乌布苏（108.99mm）和戈壁阿尔泰（102.29mm）；夏季平均降水量在 50mm 以下的省份共有 3 个，除了最低的巴彦乌勒盖以外，还有巴彦洪戈尔（94.97mm）和科布多（85.78mm）。

表 3-43　蒙古各地区 1980～2010 年夏季平均降水空间分布　　（单位：mm）

地区	最低值	最高值	平均降水量
后杭爱	117.68	246.38	181.36
巴彦乌勒盖	52.71	112.73	85.01
巴彦洪戈尔	67.55	155.78	94.97
布尔干	155.66	262.59	228.31

续表

地区	最低值	最高值	平均降水量
达尔汗乌拉	211.45	223.81	217.93
东方	114.93	274.11	195.28
东戈壁	118.98	212.20	148.09
中戈壁	119.46	223.53	158.05
扎布汗	90.47	151.38	128.43
戈壁阿尔泰	71.09	128.88	102.29
肯特	126.82	245.53	172.60
科布多	52.72	122.28	85.78
库苏古尔	132.73	243.66	178.11
南戈壁	67.12	149.45	113.52
鄂尔浑	228.44	242.74	236.18
前杭爱	92.79	243.49	145.81
色楞格	164.30	265.80	218.32
苏赫巴托尔	137.11	229.15	162.65
中央	130.52	270.33	220.23
乌兰巴托	226.49	245.03	236.34
乌布苏	72.01	132.78	108.99

(3) 俄罗斯西伯利亚及远东地区

俄罗斯西伯利亚及远东地区的夏季平均降水量比春季降水量丰富许多，降水空间格局也同春季降水空间格局大体一致，呈现北部多、南部少的特点。夏季平均降水量在200mm 以上的地方主要分布在自靠近阿穆尔州的远东地区南端以南的地区，包括萨哈林州、滨海边疆区、阿穆尔州、犹太自治州、外贝加尔边疆区和靠近阿穆尔州的远东地区南端，在布里亚特共和国、伊尔库茨克州也有小片分布；夏季平均降水量在200mm 以下的地区主要分布在绝大部分的远东地区、哈巴罗夫斯克边疆区北部和伊尔库兹克州中部；夏季平均降水量在120～200mm 的地区主要分布在远东地区，另外在俄罗斯西伯利亚及远东地区的西南部也有零散的小片分布；夏季平均降水量在120mm 以下的地区主要在远东地区有大片分布。由图 3-39 可以看出，远东地区是俄罗斯西伯利亚及远东地区夏季平均降水量最少的地区。

从降水分级面积统计结果来看，俄罗斯西伯利亚及远东地区的夏季平均降水量在34～409mm，平均值为 160mm。夏季平均降水量在120mm 以下的地区面积最广，为191.30 万 km²，约占整个俄罗斯西伯利亚及远东地区总面积的32%；其次夏季平均降水量在 120～160mm 的地区面积较广，为 162.79 万 km²，占俄罗斯西伯利亚及远东地区总面积的27%；然后，夏季平均降水量在200～270mm 的地区面积占俄罗斯西伯利亚及远东地区总面积的17%；夏季平均降水量在160～200mm 的地区面积占俄罗斯西伯利亚及远东地区总面积的16%；8%的地区夏季平均降水量超过270mm（表3-44）。

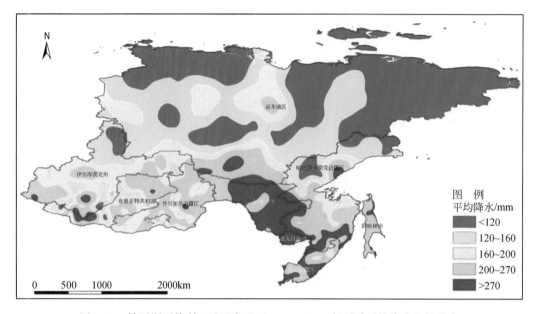

图 3-39　俄罗斯西伯利亚及远东地区 1980～2010 年夏季平均降水空间分布

表 3-44　俄罗斯西伯利亚及远东地区 1980～2010 年夏季平均降水分级面积统计

降水量/mm	面积/万 km²	比例/%
<120	191.30	32
120～160	162.79	27
160～200	99.50	16
200～270	105.19	17
>270	45.80	8
合计	604.58	100

从各地区夏季平均降水量统计结果看（表 3-45），俄罗斯西伯利亚及远东地区中夏季平均降水量最高的地区是犹太自治州，最低的是远东地区，夏季平均降水量分别为 319.41mm 和 129.73mm。夏季平均降水量在 200mm 以上的地区共有 5 个，除了犹太自治州以外还包括滨海边疆区、阿穆尔州、萨哈林州和外贝加尔边疆区；夏季平均降水量在 200mm 以下的地区有 4 个，除了远东地区以外，还包括布里亚特共和国、哈巴罗夫斯克边疆区和伊尔库茨克州。

（4）各生态地理分区

从各生态地理分区夏季降水空间分布情况（表 3-46）看，夏季降水最高值分布在温带混交林带，为 900.20mm；夏季降水最低值分布在温带荒漠带，降水最低为 5.38mm。夏季平均降水最为丰富的是温带混交林带，降水达到 350.64mm，占温带混交林带全年降水的 58%；其次是温带草原带和亚寒带针叶林带，夏季平均降水分别为 187.93mm 和 167.28mm，分别占其全年降水的 56% 和 47%；苔原带和温带荒漠带，夏季平均降水分别为 108.64mm 和 89.05mm，分别占其全年降水的 44% 和 46%。

表 3-45　俄罗斯西伯利亚及远东地区夏季平均降水统计　　（单位：mm）

地区	最低值	最高值	平均降水量
阿穆尔州	147.51	392.88	287.24
滨海边疆区	170.61	394.01	255.46
布里亚特共和国	107.32	409.48	197.98
哈巴罗大斯克边疆区	99.15	361.74	195.80
萨哈林州	128.01	292.11	244.94
外贝加尔边疆区	117.33	289.08	203.79
伊尔库茨克州	95.11	405.23	176.77
犹太自治州	255.26	376.99	319.41
远东地区	34.41	343.59	129.73

表 3-46　各生态地理分区夏季平均降水统计　　（单位：mm）

生态地理分区	最低值	最高值	平均值
亚寒带针叶林带	56.05	584.42	167.28
温带混交林带	130.19	900.20	350.64
温带草原带	53.44	410.58	187.93
温带荒漠带	5.38	293.05	89.05
苔原带	34.41	287.82	108.64

3.4.2.3　秋季降水的地理分布

东北亚秋季降水比春季稍多，但远低于夏季平均降水。整个东北亚地区秋季平均降水量在 11.9 ~ 349mm，全区域秋季的平均降水量为 79.8mm。秋季平均降水量低于 50mm 的地区在中国北方地区的西北部有大片分布，在俄罗斯西伯利亚及远东地区呈小片零散地分布，在蒙古靠近中国北方地区西北部的地方有小片分布；秋季平均降水量在 50 ~ 85mm 的地区广泛地分布在俄罗斯西伯利亚及远东地区的大部分和蒙古；秋季降水量高于 85mm 的地区主要分布在俄罗斯西伯利亚及远东地区和中国北方地区的东南边缘地带呈片状分布；秋季平均降水量最丰富的地区主要在中国北方地区的东南边缘地带零星地分布，这些地区的秋季平均降水量在 170mm 以上。中国北方地区、蒙古和俄罗斯西伯利亚及远东地区的秋季平均降水量分别为 76mm、58mm 和 87.7mm，可见整体上俄罗斯西伯利亚及远东地区的秋季降水较为丰富，蒙古秋季降水最少。

从各地区秋季平均降水量分布（图 3-40）看，中国北方地区的秋季平均降水量呈现西少东多的特点，新疆、内蒙古和青海有大片地区秋季平均降水量低于 50mm，由此向东，随着距离的增大秋季平均降水量逐渐增多；整个蒙古的秋季平均降水量在 85mm 以下，秋季平均降水量低于 50mm 的地区主要分布在蒙古南部边缘地区，除此以外，蒙古绝大部分地区秋季平均降水量在 50 ~ 85mm；而俄罗斯西伯利亚及远东地区秋季平均降水量大体在 50mm 以上，降水空间分布没有明显特征。

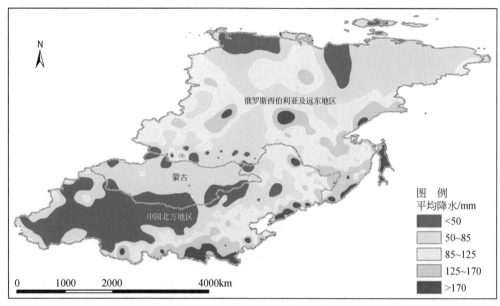

图 3-40　东北亚 1980～2010 年秋季平均降水空间分布

　　从降水分级面积统计结果看（表 3-47），东北亚秋季平均降水量在 50～85mm 的地区面积最广，为 556.92 万 km²，约占整个东北亚地区的 43%；其次秋季平均降水在 85～125mm 的地区面积较广，为 340.04 万 km²，约占整个东北亚地区的 26%；另外，东北亚 19% 的地区秋季平均降水量在 50mm 以下，9% 的地区秋季平均降水量在 125～170mm，仅有 3% 的地区秋季平均降水量超过 170mm。

表 3-47　中国北方及其毗邻地区秋季平均降水分级面积统计

降水量/mm	面积/万 km²	比例/%
<50	255.20	19
50～85	566.92	43
85～125	340.04	26
125～170	124.92	9
>170	36.73	3
合计	1323.1	100

（1）中国北方地区

　　中国北方地区的平均降水量在秋季稍高于春季但明显低于夏季，秋季平均降水空间格局与春季和夏季平均降水空间格局大体一致（图 3-41），大致呈现从南向北、从东向西递减的趋势。秋季平均降水量在 170mm 以上的地区主要分布在陕西省南部、河南省南部、辽宁省南端和吉林省南端，在青海省南端和黑龙江省北部也有小片分布，其中，几乎整个河南省、绝大部分的陕西省秋季平均降水在 125mm 以上，除了以上地区，秋季平均降水量在 125～170mm 的地区还主要在青海南端、甘肃南端等地有小片分布；黑龙江省、河北省和山西省主要在 85～125mm 的降水量控制下，除此之外，秋季平均降水量在 85～125mm 的地区则沿着 125～170mm 的降水地区边缘呈带状分布；几乎整个内蒙古和新疆、甘肃和青海以及宁夏绝大部分的秋季降水量在 85mm 以下；秋季降水量最少的地区则分布于新疆大部分地区、甘肃北部、内蒙古西部小部分地区和青海北部的部分地区，秋季平均降水量在 50mm 以下。

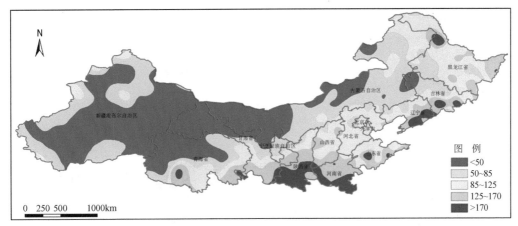

图 3-41 中国北方地区 1980～2010 年秋季平均降水空间分布

从降水分级面积统计结果看，中国北方地区的秋季平均降水量在 11.9～349mm，平均值为 76mm。秋季平均降水量低于 50mm 的地区面积最广，为 205.11 万 km²，占整个中国北方地区的 36%；其次秋季平均降水量在 50～85mm 的地区面积较广，为 154.48 万 km²，占整个中国北方地区的 27%；另外，中国北方地区 21% 的地区秋季平均降水量在 85～125mm，11% 的地区秋季平均降水量在 125～170mm，5% 的地区秋季平均降水量超过 170mm（表 3-48）。

表 3-48 中国北方地区秋季平均降水空间分布

降水量/mm	面积/万 km²	比例/%
<50	205.11	36
50～85	154.48	27
85～125	118.55	21
125～170	59.29	11
>170	25.57	5
合计	563	100

从各省级行政区秋季平均降水量统计结果（表 3-49）看，中国北方地区秋季平均降水量最高的是陕西，最低的是新疆，秋季平均降水量分别为 170.40mm 和 45.16mm。秋季平均降水量在 100mm 以上的省共有 7 个，除陕西省以外，还有山西省、辽宁省、吉林省、山东省、黑龙江省和河南省；秋季平均降水量在 70～100mm 以上的省级行政区共有 5 个，包括天津市、北京市、河北省、青海省和甘肃省；秋季平均降水量在 70mm 以下的省级行政区共有 3 个，除了最低的新疆以外，还有宁夏和内蒙古。

表 3-49　中国北方地区各省级行政区 1980～2010 年秋季平均降水统计　　（单位：mm）

省级行政区	最低值	最高值	平均降水量
北京市	71.68	97.03	87.41
天津市	80.73	97.34	91.86
河北省	70.13	139.89	97.20
山西省	76.46	218.41	120.25
内蒙古自治区	18.45	191.72	58.92
辽宁省	59.49	349.09	132.54
吉林省	36.29	233.32	100.35
黑龙江省	49.65	221.50	107.99
山东省	85.94	210.33	124.97
河南省	104.56	243.34	166.73
陕西省	70.78	341.14	170.40
甘肃省	18.07	230.39	72.62
青海省	11.98	181.68	70.96
宁夏回族自治区	38.35	138.47	63.66
新疆维吾尔自治区	16.03	135.69	45.16

（2）蒙古

蒙古的秋季平均降水量与春季降水量相差无几，降水空间分布特征与春季和夏季有所不同（图 3-42），降水最充沛的地区集中在扎布汗、后杭爱与前杭爱及巴彦洪戈尔的交汇处、东方的中部，这些地区的秋季平均降水量均为 75mm 以上，其他地区则以这些地区为中心，随着向外扩散距离的增加，秋季平均降水量逐步减少。在蒙古的南部边缘省份，秋季平均降水量最少，在 40mm 以下。

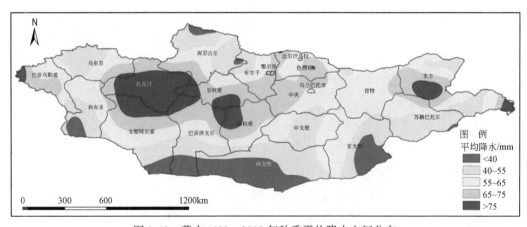

图 3-42　蒙古 1980～2010 年秋季平均降水空间分布

从降水分级面积统计结果看，蒙古秋季平均降水量在 22.7～101.7mm，平均值为58mm。秋季平均降水量在 55～65mm 的面积较广，为 48.81 万 km²，占整个蒙古总面积的 31%；其次秋季平均降水量在 40～55mm 的地区面积较广，为 43.693 万 km²，占整个蒙古总面积的 28%；另外，蒙古 20% 的地区秋季平均降水量在 65 ~ 75mm，11% 的地区秋季平均降水量在 75mm 以上，10% 的地区秋季平均降水量在 40mm 以下（表 3-50）。

表 3-50　蒙古 1980 ~ 2010 年秋季平均降水分级面积统计

降水量/mm	面积/万 km²	比例/%
<40	15.01	10
40 ~ 55	43.69	28
55 ~ 65	48.81	31
65 ~ 75	31.90	20
>75	16.81	11
合计	156.23	100

从各地区秋季平均降水量统计结果（表 3-51）看，蒙古秋季平均降水量最高的省是扎布汗，最低的是南戈壁，秋季平均降水量分别为 78.91mm 和 41.40mm，这表明蒙古秋季各省降水分布较为均匀。

表 3-51　蒙古各地区 1980 ~ 2010 年秋季平均降水统计　　　（单位：mm）

地区	最低值	最高值	平均降水量
后杭爱	51.18	85.06	71.01
巴彦乌勒盖	42.65	101.75	63.79
巴彦洪戈尔	26.87	83.47	58.24
布尔干	39.12	72.82	60.29
达尔汗乌拉	57.60	62.58	59.71
东方	40.59	91.00	63.28
东戈壁	22.76	63.03	48.58
中戈壁	47.86	65.93	55.70
扎布汗	62.75	86.03	78.91
戈壁阿尔泰	27.11	83.08	60.88
肯特	50.78	69.76	59.96
科布多	36.96	73.17	52.33
库苏古尔	33.48	78.88	54.41
南戈壁	24.55	60.97	41.40
鄂尔浑	64.61	66.34	65.51
前杭爱	46.70	83.46	68.75
色楞格	52.58	78.05	65.38
苏赫巴托尔	39.18	76.00	53.10
中央	51.30	72.90	63.83
乌兰巴托市	62.57	64.46	63.52
乌布苏	41.21	77.64	56.05

（3）俄罗斯西伯利亚及远东地区

俄罗斯西伯利亚及远东地区的秋季平均降水量远低于夏季平均降水量（图 3-43），但比春季降水量丰富许多，降水空间格局同春夏两季平均降水空间格局不同，没有什么明显分布规律。秋季平均降水量 110mm 以上的地方主要分布在自靠近阿穆尔州的远东地区南端、哈巴罗夫斯克边疆区大部分地区、萨哈林州、滨海边疆区、阿穆尔州的北部和东部、犹太自治州，在布里亚特共和国、伊尔库茨克州也有小片分布。其中，整个萨哈林州秋季平均降水量在 150mm 以上，可见，在整个俄罗斯西伯利亚及远东地区，萨哈林州的秋季平均降水量最高。秋季平均降水量在 150mm 以上的地区除了萨哈林州，还有滨海边疆区大部分、远东地区南端小片、伊尔库兹克州东北部和哈巴罗夫斯克边疆区北部小部分地区；秋季平均降水量在 85mm 以下的地区主要分布在远东地区、伊尔库兹克州北部和南部、布里亚特大部分地区和外贝加尔边疆区，其中秋季平均降水量在 60mm 以下的地区仅在远东地区的北部呈片状分布。从图 3-43 中可看出，远东地区是俄罗斯西伯利亚及远东地区秋季平均降水量最少的地区。

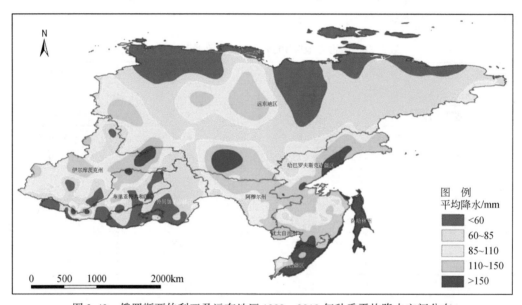

图 3-43 俄罗斯西伯利亚及远东地区 1980～2010 年秋季平均降水空间分布

从降水分级面积统计结果看，俄罗斯西伯利亚及远东地区的秋季平均降水量在 20.96～263mm，平均值为 87.7mm。秋季平均降水量在 60～85mm 的地区面积最广，为 221.47 万 km²，占俄罗斯西伯利亚及远东地区总面积的 37%；其次秋季平均降水量在 85～110mm 的地区面积较广，为 140.19 万 km²，占整个俄罗斯西伯利亚及远东地区总面积的 23%；而秋季平均降水量在 110～150mm 的地区面积和 60mm 以下的地区面积均占俄罗斯西伯利亚及远东地区总面积的 18%；另外，俄罗斯西伯利亚及远东地区 5% 的地区面积秋季平均降水量超过 150mm（表 3-52）。

从各地区秋季平均降水量统计结果（表 3-53）看，俄罗斯西伯利亚及远东地区中秋季平均降水量最高的地区是萨哈林州，最低的是外贝加尔边疆区，秋季平均降水量分别为 199.85mm 和 65.25mm。秋季平均降水量在 100mm 以上的地区共有 5 个，除了萨哈林州以外还有滨海边疆区、犹太自治州、哈巴罗夫斯克边疆区和阿穆尔州；秋季平均降水量在 100mm 以下的地区有 4 个，除了外贝加尔边疆区以外，还包括伊尔库茨克州、布里亚特共和国、远东地区。

表 3-52　俄罗斯西伯利亚及远东地区秋季平均降水分级面积统计

降水量/mm	面积/万 km²	比例/%
<60	106.31	18
60 ~ 85	221.47	37
85 ~ 110	140.19	23
110 ~ 150	107.90	18
>150	28.71	5
合计	604.58	100

表 3-53　俄罗斯西伯利亚及远东各地区秋季平均降水统计　（单位：mm）

地区	最低值	最高值	平均降水量
阿穆尔州	63.64	143.77	107.56
滨海边疆区	82.78	218.92	152.59
布里亚特共和国	20.96	197.61	80.44
哈巴罗夫斯克边疆区	66.63	204.01	117.77
萨哈林州	153.11	263.28	199.85
外贝加尔边疆区	39.92	96.46	65.25
伊尔库茨克州	44.11	194.80	95.50
犹太自治州	117.26	140.53	131.64
远东地区	26.09	218.87	78.36

（4）各生态地理分区

从各生态地理分区秋季降水统计结果看（表 3-54），秋季降水最高值分布在温带混交林带，为 349.09mm；秋季降水最低值分布在温带荒漠带，为 11.98mm。秋季平均降水最为丰富的是温带混交林带，平均降水达到 120.67mm，占温带混交林带全年降水的 20%；其次是亚寒带针叶林带，秋季平均降水为 91.23mm，占亚寒带针叶林带全年降水的 26%；苔原带和温带草原带，秋季平均降水分别为 64.80mm 和 63.31mm，分别占其全年降水的 26% 和 20%；温带荒漠带，秋季平均降水最少，为 39.88mm，占其全年降水的 20%。

表 3-54　各生态地理分区秋季平均降水统计　（单位：mm）

生态地理分区	最低值	最高值	平均值
亚寒带针叶林带	22.16	263.36	91.23
温带混交林带	37.21	349.09	120.67
温带草原带	20.96	144.34	63.31
温带荒漠带	11.98	178.02	39.88
苔原带	26.09	173.18	64.80

3.4.2.4　冬季降水的地理分布

冬季东北亚大部分地区盛行干冷陆风，不易致雨，故降水较少。整个东北亚冬季平均降水量均在100mm以下。此外，冬季侵入亚洲西部的大西洋气旋，因遇到亚洲高压阻挡，分两支前进。其中北支进入西伯利亚，给东北亚的西北部带来降雪，远东山地冬季三个月的降水量仅占年降水量的5%～15%。西伯利亚冬季被极低西伯利亚气团和冰洋气团所控制，冬季降水较少，月降水量为5～40mm。蒙古高原降水稀少，气候干燥，降水季节分配很不均匀，80%～90%的降水量集中在5～9月（7～8月最多雨），其余各月降水很少，因冬季降雪及其稀少，难以形成连续稳定的雪被。中国北部由于季风气候明显，降水量的季节分配极不均匀，中国北部冬季降水量不到年降水量的5%，可见北方和高原地区冬季气候十分干燥。新疆冬雨较多，北疆部分地区冬季降水量可达40mm。在东北、西北和青藏高原的高山区，冬季多出现风雪交加的天气，风吹雪的危害很普遍。

东北亚的冬季是一年中降水最少的季节。冬季平均降水量在5.7～241mm，整个东北亚地区在冬季的平均降水量为30mm。冬季平均降水量低于25mm的地区在俄罗斯西伯利亚及远东地区和中国北方地区有大片分布，在蒙古有小片分布；冬季平均降水量在25～40mm的地区广泛地分布在整个东北亚地区；冬季降水量高于40mm的地区主要分布在俄罗斯西伯利亚及远东地区的西部，并向中部延伸；中国北方地区、蒙古和俄罗斯西伯利亚及远东地区的冬季平均降水量分别为25mm、29.3mm和34mm。可见，整体上东北亚地区的冬季降水较为丰富，中国北方地区冬季降水最少。

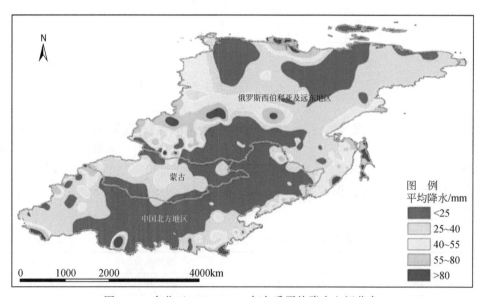

图3-44　东北亚1980～2010年冬季平均降水空间分布

从冬季平均降水量的分布（图3-44）看，中国北方地区的冬季平均降水量空间格局与春、夏、秋季平均降水空间格局截然不同，大部分地区冬季平均降水量在25mm以下，与前三个季度不同，新疆地区成为降水较多的地区之一；整个蒙古的冬季平均降水量在55mm以下，并呈现出中部多、四周少的特点；俄罗斯西伯利亚及远东地区绝大部分地区冬季平均降水量在55mm以下，降水较为丰富的地区主要分布在俄罗斯西伯利亚及远东地区的西部，并向中部延伸。

从降水分级的面积统计结果（表3-55）看，东北亚冬季平均降水量在25mm以下的地区面积最广，为527.72万km²，占整个东北亚地区总面积的40%；其次冬季平均降水在25~40mm的地区面积较广，为508.27万km²，占整个东北亚地区总面积的38%；另外，东北亚14%的地区冬季平均降水量在40~55mm，5%的地区冬季平均降水量在55~80mm，仅有2%的地区冬季平均降水量超过80mm。

表3-55　中国北方及其毗邻地区冬季平均降水空间分布

降水量/mm	面积/万km²	比例/%
<25	527.72	40
25~40	508.27	38
40~55	189.90	14
55~80	71.76	5
>80	26.15	2
合计	1323.80	100

（1）中国北方地区

中国北方地区的冬季平均降水量是一年中降水最少的季节，冬季平均降水空间格局与春、夏、秋季平均降水空间格局截然不同（图3-45），大部分地区冬季平均降水量在25mm以下，与前三个季度不同，新疆地区成为降水较多的地区之一。冬季平均降水量在80mm以上的地区仅在河南省南端、青海省南端和新疆西南部有小片分布；而冬季平均降水量在55~80mm的地区面积很小，仅在降水量80mm以上的地区边缘呈带状分布；新疆和山西的绝大部分、河北南部、陕西南部、辽宁南部、吉林南部和黑龙江东部部分地区的冬季平均降水量在25~55mm；几乎整个内蒙古、甘肃、宁夏以及黑龙江大部分地区、青海绝大部分地区、吉林北部、辽宁北部、河北北部、陕西北部、新疆东部和南部的冬季平均降水量在25mm以下。

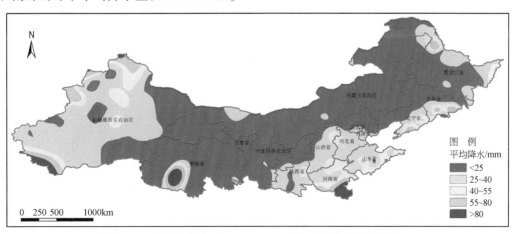

图3-45　中国北方地区1980~2010年冬季平均降水空间分布

从降水分级面积统计结果来看，中国北方地区的冬季平均降水量在 11.9～349mm，平均值为 76mm。冬季平均降水量低于 25mm 的地区面积最广，为 329.42 万 km²，占整个中国北方地区总面积的 59%；其次冬季平均降水量在 25～40mm 的面积较广，为 167.26 万 km²，占整个中国北方地区总面积的 30%；另外，中国北方地区 7% 的地区冬季平均降水量在 40～55mm，3% 的地区冬季平均降水量在 55～80mm，仅有 2% 的地区冬季平均降水量超过 80mm（表3-56）。

表3-56 中国北方地区冬季平均降水分级面积统计

降水量/mm	面积/万 km²	比例/%
<25	329.42	59
25～40	167.26	30
40～55	41.37	7
55～80	16.39	3
>80	8.56	2
合计	562.99	100

从各省级行政区冬季平均降水量的统计结果（表3-57）看，中国北方地区冬季平均降水量最高的是河南，最低的是宁夏，冬季平均降水量分别为 55.04mm 和 13.31mm，这表明中国北方地区各省级行政区冬季平均降水量都较低且相差不大。

表3-57 中国北方地区各省级行政区冬季平均降水统计 （单位：mm）

省级行政区	最低值	最高值	平均降水量
北京市	19.65	28.59	24.44
天津市	22.80	31.20	27.66
河北省	14.26	54.04	27.32
山西省	18.45	54.05	31.71
内蒙古自治区	5.90	57.17	15.80
辽宁省	7.19	74.94	27.29
吉林省	5.80	77.65	23.31
黑龙江省	7.79	69.04	23.55
山东省	23.92	61.97	37.13
河南省	25.49	139.16	55.04
陕西省	10.46	51.91	25.93
甘肃省	9.98	32.91	16.77
青海省	10.33	116.68	23.33
宁夏回族自治区	9.36	24.55	13.31
新疆维吾尔自治区	7.64	139.06	32.62

（2）蒙古

蒙古的冬季是一年中降水最少的季节，从降水的空间分布（图3-46）看，降水最充沛的地区集中在扎布汗与后杭爱的交汇处、前杭爱、东方的中部和巴彦乌勒盖西端，这几个地方的冬季平均降水量为 40mm 以上，其他地区则以这些地区为中心，随着向外扩散距离的增加而冬季平均降水量逐步减少。在蒙古的四周边缘地带冬季平均降水量最少，在 20mm 以下。

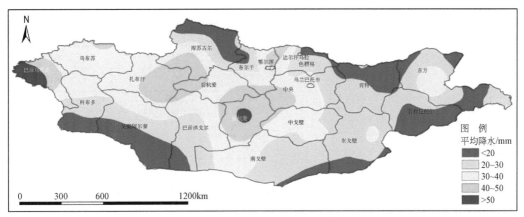

图 3-46　蒙古 1980～2010 年冬季平均降水空间分布

　　从降水分级面积统计结果看（表 3-58），蒙古冬季平均降水量在 8～76mm，平均值为 29.3mm。冬季平均降水量在 20～30mm 的地区面积最广，为 55.45 万 km²，占整个蒙古总面积的 35%；其次冬季平均降水量在 30～40mm 的地区面积较广，为 48.53 万 km²，占整个蒙古总面积的 31%；另外，蒙古 19% 的地区冬季平均降水量在 20mm 以下，13% 的地区冬季平均降水量在 40～50mm，仅有 1% 的地区冬季平均降水量在 50mm 以上。

表 3-58　蒙古冬季平均降水分级面积统计

降水量/mm	面积/万 km²	比例/%
<20	29.85	19
20～30	55.45	35
30～40	48.53	31
40～50	20.15	13
>50	2.25	1
合计	156.23	100

　　从各地区冬季平均降水量统计结果（表 3-59）看，蒙古冬季平均降水量最高的是巴彦乌勒盖，最低的是苏赫巴托尔，分别为 46.11mm 和 18.80mm，这表明蒙古各地区之间冬季平均降水量相差不大。

表 3-59　蒙古各地区冬季平均降水统计　　　　　　　（单位：mm）

地区	最低值	最高值	平均降水量
后杭爱	26.73	48.58	39.56
巴彦乌勒盖	22.33	76.12	46.11
巴彦洪戈尔	14.90	45.71	29.56

地区	最低值	最高值	平均降水量
布尔干	16.30	44.10	32.47
达尔汗乌拉	19.61	22.73	20.80
东方	11.19	36.09	24.19
东戈壁	8.65	30.90	24.93
中戈壁	26.66	43.56	32.65
扎布汗	29.94	49.44	40.01
戈壁阿尔泰	10.31	39.33	22.66
肯特	12.27	27.14	20.53
科布多	13.86	40.25	26.42
库苏古尔	12.04	48.74	27.60
南戈壁	12.67	40.64	27.46
鄂尔浑	35.87	40.02	38.32
前杭爱	36.21	51.35	45.19
色楞格	12.92	43.71	27.83
苏赫巴托尔	10.07	30.95	18.82
中央	17.60	43.67	32.92
乌兰巴托市	30.90	32.84	31.83
乌布苏	29.39	43.25	35.37

（3）俄罗斯西伯利亚及远东地区

俄罗斯西伯利亚及远东地区的冬季是一年中降水最少的季节。冬季平均降水量在80mm以上的地方零星地分布在远东地区的南端和北部中间地区、萨哈林州、滨海边疆区、滨海边疆区东北部、伊尔库茨克州中部和东北部呈小片分布，其中整个萨哈林州冬季平均降水量在60mm以上，可见，在整个俄罗斯西伯利亚及远东地区，萨哈林州的冬季平均降水量最高（图3-47）。冬季平均降水量在60mm以上的地区除了萨哈林州，其他地区主要分布在平均降水量在80mm以上的地方边缘呈条带状分布；冬季平均降水量在40～60mm以上的地区主要分布在远东地区西南部、伊尔库茨克州、布里亚特、滨海边疆区和哈巴罗夫斯克边疆区；冬季平均降水量在25～40mm以下的地区主要分布在大部分的远东地区和大部分的哈巴罗夫斯克边疆区；外贝加尔边疆区冬季平均降水量最低，冬季降水量在25mm以下，除外贝加尔边疆区以外，冬季平均降水量在25mm以下的地区还分布在远东地区北部、阿穆尔州北部和布里亚特共和国东半部。

从降水分级面积统计结果看，俄罗斯西伯利亚及远东地区的冬季平均降水量在5.7～241mm，平均值为34mm。冬季平均降水量在25～40mm的地区面积最广，为250.99万 km²，占俄罗斯西伯利亚及远东地区总面积的42%；其次冬季平均降水量在25mm以下的地区面积较广，为170.36万 km²，约占整个俄罗斯西伯利亚及远东地区总面积的30%；冬季平均降水量在40～60mm的地区面积占俄罗斯西伯利亚及远东地区总

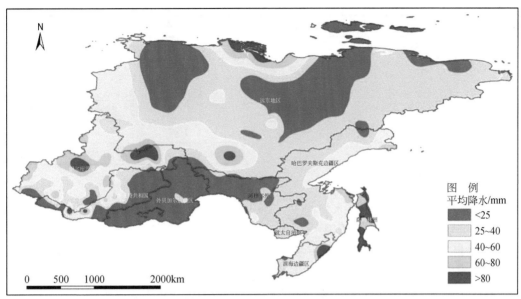

图 3-47　俄罗斯西伯利亚及远东地区 1980～2010 年冬季平均降水空间分布

面积的 21%；冬季平均降水量在 60～80mm 的地区面积占俄罗斯西伯利亚及远东地区总面积的 5%；仅有 2% 的地区面积冬季平均降水量超过 80mm（表 3-60）。

表 3-60　俄罗斯西伯利亚及远东地区冬季平均降水分级面积统计

降水量/mm	面积/万 km²	比例/%
<25	179.36	30
25～40	250.99	42
40～60	129.22	21
60～80	29.99	5
>80	15.02	2
合计	604.58	100

从各地区冬季平均降水量统计结果（表 3-61）看，俄罗斯西伯利亚及远东地区冬季平均降水量最高的地区是萨哈林州，最低的是外贝加尔边疆区，冬季平均降水量分别为 88.22mm 和 17.63mm。冬季平均降水量在 50mm 以上的地区共有 3 个，除了萨哈林州以外还有滨海边疆区和伊尔库茨克州；冬季平均降水量在 50mm 以下的地区有 6 个，除了外贝加尔边疆区以外，还包括布里亚特共和国、阿穆尔州、哈巴罗夫斯克边疆区、犹太自治州和远东地区。

表 3-61　俄罗斯西伯利亚及远东地区冬季平均降水统计　　（单位：mm）

地区	最低值	最高值	平均降水量
阿穆尔州	12.86	48.16	25.52
滨海边疆区	18.60	241.27	55.65
布里亚特共和国	5.74	113.38	29.59

续表

地区	最低值	最高值	平均降水量
哈巴罗夫斯克边疆区	20.65	98.42	38.95
萨哈林州	60.77	154.71	88.22
外贝加尔边疆区	8.62	33.95	17.63
伊尔库茨克州	12.08	110.44	51.09
犹太自治州	23.76	37.44	32.98
远东地区	9.72	114.66	32.54

(4) 各生态地理分区

从各生态地理分区冬季降水统计结果（表3-62）看，冬季降水最高值分布在温带混交林带，为237.75mm；冬季降水最低值分布在温带草原带，为5.74mm。冬季平均降水最为丰富的是亚寒带针叶林带，冬季平均降水达到35.37mm，但仅占亚寒带针叶林带全年降水的10%；其次是苔原带和温带混交林带，冬季平均降水分别为31.45mm和31.31mm，分别占其全年降水的13%和5%；最后是温带荒漠带和温带草原带，冬季平均降水分别为25.24mm和24.25mm，分别占其全年降水的13%和7%。

表3-62　各生态地理分区冬季降水统计　　　　　（单位：mm）

生态地理分区	最低值	最高值	平均值
亚寒带针叶林带	6.06	133.80	35.37
温带混交林带	6.14	237.75	31.31
温带草原带	5.74	90.47	24.25
温带荒漠带	6.13	126.82	25.24
苔原带	9.81	114.70	31.45

第4章 中国北方及其毗邻地区气候变化状况

4.1 气候变化概况

东北亚地区主要包括中国北方地区、蒙古高原地区以及俄罗斯西伯利亚及远东地区。中国北方地区近50年来平均气温、日最高气温和日最低气温的增温态势十分明显；东北地区的增温大于西北和华北地区；日最低气温的增温比平均气温和日最高气温更加显著；冬季增温比夏季显著。20世纪80年代中后期平均气温、日最高气温、日最低气温大多发生了一次显著的变暖。90年代以来中国北方地区的气温明显偏高；但是不同季节、不同区域气温的年变化特征并不完全相同（郭志梅，2005）。

1900~1920年，中国东北地区大约增温0.7℃，20世纪20~70年代基本保持稳定状态，自70年代以来，东北地区的气温升高了1℃，冬季升温高于夏季，夜间升温高于日间，日温差减小。东北地区的降水在1900~1930年低于正常水平，之后40~60年代降水较多，60年代后降水减少，其中夏季减少明显，特别是1990年以来，东北地区降水量急剧下降（Qian Weihong and Zhu Yanfen，2001；左洪超等，2004）。根据中国近50年来（1951~2000年）的气象资料分析，东北地区是中国增温最快，范围最大的地区之一，而且其年均相对湿度下降也最明显，下降速率达到-5.7%/10a，干旱化趋势尤为严峻（Qian Weihong and Zhu Yanfen，2001；王遵娅等，2004）。

中国华北地区气温存在空间上由南向北降低，由沿海向内陆增高，再由内陆向山区降低的趋势；在时间上存在两个降温期两个升温期，即1880~1919年为第一个降温期；1920~1950年为第一个升温期；1951~1970年为第二个降温期；1971年至今为第二个升温期。华北地区气温地域性差异的主要原因是南北纬度的跨越、地形的非均一性和海陆位置的差异。而华北的夏季降水则存在南部（东南部）降水多，北部（西北部）降水少，山区降水普遍多于平原，燕山南麓、胶东丘陵的南部沿海和鲁中山地的东南部均因地处夏季风的迎风坡，雨水集中，多暴雨，而背风坡、山间盆地则雨量较少；在时间上则可分为1880~1898年和1949~1964年的丰水期、1899~1947年和1965~1999年的枯水期。而影响华北夏季降水的原因可分为低纬和中纬地区海陆热力差异和北半球中高纬地区的大气环流异常（徐娟，2006）。

近半个世纪来，中国西北地区基本都表现为显著的增温趋势，增温速率普遍为0.2~0.9℃/10a，大部分地区高于0.22℃/10a的全国平均水平，与全球变暖的大背景相一致，并且在1994年还发生了一次增温突变。西风带气候区年降水量表现为小幅增加趋势，而季风带气候区表现为小幅减少趋势。近44年来西北地区水面蒸发量表现为显著的减少趋势，且在1976年左右发生了减少突变。整个西北地区平均地面风速减少、日照时数减少、平均日较差减少、相对湿度增加及平均低云量增加可能是水面蒸发量减少的重要原因（王鹏祥等，2007）。

据相关研究表明，中国东北地区未来 10~20 年将以暖湿气候为主。内蒙古不同区域、不同季节对气候变暖的响应不同。中西部地区响应程度明显高于东部地区，并且春季响应最早，变暖时间为 1983 年；秋、冬季响应略晚，增暖时间为 1987 年；夏季响应最晚，直到 1993 年才开始增暖；全年增暖时间为 1986 年。内蒙古各区域近 50 年降水量的变化趋势波动性较大，但总趋势均为略增加态势。东中部增加趋势较为明显，西部地区增加量小于东中部地区，并且中部和西部地区变化趋势基本一致，呈少雨–多雨期的波动变化，进入 21 世纪之后，降水明显增加，目前正处于多雨期（尤莉等，2002；兰玉坤，2007）。

近 60 年来，蒙古正经历气温、降雨和水资源三大方面的显著变化，极端天气无论在强度和频次上都在明显增加，冬季出现历史最严寒，冬、夏季出现创历史的洪水。1940~2007 年年平均气温升高了 2.14℃。蒙古在过去 60 年中冰川减少了 22%，其中 1940~1992 年 52 年减少 12%，惊人的是仅 1992~2002 年就减少 10%，一方面由于气候变化加快了冰川和永久冻土融化，造成局部地区地表和河、湖水的蓄量增加，这一趋势可能将继续几十年，直到冰态水完全消融为止，但这仅占蒙古土面积中的极少一部分，蒙古其余绝大部分国土的地表水呈现显著减少趋势。其中，5128 条河和溪流中的 852 条已永久枯竭（2007 年水报告），9306 眼喷泉中的 2277 眼也已完全枯竭，3747 个湖或池塘中的 1181 个也已经干枯，1940~2007 年 68 年间年降水总量减少近 7%，虽然夏季短时强暴雨增加，但稳定性降水减少明显，特别是，总的来说，夏季降水总量也是在减少的。预计 2010~2039 年降水还要继续减少 4%。总之，已发生改变的夏季降水和已缩短的冬季冰雪期正在改变蒙古人往日赖以生存的河流形态，给生态可持续发展带来巨大威胁。值得补充说明的是虽然一些气候模式预计蒙古 2040~2080 年降水将增加，但降水增加的地理分布变化很大，同时多数气候模式预估降水增加多发生在冷季节（冬季）（王万里，2012）。

在俄罗斯西伯利亚及远东地区，近几十年来观察到的气候变暖导致极端天气现象的频率和强度增加（Bedritskii et al.，2009；Gruza and Ran'kova，2003；Izrael et al.，2001；Ippolitov et al.，2004）。在 2009 年，俄罗斯发布《气候变化评估报告及其对俄罗斯联邦带来的影响》的研究报告，该报告是结合遍布在全俄罗斯境内的 1627 个地面气象观测站的数据，收集了大量气候资料完成的。报告承认气候变化与人类活动排放的温室气体增多相关，并指出自 1907 年以来，俄罗斯境内平均地表温度上升了 1.3℃，几乎是全球水平的 2 倍。该报告对俄罗斯气候变化的脆弱性做出了评估，认为未来气候变化将加剧南方的水资源短缺，导致北方永久性冻土的季节性融化，造成基础设施重大损失。以永久冻土为例，永久冻土地区占据俄罗斯陆地面积的 60% 以上，近几十年来，在许多地区观测到了永冻土的变暖、融化和消退现象。随着气候的变化，在未来可能会出现加速的趋势。数学模型的结果表明，到 21 世纪中期，北半球近表层的永久冻土将缩小 15%~30%。这将导致上面几米冻土完全融化，同时，其他地区季节性融化的平均深度也将增加 15%~25%，这些变化将改变苔原地带碳吸收和释放的平衡，以及加速温室气体从富碳的北极湿地释放出来（Anisimov and Reneva，2006）。气候变化还将增加极端天气事件的可能性，引起飓风、洪水、泥石流、干旱、森林大火等灾害，给自然生态系统和社会经济系统带来严重的消极影响。

气候变化主要反映为各种时间尺度的冷暖阶段的交替与干湿阶段的交替。一个冷阶段和一个暖阶段，或者一个干阶段和一个湿阶段组成一个变化周期。因此，气候变化一般呈现着周期性的变化。但是，这些变化的周期是不严格的，一个周期内前后阶段的对称性不强，不同周期的长度还可以相差很大，故人们通常称这样的周期变化为准周期性变化。世界气象组织提出以 30 年为气候统计的标准时段。这个提议是很合理的，因为 30 年的长度基本上相当于一代人的工作期，作为人类活动环境参数的统计时段是恰当的。同时，从有气象观测记录以来，30 年内气候还是相对稳定的。近百年各个 30 年统计值比较，温度相差不到 1℃，降水相差不到 100mm。也就是说，它在百年尺度内并无重大差异，故对于当前规划、工程设计都是可用的。相反，太长时段的气候统计值对于人类并不见得十分有用。例如，把近 2 万年的气候要素平均起来，则温度要比现在低 5 ~ 6℃左右。若与此值比较，现在任何年份都是高温年，甚至最寒冷的年份也是高温年。这样的统计数据反映不出对当前社会经济的影响，因而也就没有实际意义。所以从当前的应用来说，30 年时段是合适的。因此，对 30 年东北亚气候变化状况进行研究，将有利于认识东北亚的区域气候现状与区域差异，为探索东北亚地区 30 年的地理环境状况的变动原因、进行未来气候变化研究提供科学基础。

4.2　气候变化态势

4.2.1　气温变化态势

4.2.1.1　气温的年代际变化特征

东北亚地区年平均气温年代际（10 年）变化（图 4-1）表明，30 年年平均气温的年代际变化表现为整体升高的趋势，由 1980 ~ 1989 年的 -2.775℃升高到 2000 ~ 2010 年的 -1.9℃，每 10a 平均上升 0.3℃，且 1980 ~ 1989 年至 1990 ~ 1999 年的升温幅度略大于 1990 ~ 1999 年至 2000 ~ 2010 年的升温幅度，温度上升 0.625℃。

中国北方地区年平均气温均在零度以上，30 年年平均气温的年代际变化表现为升高的趋势（图 4-2），由 1980 ~ 1989 年的 6.178℃升高到 2000 ~ 2010 年的 7.123℃，每 10a 平均上升 0.31℃，且温度升高变化速率基本稳定。

蒙古 30 年年平均气温的年代际变化也表现为升高的趋势（图 4-3），从 1980 ~ 1989 年的 -0.2℃升高到 2000 ~ 2010 年的 1.36℃，每 10a 平均上升 0.52℃，且 1980 ~ 1989 年至 1990 ~ 1999 年的升温幅度较大，温度上升 1.1℃。

俄罗斯西伯利亚及远东地区 30 年年平均气温的年代际变化也表现为升高的趋势（图 4-4），从 1980 ~ 1989 年的 -8.5℃升高到 2000 ~ 2010 年的 -7.77℃，每 10a 平均上升 0.24℃。其中，1980 ~ 1989 年至 1990 ~ 1999 年的升温幅度较大，温度上升 0.59℃。

此外，东北亚五大生态地理分区年平均气温的年代际变化同样表现出明显的差异。亚寒带针叶林带 30 年年平均气温的年代际变化表现为升高的趋势（图 4-5），从 20 世纪

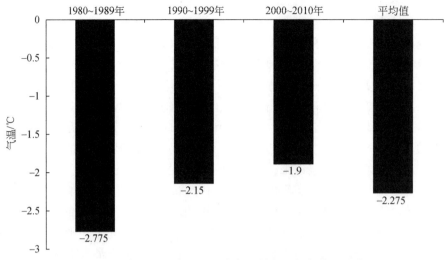

图 4-1　东北亚 1980～2010 年年平均气温的年代际变化

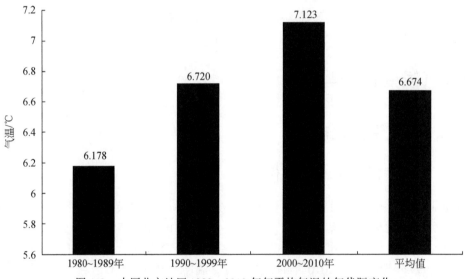

图 4-2　中国北方地区 1980～2010 年年平均气温的年代际变化

80 年代的-7.94℃升高到 21 世纪初的-7.21℃，每 10a 平均上升 0.24℃，且 1980～1989年至 1990～1999 年的升温幅度显著大于 1990～1999 年至 2000～2010 年的升温幅度。1980～1989 年至 1990～1999 年，亚寒带针叶林年代际温度上升 0.22℃。

　　温带混交林带 30 年年平均气温的年代际变化同样呈现出升高的趋势（图 4-6），从20 世纪 80 年代的 5.3℃升高到 21 世纪初的 6.40℃，每 10a 平均上升 0.36℃，且温度上升速率基本稳定。

　　温带草原带 30 年年平均气温的年代际变化也表现为升高的趋势（图 4-7），从 20 世纪 80 年代得 1.22℃升高到 21 世纪初的 2.48℃，每 10a 平均上升 0.42℃，且 1980～1989 年至 1990～1999 年的升温幅度略大于 1990～1999 年至 2000～2010 年的升温幅度。其中，1980～1989 年至 1990～1999 年，年平均气温上升 1.58℃。

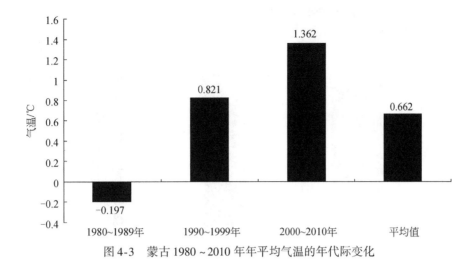

图 4-3   蒙古 1980～2010 年年平均气温的年代际变化

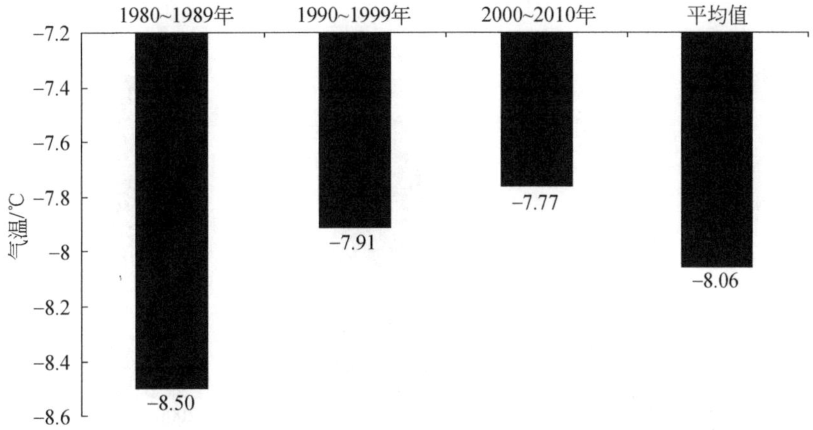

图 4-4   俄罗斯西伯利亚及远东地区 1980～2010 年年平均气温的年代际变化

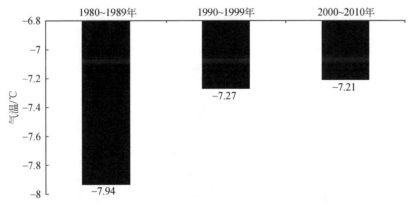

图 4-5   亚寒带针叶林带 1980～2010 年年平均气温的年代际变化

温带荒漠带 30 年年平均气温的年代际变化也表现为升高的趋势（图 4-8），从 20 世纪 80 年代的 7.139℃升高到 21 世纪初的 7.669℃，每 10a 平均上升 0.17℃，且 1980～1989 年至 1990～1999 年的升温幅度显著大于 1990～1999 年至 2000～2010 年的升温幅度。其中，1980～1989 年至 1990～1999 年，年代际平均气温上升 0.38℃。

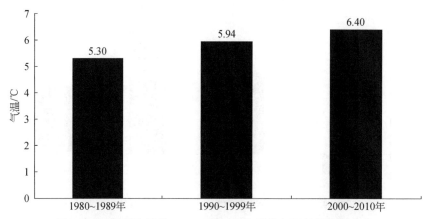

图 4-6　温带混交林带 1980～2010 年年平均气温的年代际变化

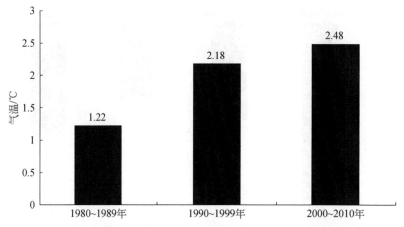

图 4-7　温带草原带 1980～2010 年年平均气温的年代际变化

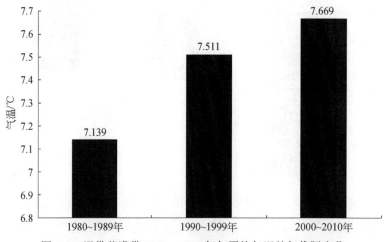

图 4-8　温带荒漠带 1980～2010 年年平均气温的年代际变化

苔原带 30 年年平均气温的年代际变化也出现升高的趋势（图 4-9），从 20 世纪 80 年代的−13.29℃升高到 21 世纪初的−12.89℃，每 10a 平均上升 0.13℃，且 1980~1989 年至 1990~1999 年的升温幅度显著小于 1990~1999 年至 2000~2010 年。其中，1990~1999 年至 2000~2010 年年平均气温上升 0.33℃。

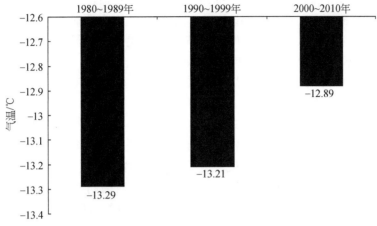

图 4-9　苔原带 1980~2010 年年平均气温的年代际变化

4.2.1.2　气温年际变化的时间特征

根据 30 年东北亚各个气象站点的气温资料，我们绘制了东北亚全区及各个地区的 1980~2010 年的年平均气温年际变化曲线（图 4-10）。从图 4-10 中可以看出，30 年东北亚地区的年平均气温总体呈上升趋势，升幅为 0.89℃。因地处纬度差异较大，中国北方地区、蒙古和俄罗斯西伯利亚及远东地区气温的升幅差异明显。俄罗斯与蒙古因所处纬度较高，气温升幅较低，分别为 0.72℃ 和 0.79℃，气温递升率约为 0.23℃/10a 和 0.25℃/10a，而中国北方地区气温升幅为 1.21℃，气温递升率约为 0.39℃/10a。

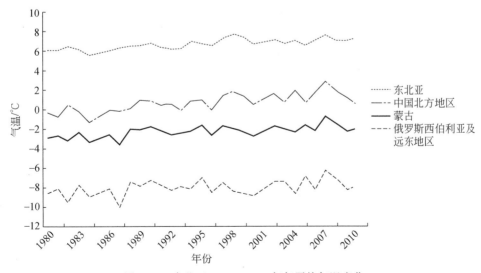

图 4-10　东北亚 1980~2010 年年平均气温变化

　　东北亚地区温度分别在 1984 年和 2007 年达到最小值和最大值。由于纬度的变化，中国北方地区、蒙古、俄罗斯西伯利亚及远东地区温度依次降低。其中，中国北方地区温度在 5 ~ 8℃ 变化；蒙古温度在 -2 ~ 2℃ 变化；俄罗斯西伯利亚及远东地区温度最低，在 -10 ~ 6℃ 变化。中国北方地区 20 世纪 80 年代中期气温开始上升，90 年代末期达到最高值。中国北方地区温度在 1984 年和 1998 年分别出现最低值和最高值，其中中国东北地区 80 年代升温明显，西北东部地区 80 年代中期后升温明显，西北西部地区的年平均气温变化特征是 90 年代开始气温明显升高。90 年代以来中国北方地区的气温整体呈升高趋势，但是不同区域气温的多年变化特征并不完全相同（郭志梅等，2005），表现最明显的是西北地区和华北地区气温呈下降态势，而东北地区气温上升明显，尤其是 21 世纪以来气温上升趋势更加明显（王海军，2009）。

　　蒙古温度变化总体也呈现上升态势，20 世纪 80 年代初期温度下降，后期温度开始阶段性波动上升，温度在 1984 年达到最低值，2007 年达到最高值。

　　俄罗斯西伯利亚及远东地区温度变化同样呈现阶段性波动上升状态。1987 年和 2007 年温度分别达到最小值和最高值。此外，俄罗斯西伯利亚及远东地区温度变化幅度较大，是东北亚 3 个国家（地区）中温度波动最剧烈的地区。

　　从东北亚地区年平均气温距平和累积距平年际变化（图 4-11）看，东北亚地区的年平均气温距平呈现波浪式的上升趋势，1987 年以前基本上以负距平为主，累积距平曲线下降，属于气温偏冷阶段，其中，1987 年气温最低。1990 年以后变成以正距平为主，累积距平曲线持续上升，东北亚地区进入气温偏暖阶段，气温最高年份是 2008 年。从年平均气温累积距平看，东北亚气温整体以 1987 年为界，1987 年以前气温呈现下降趋势，1987 年之后气温回升。从总体看，1980 ~ 1987 年，东北亚地区气候偏冷，气温呈现下降趋势。1987 年以后东北亚地区温度变化呈现逐步逐渐升温的趋势，且温度上升速度逐渐变大。

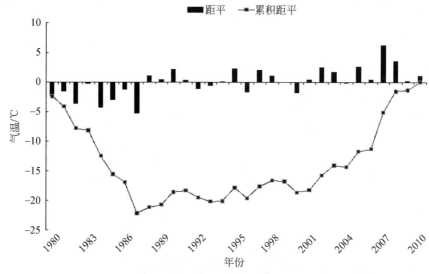

图 4-11　东北亚地区年平均气温距平和累积距平年际变化

　　从东北亚 3 个国家（地区）温度距平平均值（表 4-1）看，1980 ~ 1989 年、1990 ~

1999 年、2000~2010 年三个时段内，东北亚 3 个国家（地区）平均气温距平均呈现逐步变大的趋势。其中俄罗斯西伯利亚及远东地区三个时段的温度距平平均值均为负值，属于气温偏冷阶段，三个时段平均值逐渐增大。蒙古在 1980~1989 年的距平平均值为负值，属于气温偏冷阶段，后两个阶段的距平平均值为正，属于气温偏暖阶段。中国北方地区温度距平平均值变化趋势与蒙古相一致，1980~1989 年温度距平平均值为负，1990~1999 年以及 2000~2010 年的温度距平平均值为正值，气温由偏冷转变为偏暖。俄罗斯西伯利亚及远东地区三个时段温度距平平均值均为负值，也呈现逐步变大的趋势。

表4-1　东北亚3个国家（地区）每10年温度距平平均值　（单位：℃）

东北亚	1980~1989 年	1990~1999 年	2000~2010 年
俄罗斯西伯利亚及远东地区	-0.88	-0.33	-0.12
蒙古	-0.80	0.24	0.86
中国北方地区	-0.13	0.54	0.72

从中国北方地区年平均气温距平和累积距平年际变化（图 4-12）看，中国北方地区的年平均气温距平的变化在 1990 年以前基本上以负距平为主，累积距平曲线下降，属于气温偏冷阶段，其中，1984 年气温最低。1998 年以后变成以正距平为主，累积距平曲线持续上升，中国北方地区进入气温偏暖阶段，气温最高年份是 1998 年。从总体看，中国北方地区 1996 年以前气温偏冷，气温呈现下降趋势，1996 年以后气温逐渐变暖。

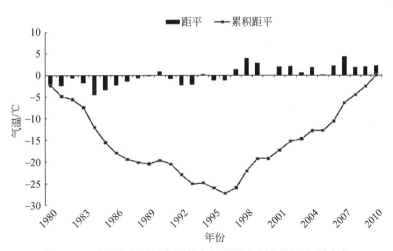

图 4-12　中国北方地区年平均气温距平和累积距平年际变化

从蒙古年平均气温距平和累积距平年际变化（图 4-13）看，蒙古的温度距平的年际变化类似于中国北方地区，也呈波浪式上升趋势，1989 年以前蒙古平均气温距平以负距平为主，累积距平曲线下降，属于气温偏冷阶段，其中，1984 年气温最低。1989 年以后平均气温距平以正距平为主，1996 年开始累积距平曲线持续上升，蒙古进入气温偏暖阶段，气温最高年份是 2007 年。从年平均气温累积距平看，蒙古温度在 1996 年发生转变，由下降趋势转变为上升趋势。从总体看，1980～1996年，蒙古气候偏冷，气温呈下降趋势，1996～2010年蒙古进入偏暖阶段，气温呈现缓慢增长趋势。

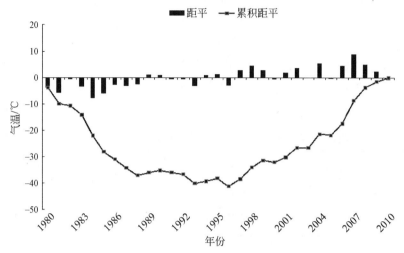

图4-13　蒙古年平均气温距平和累积距平年际变化

从俄罗斯西伯利亚及远东地区年平均气温距平和累积距平年际变化（图4-14）看，俄罗斯西伯利亚及远东地区的平均气温最低，其变化曲线与中国北部和蒙古有较大的差异，20世纪80年代温度较低，为负距平，累积距平曲线下降，属于气温偏冷阶段。20世纪90年代温度有所上升，但是增温幅度不大，平均气温距平以正距平为主。进入21世纪，俄罗斯西伯利亚及远东地区温度距平表现出明显的波动性，2000～2010年的平均气温正负距平年份各占一半。从年平均气温累积距平看，俄罗斯西伯利亚及远东地区的温度呈现出下降—上升—下降—上升的周期性变化特征。

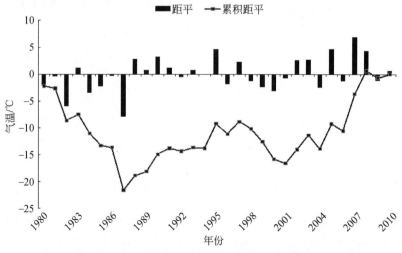

图4-14　俄罗斯西伯利亚及远东地区年平均气温距平和累积距平年际变化

从东北亚地区各生态地理分区年平均气温距平和累积距平年际变化看，亚寒带针叶林带的年平均气温距平的变化呈现波浪式的上升态势（图4-15），1987年以前基本上以负距平为主，累积距平曲线下降，属于气温偏冷阶段，其中，1987 年气温最低。1989 年以后变成以正距平为主，少量距平为负，累积距平曲线持续上升，亚寒带针叶林带进入气温偏暖阶段，气温最高年份是 2008 年。从年平均气温累积距平看，亚寒带针叶林带气温基本以 1987 年为界，1987 年以前气温呈现下降趋势，1987 年之后气温回升。从总体看，1980 ~ 1987 年，亚寒带针叶林带气候偏冷，气温呈现波动变化，略有下降。1987 开始，亚寒带针叶林带温度变化呈现逐步升温的趋势，且温度上升速度逐渐变大。

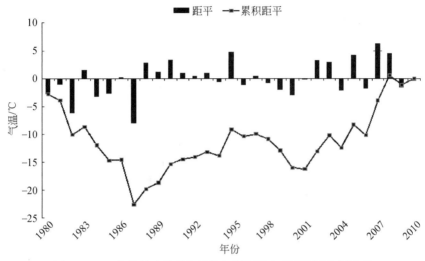

图 4-15　亚寒带针叶林带年平均气温距平和累积距平年际变化

从温带混交林带年平均气温距平和累积距平年际变化（图 4-16）看，温带混交林带年平均气温距平的变化呈现波浪式的上升，在 1990 年以前基本上以负距平为主，累积距平曲线下降，属于气温偏冷阶段，其中，1985 年气温最低。1989 年以后变成以正距平为主，少量距平为负，累积距平曲线持续上升，温带混交林带进入气温偏暖阶段，

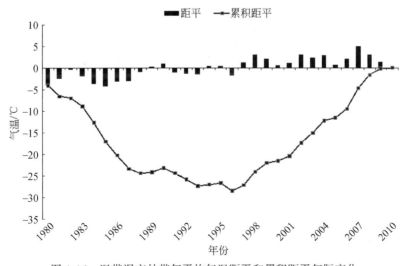

图 4-16　温带混交林带年平均气温距平和累积距平年际变化

气温最高年份是 2007 年。从年平均累积温度距平看，温带混交林带气温以 1996 年为界，1996 年以前气温呈现下降趋势，1996 年之后气温回升。从总体看，温带混交林带1980～1996 年，温带混交林带气候偏冷，气温呈现波动变化，略有下降，1996 年开始，温度变化呈现逐步升温趋势，且温度上升速度逐渐变大。

从温带草原带年平均气温距平和累积距平年际变化（图 4-17）看，温带草原带年平均气温距平的变化同样呈现波浪式的上升，在 1988 年以前基本上以负距平为主，累积距平曲线下降，属于气温偏冷阶段，其中，1984 年气温最低。1998 年以后变成以正距平为主，少量距平为负，累积距平曲线持续上升，温带混交林带进入气温偏暖阶段，气温最高年份是 2007 年。从年平均累积温度距平看，温带草原带气温以 1996 年为界，1996 年以前气温呈现下降趋势，1996 年之后气温回升。从总体看，1980～1996 年，温带草原带气候偏冷，气温呈现波动变化，略有下降。1996 年开始，温带草原带温度变化呈现逐步逐渐升温的趋势，且温度上升速度逐渐变大。

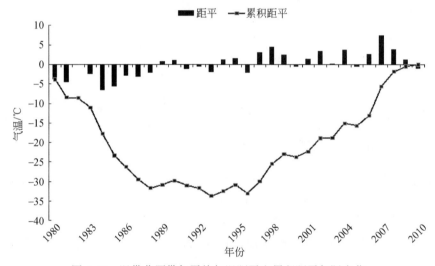

图 4-17　温带草原带年平均气温距平和累积距平年际变化

从温带荒漠带年平均气温距平和累积距平年际变化（图 4-18）看，温带荒漠带年平均气温距平的变化也呈现波浪式的上升，在 1986 年以前基本上以负距平为主，累积距平曲线下降，属于气温偏冷阶段，其中，1984 年气温最低。1999 年以后气温变成以正距平为主，少量年份距平为负，累积距平曲线持续上升，温带荒漠带进入气温偏暖阶段，气温最高年份是 2010 年。从年平均累积距平看，温带荒漠带气温基本以 1996 年为界，1996 年以前气温呈现下降趋势，1996 年之后气温回升。从总体看，1980～1996 年，温带荒漠带气候偏冷，气温呈现波动变化，略有下降。从 1996 年开始，温带荒漠带温度变化呈现逐步升温的趋势，且温度上升速度逐渐变大。

从苔原带年平均气温距平和累积距平年际变化（图 4-19）看，苔原带年平均气温距平的变化也呈现波浪式的上升，在 1988 年以前基本上以负距平为主，累积距平曲线下降，属于气温偏冷阶段。其中，1984 年气温最低。1998 年以后变成以正距平为主，少量年份气温距平为负，累积距平曲线持续上升，苔原带进入气温偏暖阶段，气温最高年份是 2010 年。从年平均累积距平看，苔原带气温基本以 1996 年为界，1996 年以前气

图4-18　温带荒漠带年平均气温距平和累积距平年际变化

温呈现下降趋势，1996年之后气温回升。从总体看，1980~1996年，苔原带气候偏冷，气温呈现波动变化，略有下降。1996年开始，苔原带温度变化呈现逐步升温的趋势，且温度上升速度逐渐变大。

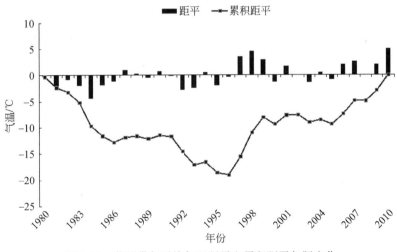

图4-19　苔原带年平均气温距平和累积距平年际变化

4.2.1.3　气温年际变化的空间格局特征

从中国北方及其毗邻地区1980~2010年年平均气温变化倾斜率空间分布（图4-20）看，东北亚30年年平均气温呈明显的上升态势，大部分地区年平均气温年上升幅度在0~0.1℃/a，局部地区年上升幅度在0.1℃/a以上，如中国新疆中西部地区、蒙古西南部地区以及俄罗斯远东地区的西部和东北部局部地区。此外，在中国新疆和青海交界地区的南部、俄罗斯哈巴罗夫斯克边疆区西南部和远东地区的中北部地区存在两个比较明显的气温下降区，气温年下降幅度在0.2℃/a以上。

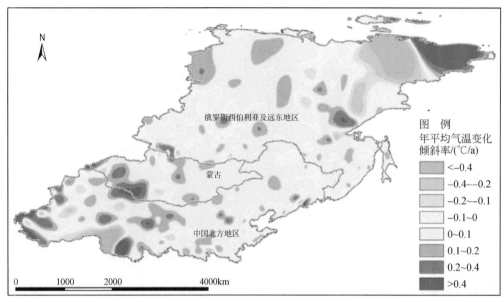

图 4-20　中国北方及其毗邻地区 1980～2010 年年平均气温变化倾斜率空间分布

　　从中国北方地区 1980～2010 年年平均气温变化倾斜率空间分布（图 4-21）看，中国东北地区以及华北地区温度上升幅度在 0～0.1℃/a。中国西北地区存在一个明显的温度下降区，主要位于青海西部边缘以及新疆东南边缘地区，而温度上升区主要位于新疆西部、东北地区边缘地带以及青海南部地区。

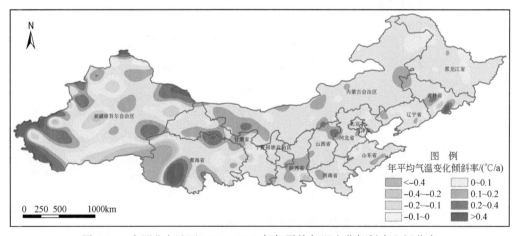

图 4-21　中国北方地区 1980～2010 年年平均气温变化倾斜率空间分布

　　从蒙古 1980～2010 年年平均气温变化倾斜率空间分布（图 4-22）看，蒙古大部分地区温度变化在 -0.1～0.1℃/a，这些地区主要分布在蒙古中北部、南部以及东部地区。温度上升范围在 0.1～0.4℃/a 的地区主要集中在蒙古西部地区以及蒙古北部地区，如巴彦乌勒盖西北部地区、科布多与乌布苏以及扎布汗交界地区、整个戈壁阿尔泰地区、前杭爱中央以及布尔干接连地带以及南戈壁东部地区。

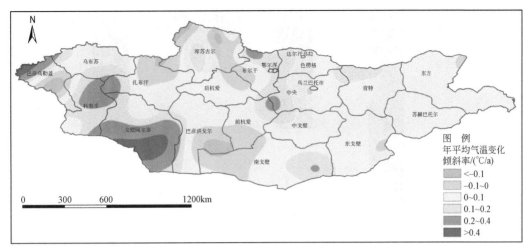

图 4-22 蒙古 1980~2010 年年平均气温变化倾斜率空间分布

从俄罗斯西伯利亚及远东地区 1980~2010 年年平均气温变化倾斜率空间分布（图 4-23）看，俄罗斯西伯利亚及远东大部分地区温度变化在−0.1~0.1℃/a，主要分布在除东部以外的广大地区。远东地区的东部存在一个明显的增温区和降温区，增温区升温速率在 0.2~0.4℃/a，降温区降温速率在 0.4~0.1℃/a。

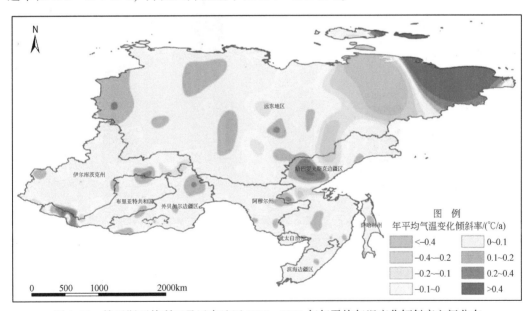

图 4-23 俄罗斯西伯利亚及远东地区 1980~2010 年年平均气温变化倾斜率空间分布

4.2.1.4 春季气温的变化特征

（1）年代际变化特征

东北亚地区春季平均气温的年代际变化（图 4-24）表明，该地区 30 年春季平均气温的变化表现为升高的趋势，从 1980~1989 年的−1.9℃升高到 2000~2010 年的−0.5℃，每 10 年平均上升了 0.46℃，且温度变化速率基本稳定。

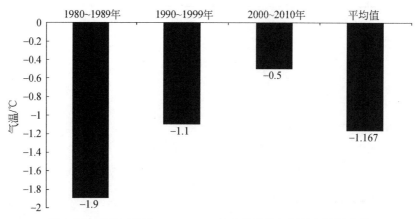

图 4-24 东北亚地区 1980～2010 年春季平均气温的年代际变化

中国北方地区 30 年平均气温的年代际变化表现为升高的趋势（图 4-25），从 1980～1989 年的 7.75℃升高到 2000～2010 年的 8.98℃，每 10 年平均上升了 0.41℃。1990～1999 年至 2000～2010 年的温度变化大于 1980～1989 年至 1990～1999 年的温度变化，后期温度升高幅度较前期高 0.29℃。

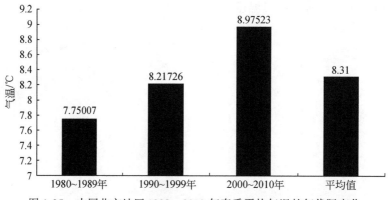

图 4-25 中国北方地区 1980～2010 年春季平均气温的年代际变化

蒙古 30 年平均气温的年代际变化也表现为升高的趋势（图 4-26），从 1980～1989 年的 1.44℃升高到 2000～2010 年的 3.23℃，每 10 年平均上升了 0.60℃，温度变化速率基本稳定，处于匀速上升趋势。

俄罗斯西伯利亚及远东地区 30 年平均气温的年代际变化同样表现为升高的趋势（图 4-27），从 1980～1989 年的 -8.19℃升高到 2000～2010 年的 -6.71℃，每 10 年平均上升了 0.49℃，温度变化速率基本稳定。

从东北亚五大生态地理分区春季平均气温的年代际变化看，亚寒带针叶林带 30 年春季平均气温的年代际变化表现为升高的趋势（图 4-28），从 20 世纪 80 年代的 -8.36℃升高到 21 世纪初的 -7.30℃，每 10 年平均上升 0.35℃，且 1980～1989 年至 1990～1999 年的升温幅度略小于 1990～1999 年到 2000～2010 年的升温幅度。其中，1990～1999 年到 2000～2010 年，温度上升 0.61℃。

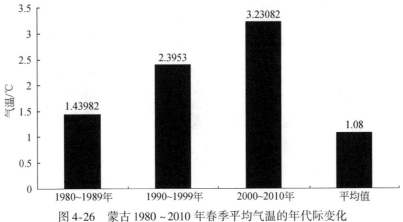

图 4-26　蒙古 1980～2010 年春季平均气温的年代际变化

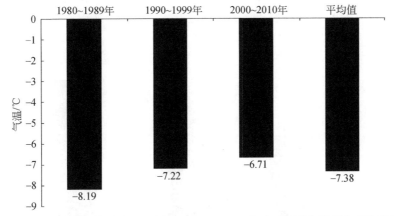

图 4-27　俄罗斯西伯利亚及远东地区 1980～2010 年春季平均气温的年代际变化

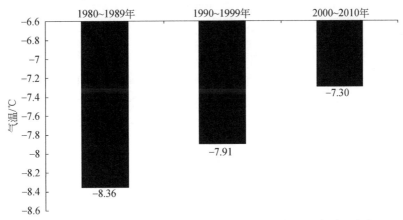

图 4-28　亚寒带针叶林带 1980～2010 年春季平均气温的年代际变化

温带混交林带 30 年春季平均气温的年代际变化也表现为升高的趋势（图 4-29），春季平均气温从 20 世纪 80 年代的 5.88℃升高到 21 世纪初的 6.96℃，每 10 年平均上升 0.36℃，且温度上升速率基本稳定。

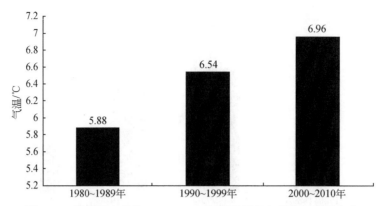

图4-29 温带混交林带1980～2010年春季平均气温的年代际变化

　　温带草原带30年春季平均气温的年代际变化也表现为升高的趋势（图4-30），从20世纪80年代2.84℃升高到21世纪初的4.27℃，每10年平均上升0.48℃，温度上升速率也比较基本稳定。

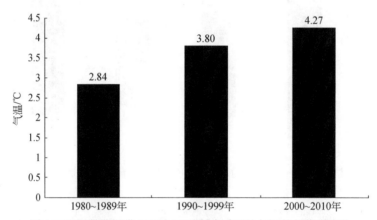

图4-30 温带草原带1980～2010年春季平均气温的年代际变化

　　温带荒漠带30年春季平均气温的年代际变化同样表现为升高的趋势（图4-31），从20世纪80年代的8.98℃升高到21世纪初的9.91℃，每10年平均上升0.31℃，且1980～1989年至1990～1999年的升温幅度显著小于1990～1999年至2000～2010年的升温幅度。其中，1990～1999年至2000～2010年，春季平均气温上升0.62℃。

　　苔原带30年春季平均气温的年代际变化也表现为升高的趋势（图4-32），从20世纪80年代的-15.52℃升高到21世纪初的-14.07℃，每10年平均上升0.48℃，且温度上升速率基本稳定。

（2）年际变化的时间特征

　　从东北亚地区春季平均气温距平和累积距平年际变化（图4-33）看，东北亚地区春季平均气温距平的变化整体呈现波浪式上升，在1989年以前基本上以负距平为主，累积距平曲线下降，属于温偏冷阶段，气温呈下降趋势。1990～1998年东北亚春季温度处于波动期，正负距平都有，气温略有下降，1998～2012温度上升，且2007年开始温度上升速度加快。从春季平均气温累积距平来看，东北亚地区春季平均气温基本以

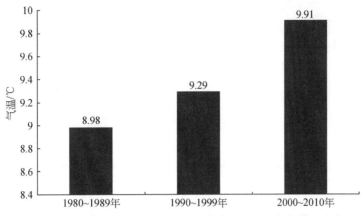

图 4-31　温带荒漠带 1980 ~ 2010 年春季平均气温的年代际变化

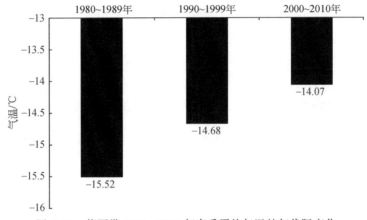

图 4-32　苔原带 1980 ~ 2010 年春季平均气温的年代际变化

1987 年为界，1987 年以前气温呈现下降趋势，1987 年之后气温回升。从总体看，1980 ~ 1989 年，东北亚地区春季气候偏冷，气温呈现波动变化，略有下降。1987 开始，东北亚春季温度变化呈现逐步升温的趋势，且 1997 年开始温度上升速度逐渐变大。

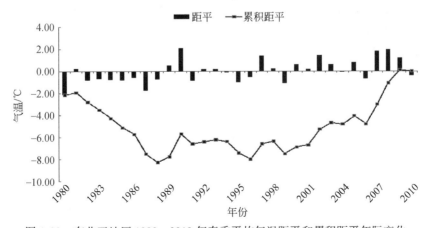

图 4-33　东北亚地区 1980 ~ 2010 年春季平均气温距平和累积距平年际变化

　　中国北方地区春季平均气温距平的变化也呈现先降后升的趋势（图 4-34），1990 年以前春季平均气温基本上以负距平为主，累积距平曲线下降，属于气温偏冷阶段，其中，1987 年气温最低。1998 年以后变成以正距平为主，累积距平曲线持续上升，中国北方地区春季进入气温偏暖阶段，气温最高年份是 1998 年。

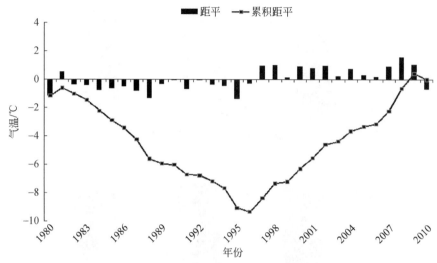

图 4-34　中国北方地区 1980～2010 年春季平均气温距平和累积距平年际变化

　　蒙古春季平均气温距平的年际变化也呈现先降后升的态势（图 4-35），1997 年以前蒙古平均气温累积距平曲线下降，属于气温偏冷阶段，其中，1988 年气温最低。1997 年以后平均气温距平以正距平为主，累积距平曲线持续上升，蒙古进入气温偏暖阶段，气温最高年份是 1998 年。从年平均气温累积距平的变化看，蒙古春季温度在 1997 年发生转变，由下降趋势转变为上升趋势。从总体看，1980～1997 年，蒙古气候偏冷，气温下降趋势显著，1997～2010 年蒙古春季进入偏暖阶段，春季温度增长趋势明显。

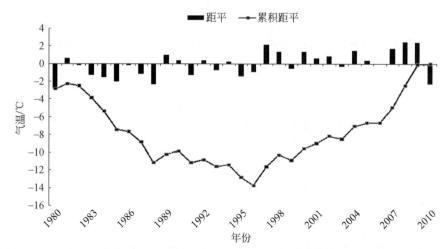

图 4-35　蒙古 1980～2010 年春季平均气温距平和累积距平年际变化

　　俄罗斯西伯利亚及远东地区春季平均气温在东北亚 3 个国家（地区）中最低，其变化曲线与中国北方地区、蒙古有较大的差异（图 4-36），1987 年之前，平均气温距平为负值，累积距平不断下降，属于气温偏冷阶段。1989～1991 年春季平均气温距平为正，累积距平上升，气温有所回暖。1992～2007 年，春季温度处于波动期，温度正负距平均有，累积距平也出现上升与下降的波动状态。2007～2010 年，俄罗斯西伯利亚及远东地区春季平均气温距平为正，累积距平上升，气温升高明显。

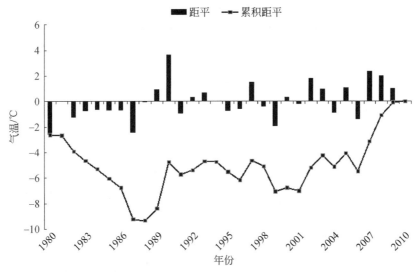

图 4-36　俄罗斯西伯利亚及远东地区 1980～2010 年春季平均气温距平和累积距平年际变化

　　从各个生态地理分区春季平均气温距平和累积距平的变化看，亚寒带针叶林带春季平均气温距平的变化整体呈现波浪式的上升（图 4-37），在 1987 年以前基本上以负距平为主，累积距平曲线下降，属于气温偏冷阶段，其中，1980 年气温最低。1991 年以后变成以正距平为主，少量年份距平为负，累积距平曲线波动上升，亚寒带针叶林带春季进入气温偏暖阶段，气温最高年份是 1992 年。从年平均气温累积距平来看，亚寒带针叶林带春季气温基本以 1988 年为界，1988 年以前气温呈现下降趋势，1988 年之后气

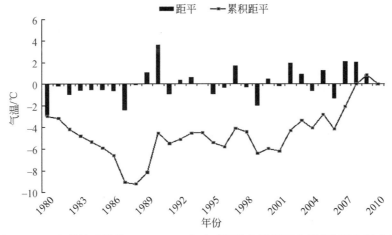

图 4-37　亚寒带针叶林带 1980～2010 年春季平均气温距平和累积距平年际变化

温回升。从总体看，1980～1988年，亚寒带针叶林带春季气候偏冷，气温呈现下降趋势。1988开始，亚寒带针叶林带春季温度变化呈现逐步升温的趋势，期间波动较大，但整体温度变化呈现上升状态。

温带混交林带春季平均气温变化整体呈现先降后升的趋势（图4-38），在1999年以前春季平均气温距平基本上以负距平为主，累积距平曲线下降，属于气温偏冷阶段，其中，1980年气温最低。1999年以后变成以正距平为主，少量年份距平为负，累积距平曲线持续上升，温带混交林带进入春季气温偏暖阶段，气温最高年份是2008年。从年平均气温累积距平来看，温带混交林带春季平均气温基本以1998年为界，1998年以前气温呈现下降趋势，1998年之后气温回升。从总体看，1980～1998年，温带混交林带春季气候偏冷，气温略有下降。1998年开始，温带混交林带春季温度变化呈现逐步升温的趋势，且温度上升速度逐渐变大。

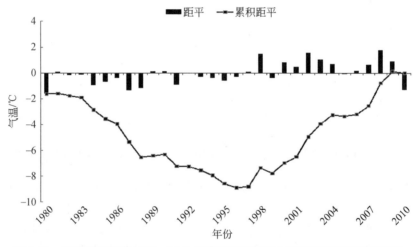

图4-38　温带混交林带1980～2010年春季平均气温距平和累积距平年际变化

温带草原带春季平均气温距平在1998年以前基本上以负距平为主，累积距平曲线下降，属于气温偏冷阶段，其中，1980年气温最低。1998年以后变成以正距平为主，少量年份距平为负，累积距平曲线持续上升，温带草原带进入气温偏暖阶段，气温最高年份是2008年。从年平均气温累积距平来看，温带草原带春季平均气温基本以1996年为界，1996年以前气温呈现下降趋势，1996年之后气温回升。从总体看，1980～1996年，温带草原带气候偏冷，气温呈现波动变化，整体呈下降趋势。从1996年开始，温带草原带春季温度变化呈现逐步升温的趋势，且温度上升明显（图4-39）。

温带荒漠带春季平均气温距平在1998年以前基本上以负距平为主，累积距平曲线下降，属于气温偏冷阶段，其中，1995年气温最低（图4-40）。1999年以后变成以正距平为主，少量年份距平为负，累积距平曲线持续上升，温带荒漠带春季进入气温偏暖阶段，气温最高年份是1998年。从年平均累积气温距平来看，温带荒漠带春季平均气温基本以1996年为界，1996年以前气温呈现下降趋势，1996年之后气温回升。从总体看，1980～1996年，温带混交林带春季气候偏冷，气温呈现下降趋势。1996年开始，温带荒漠带春季温度变化呈现逐步升温的趋势。

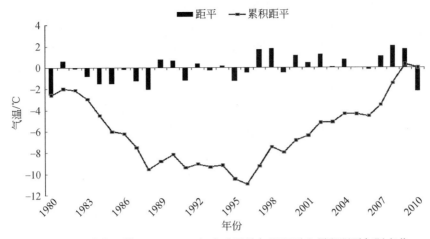

图 4-39　温带草原带 1980～2010 年春季平均气温距平和累积距平年际变化

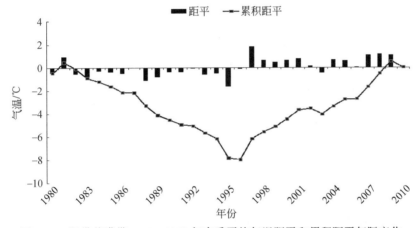

图 4-40　温带荒漠带 1980～2010 年春季平均气温距平和累积距平年际变化

苔原带春季平均气温距平在 1988 年以前基本上以负距平为主，累积距平曲线下降，属于气温偏冷阶段。其中，1982 年气温最低（图 4-41）。2006 年以后变成以正距平为

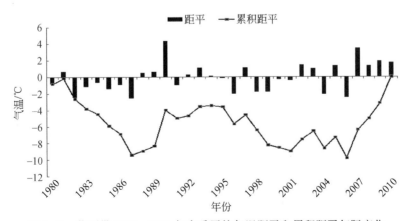

图 4-41　苔原带 1980～2010 年春季平均气温距平和累积距平年际变化

主，累积距平曲线持续上升，苔原带春季气候进入气温偏暖阶段，气温最高年份是2007年。从总体看，1980～1988年，苔原带春季气候偏冷，气温呈现波动变化，略有下降。1988～2006年，气候处于波动变化状态。2006年开始，苔原带春季温度变化呈现逐步明显升温的趋势。

（3）年际变化的空间格局

从中国北方及其毗邻地区1980～2010年春季平均气温变化倾斜率空间分布（图4-42）看，30年东北亚多数地区春季平均气温呈明显的上升态势，大部分地区春季平均气温年上升幅度在0～0.2℃/a，局部地区年上升幅度在0.2℃/a以上，如中国新疆西部地区、蒙古西部地区以及俄罗斯远东地区东部局部地区。此外在中国北方中西部地区以及俄罗斯远东地区东部存在明显的降温区。

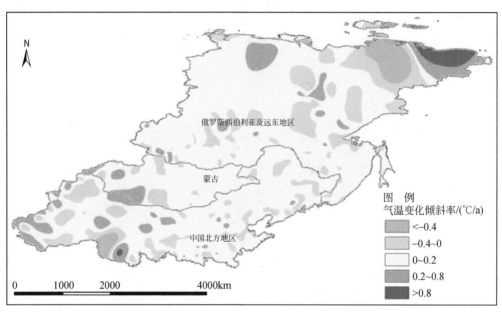

图4-42　中国北方及其毗邻地区1980～2010年春季气温变化倾斜率空间分布

中国东北以及华北地区春季温度上升幅度在0～0.1℃/a（图4-43）。中国西北地区存在一个明显的温度下降区，主要位于青海西部边缘以及新疆东南边缘地区，此外还存在几个温度上升区，包括新疆西部和东部边缘小部分地区、甘肃南部边缘以及青海南部和北部地区。

蒙古大部分地区春季温度以升温为主，温度变化在0～0.1℃/a，这些地区主要分布在蒙古中北部、南部以及东部地区。此外，温度上升范围在0.3℃/a以上的地区主要集中在蒙古西部地区的戈壁阿尔泰以及乌布苏、扎布汗以及科布多三地交界处。在巴彦洪戈尔、前杭爱以及南戈壁三地交界处存在一个明显的降温区，库苏古尔、后杭爱以及布尔干鄂尔浑三地交界处同样存在降温区（图4-44）。

俄罗斯西伯利亚及远东大部分地区春季温度变化在0～0.1℃/a，主要分布在除东部以外的地区。远东地区的东部分别存在一个明显的增温区和降温区，增温区温度升高在0.4℃/a以上，降温区温度下降在0.2℃/a以上。远东地区中部同样存在几个显著地增温与降温区，远东地区西北部还存在一个增温区（图4-45）。

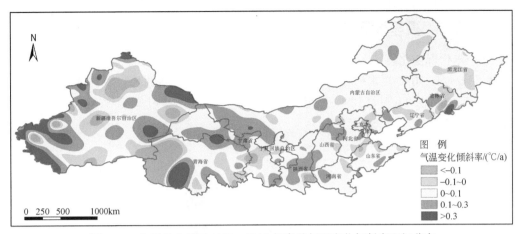

图 4-43　中国北方地区 1980～2010 年春季气温变化倾斜率空间分布

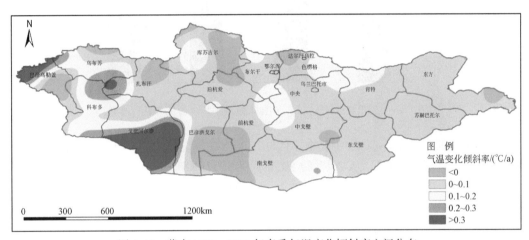

图 4-44　蒙古 1980～2010 年春季气温变化倾斜率空间分布

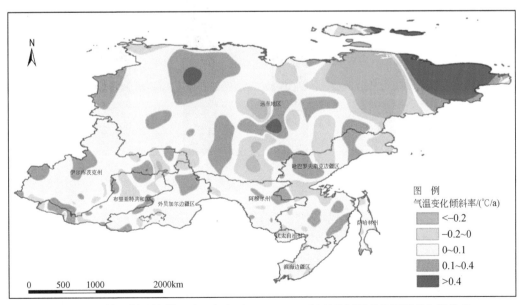

图 4-45　俄罗斯西伯利亚及远东地区 1980～2010 年春季气温变化倾斜率空间分布

4.2.1.5 夏季气温的变化特征

(1) 年代际变化特征

东北亚地区 30 年夏季平均气温的年代际变化表现为升高的趋势（图 4-46），从 20 世纪 80 年代的 15.9℃升高到 21 世纪初的 17℃，每 10 年平均上升 0.37℃，且升温速率比较稳定。

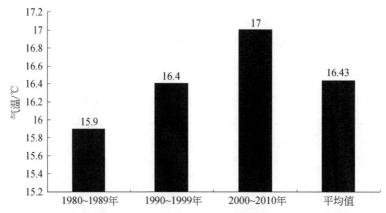

图 4-46 东北亚地区 1980～2010 年夏季平均气温的年代际变化

中国北方地区 1980～2010 年夏季年代际气温均在零度以上，30 年平均气温的年代际变化表现为升高的趋势，从 20 世纪 80 年代的 20.39℃升高到 21 世纪初的 21.33℃，每 10 年平均上升 0.31℃，且 1990～1999 年至 2000～2010 年的升温幅度显著大于 1980～1989 年至 1990～1999 年的升温幅度（图 4-47）。

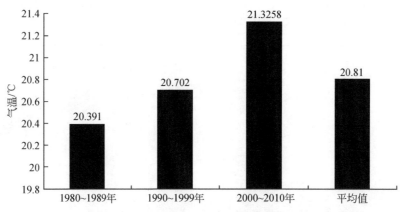

图 4-47 中国北方地区 1980～2010 年夏季平均气温的年代际变化

蒙古 1980～2010 年夏季年代际平均气温均在零度以上，30 年平均气温的年代际变化表现为升高的趋势，从 20 世纪 80 年代的 16.46℃升高到 21 世纪初的 18.91℃，每 10 年平均上升 0.82℃，且 1990～1999 年至 2000～2010 年的升温幅度显著大于 1980～1989 年至 1990～1999 年的升温幅度（图 4-48）。

俄罗斯西伯利亚及远东地区 30 年夏季平均气温的年代际变化表现为升高的趋势，

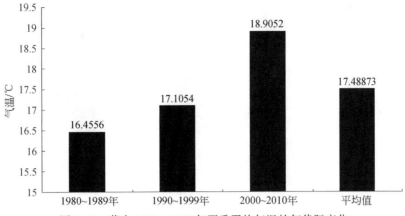

图 4-48　蒙古 1980～2010 年夏季平均气温的年代际变化

从 20 世纪 80 年代的 13.06℃升高到 21 世纪初的 14.21℃，每 10 年平均上升 0.38℃，且 1980～1989 年至 1990～1999 年的升温幅度大于 1990～1999 年至 2000～2010 年的升温幅度。其中，1980～1989 年至 1990～1999 年和 1990～1999 年至 2000～2010 年夏季平均气温分别上升 0.78℃和 0.37℃（图 4-49）。

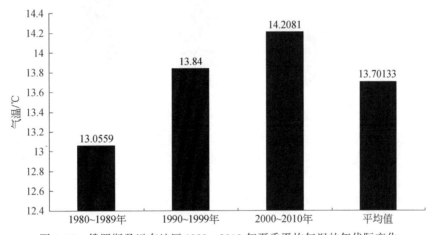

图 4-49　俄罗斯及远东地区 1980～2010 年夏季平均气温的年代际变化

从东北亚五个生态地理分区夏季气温年代际变化看，亚寒带针叶林带夏季温度均在零度以上，30 年夏季平均气温的年代际变化表现为升高的趋势，从 20 世纪 80 年代的13.88℃升高到 21 世纪初的 14.8℃，每 10 年平均上升 0.31℃，且 1980～1989 年至1990～1999 年的升温幅度大于 1990～1999 年至 2000～2010 年的升温幅度，其中，1980～1989 年至 1990～1999 年温度上升了 0.76℃（图 4-50）。

温带混交林带 30 年夏季平均气温的年代际变化表现为升高的趋势，从 20 世纪 80年代的 19.52℃升高到 21 世纪初的 20.49℃，每 10 年平均上升 0.33℃。其中，1990～1999 年至 2000～2010 年代上升温度大于 1980～1989 年至 1990～1999 年的升温幅度，1990～1999 年至 2000～2010 年代升温 0.64℃（图 4-51）。

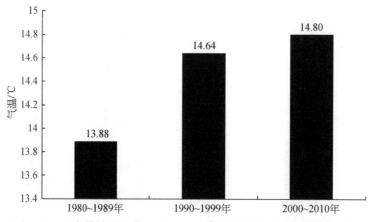

图 4-50　亚寒带针叶林带 1980～2010 年夏季平均气温的年代际变化

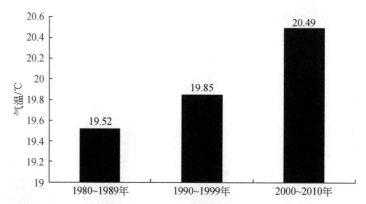

图 4-51　温带混交林带 1980～2010 年夏季平均气温的年代际变化

温带草原带 30 年夏季平均气温的年代际变化也表现为升高的趋势，从 20 世纪 80 年代 17.86℃升高到 21 世纪初的 19.61℃，每 10 年平均上升 0.58℃，且温度上升速率基本稳定。其中，1990～1999 年至 2000～2010 年代上升温度大于 1980～1989 年至 1990～1999 年，1990～1999 年至 2000～2010 年代升温 1.25℃（图 4-52）。

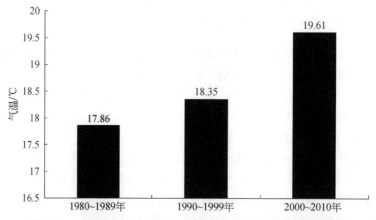

图 4-52　温带草原带 1980～2010 年夏季平均气温的年代际变化

温带荒漠带 30 年夏季平均气温的年代际变化表现为升高的趋势，从 20 世纪 80 年代的 21.09℃ 升高到 21 世纪初的 21.83℃，每 10 年平均上升 0.25℃，且 1980～1989 年至 1990～1999 年的升温幅度显著小于 1990～1999 年到 2000～2010 年。其中，1990～1999 年到 2000～2010 年代，夏季年代际温度上升 0.55℃（图 4-53）。

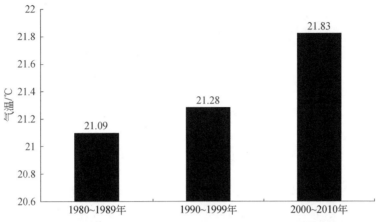

图 4-53　温带荒漠带 1980～2010 年夏季平均气温的年代际变化

苔原带 30 年夏季平均气温的年代际变化同样表现为升高的趋势，从 20 世纪 80 年代的 8.95℃ 升高到 21 世纪初的 10.78℃，每 10 年平均上升 0.61℃，且温度上升速率基本稳定（图 4-54）。

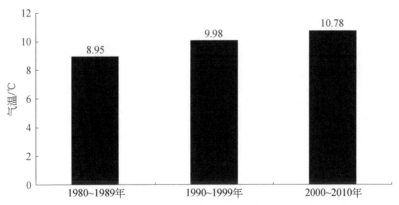

图 4-54　苔原带 1980～2010 年夏季平均气温的年代际变化

（2）年际变化的时间特征

从东北亚地区夏季平均气温距平和累积距平年际变化（图 4-55）看，东北亚地区夏季平均气温距平在 1990 年以前基本上以负距平为主，累积距平曲线下降，属于气温偏冷阶段。1991 年以后变成以正距平为主，少量年份距平为负，累积距平曲线持续上升，东北亚地区夏季气温开始升高，气温最高年份是 2002 年。从年平均气温累积距平来看，东北亚地区夏季平均气温基本以 1996 年为界，1996 年以前气温呈现下降趋势，1996 年之后气温回升。从总体看，1980～1996 年，东北亚地区夏季气候偏冷，气温呈现波动变化，略有下降。1996 年开始，东北亚地区温度变化呈现逐步升温的趋势。

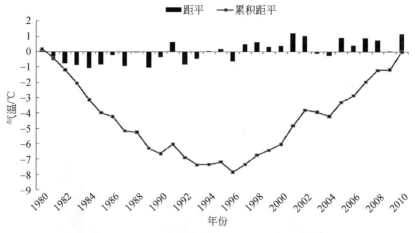

图 4-55 东北亚地区 1980~2010 年夏季平均气温距平和累积距平年际变化

中国北方地区夏季平均气温距平在 1996 年以前基本上以负距平为主，累积距平曲线下降，属于气温偏冷阶段，其中，1992 年气温最低。1996 年以后变成以正距平为主，累积距平曲线持续上升，中国北方地区夏季进入气温偏暖阶段，气温最高年份是 2010 年（图 4-56）。从年气温平均累积距平来看，中国北方地区夏季温度在 1996 年发生转变，由下降趋势转变为上升趋势。从总体看，1980~1996 年，中国北方地区气候偏冷，气温增长趋势显著，1996~2010 年中国北方地区进入偏暖阶段，气温呈明显增长趋势。

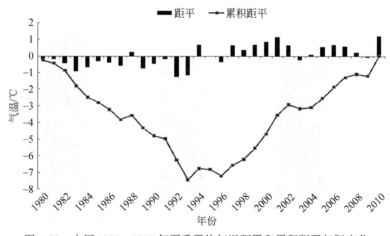

图 4-56 中国 1980~2010 年夏季平均气温距平和累积距平年际变化

蒙古夏季平均气温距平在 1999 年以前为负值，夏季平均气温累积距平曲线下降，属于气温偏冷阶段，其中，1983 年气温最低。1999 年以后平均气温距平以正距平为主，累积距平曲线持续上升，蒙古夏季进入气温偏暖阶段，气温最高年份是 2007 年。从夏季平均气温累积距平来看，蒙古温度在 1999 年发生转变，由下降趋势转变为上升趋势。从总体看，1980~1999 年，蒙古气候偏冷，气温增长趋势显著，1999~2010 年蒙古进入偏暖阶段，气温呈增长趋势（图 4-57）。

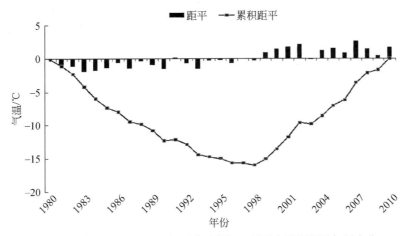

图 4-57　蒙古 1980~2010 年夏季平均气温距平和累积距平年际变化

俄罗斯西伯利亚及远东地区在 1990 年之前夏季平均气温距平基本为负，累积距平曲线下降，属于气温偏冷阶段。1990~1996 年温度有所上升，但是增温幅度不大，处于波动状态。1996 年开始，温度距平以正值为主，累积距平不断上升（图 4-58）。从夏季平均气温累积距平来看，俄罗斯西伯利亚及远东地区夏季温度在 1996 年发生转变，由下降趋势转变为上升趋势。

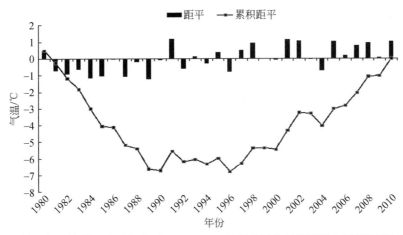

图 4-58　俄罗斯西伯利亚及远东地区 1980~2010 年夏季平均气温距平和累积距平年际变化

从东北亚五大生态地理分区看，亚寒带针叶林带夏季平均气温距平在 1990 年以前基本上以负距平为主，累积距平曲线下降，属于气温偏冷阶段，其中，1989 年夏季气温最低。2000 年以后变成以正距平为主，少量年份距平为负，累积距平曲线持续上升，亚寒带针叶林带进入夏季气温偏暖阶段，夏季气温最高年份是 2002 年。从夏季平均气温累积距平来看，亚寒带针叶林带夏季气温基本以 1990 年为界，1990 年以前夏季气温呈现下降趋势，1990 年之后气温回升。从总体看，1980~1989 年，亚寒带针叶林带夏季气候偏冷，气温呈现下降趋势。1990 年开始，亚寒带针叶林带夏季温度变化呈现逐步升温的趋势（图 4-59）。

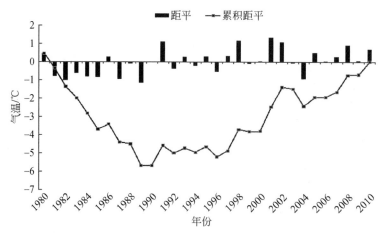

图4-59 亚寒带针叶林带1980~2010年夏季平均气温距平和累积距平年际变化

温带混交林带夏季平均气温距平在1998年以前基本上以负距平为主,累积距平曲线下降,属于气温偏冷阶段,其中,1993年夏季气温最低。2000年以后变成以正距平为主,少量年份距平为负,累积距平曲线持续上升,温带混交林带进入夏季气温偏暖阶段,夏季气温最高年份是2000年。从夏季平均气温累积距平来看,温带混交林带夏季平均气温基本以1996年为界,1996年以前气温呈现下降趋势,1996年之后气温回升。从总体看,1980~1996年,温带混交林带夏季气候偏冷,气温呈现下降趋势。1996年以后,温带混交林带夏季温度变化呈现逐步升温的趋势(图4-60)。

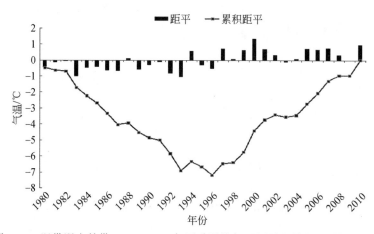

图4-60 温带混交林带1980~2010年夏季平均气温距平和累积距平年际变化

温带草原带夏季平均气温距平的变化在1994年以前基本上以负距平为主,累积距平曲线下降,属于气温偏冷阶段,其中,1983年气温最低。2000年以后变成以正距平为主,少量年份距平为负,累积距平曲线持续上升,温带混交林带夏季进入气温偏暖阶段,气温最高年份是2007年。从夏季气温累积距平来看,温带草原带夏季平均气温基本以1998年为界,1998年以前夏季气温呈现下降趋势,1998年之后夏季气温回升。从总体看,1980~1998年,温带混交林带夏季气候偏冷,气温呈现下降趋势。1998年开始,温带草原带夏季温度变化呈现逐渐升温的趋势(图4-61)。

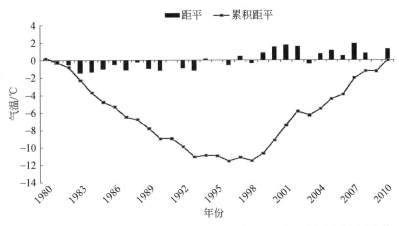

图 4-61　温带草原带 1980~2010 年夏季平均气温距平和累积距平年际变化

温带荒漠带夏季平均气温距平的变化在 1994 年以前基本上以负距平为主，累积距平曲线下降，属于气温偏冷阶段，其中，1993 年气温最低。1998 年以后变成以正距平为主，少量年份距平为负，累积距平曲线持续上升，温带荒漠带夏季进入气温偏暖阶段，气温最高年份是 2010 年。从夏季平均气温累积距平来看，温带荒漠带夏季平均气温基本以 1993 年为界，1993 年以前气温呈现下降趋势，1993 年之后气温回升。从总体看，1980~1993 年，温带混交林带夏季气候偏冷，气温呈现波动下降趋势。1993 年开始，温带荒漠带夏季温度变化呈现逐步升温的趋势，且温度上升速度逐渐变大（图 4-62）。

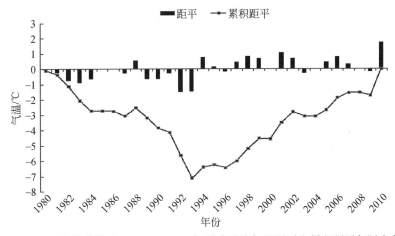

图 4-62　温带荒漠带地区 1980~2010 年夏季平均气温距平和累积距平年际变化

苔原带夏季平均气温距平的变化在 1996 年以前基本上以负距平为主，累积距平曲线下降，属于气温偏冷阶段，其中，1984 年气温最低。2000 年以后变成以正距平为主，少量年份距平为负，累积距平曲线持续上升，苔原带夏季进入气温偏暖阶段，气温最高年份是 2005 年。从平均气温累积距平来看，苔原带基本以 1996 年为界，1996 年以前夏季气温呈现下降趋势，1996 年之后夏季气温回升。从总体看，1980~1996 年，苔原带夏季气候偏冷，气温呈现下降趋势。1996年开始，苔原带夏季温度变化呈现逐步升温的趋势，且温度上升速度逐渐变大（图4-63）。

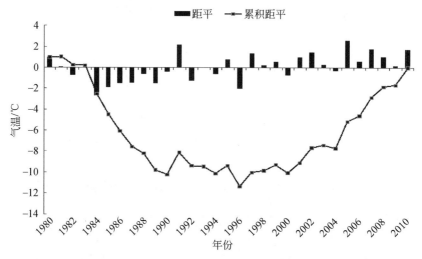

图4-63　苔原带地区1980~2010年夏季平均气温距平和累积距平年际变化

（3）年际变化的空间格局

从中国北方及其毗邻地区1980~2010年夏季平均气温变化倾斜率空间分布（图4-64）看，30年东北亚平均气温存在明显的上升态势，大部分地区年平均气温上升幅度在0~0.5℃/a，局部地区上升幅度在0.5℃/a以上，如中国西部地区与蒙古交界处。此外，在中国北方中西部和西北小部分地区以及俄罗斯远东地区东部存在明显的降温区，其中俄罗斯西伯利亚及远东地区存在较多的降温区。

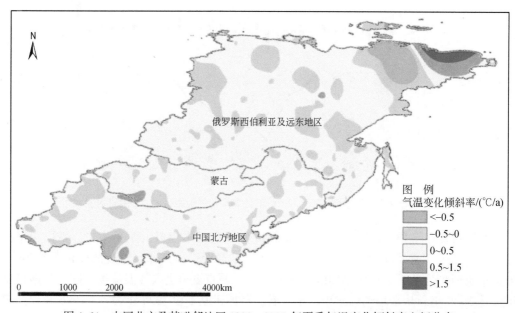

图4-64　中国北方及其毗邻地区1980~2010年夏季气温变化倾斜率空间分布

在中国东北以及华北地区夏季温度变化主要以升温为主，温度变化范围主要集中在在 0 ~ 0.1℃/a。其中，内蒙古与吉林省交界处存在一个明显的降温区，温度变化范围在 -0.1℃/a 左右。中国西北地区温度变化差异性明显，同时存在较大的增温区与降温区。其中，新疆维吾尔自治区北部及青海省南部为明显的降温区，温度变化在 -0.1℃/a 左右。青海省南部以及新疆维吾尔自治区东部部分地区为升温区，温度变化在 0.3℃/a 左右（图 4-65）。

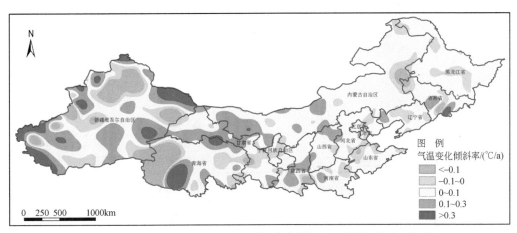

图 4-65　中国北方地区 1980 ~ 2010 年夏季平均气温变化倾斜率空间分布

蒙古大部分地区夏季温度变化在 0 ~ 0.1℃/a，主要分布在蒙古中北部、南部以及东部地区。另外，温度上升范围在 0.4℃/a 以上的地区主要集中在蒙古西部地区的戈壁阿尔泰地区。此外，在巴彦洪戈尔、前杭爱以及南戈壁三地交界处存在一个明显的降温区，库苏古尔、后杭爱以及布尔干鄂尔浑三地交界处同样存在降温区（图 4-66）。

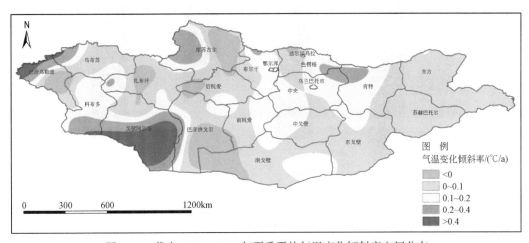

图 4-66　蒙古 1980 ~ 2010 年夏季平均气温变化倾斜率空间分布

俄罗斯西伯利亚及远东大部分地区夏季温度变化存在较大的差异性。远东地区以降温为主，存在几个较大的温度下降区域，温度下降幅度在 -0.4℃/a 左右。此外，远东地区东部边缘存在一个较大的升温区（图 4-67）。

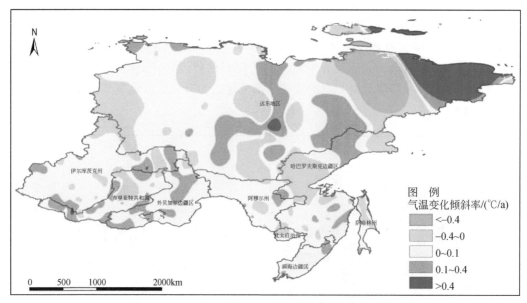

图 4-67 俄罗斯西伯利亚及远东地区 1980～2010 年夏季气温变化倾斜率空间分布

4.2.1.6 秋季气温的变化特征

(1) 年代际变化特征

东北亚地区 30 年秋季平均气温的年代际变化变化表现为升高的趋势，从 20 世纪 80 年代的 -2.9℃升高到 21 世纪初的 -1.7℃，每 10 年平均上升 0.4℃，且温度变化速率比较稳定（图 4-68）。

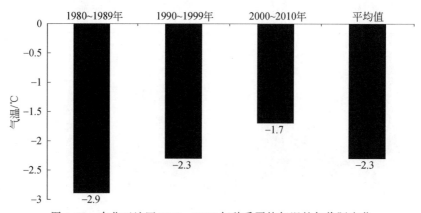

图 4-68 东北亚地区 1980～2010 年秋季平均气温的年代际变化

中国北方地区 30 年秋季平均气温的年代际变化表现为升高的趋势，从 20 世纪 80 年代的 6.3℃升高到 21 世纪初的 7.28℃，每 10 年平均上升 0.33℃，且温度上升速率基本稳定（图 4-69）。

蒙古 30 年平均气温的年代际变化也表现为升高的趋势，从 20 世纪 80 年代的 -0.15℃升高到 21 世纪初的 1.53℃，每 10 年平均上升 0.56℃，且温度上升速率基本稳定（图 4-70）。

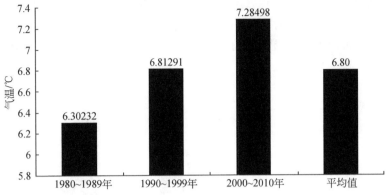

图 4-69　中国北方地区 1980～2010 年秋季平均气温的年代际变化

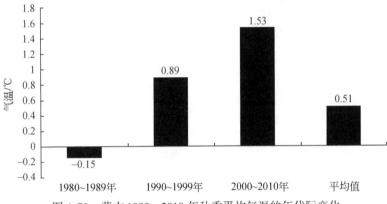

图 4-70　蒙古 1980～2010 年秋季平均气温的年代际变化

　　从东北亚五个生态地理分区秋季平均气温年代际变化看，亚寒带针叶林带秋季温度均在零度以上，30 年秋季平均气温的年代际变化表现为升高的趋势，从 20 世纪 80 年代的–8.36℃升高到 21 世纪初的–7.30℃，每 10 年平均上升 0.36℃，且 1980～1989 年至1990～1999 年的升温幅度略小于 1990～1999 年到 2000～2010 年代的升温幅度。其中，1990～1999 年至 2000～2010 年，温度上升 0.61℃（图 4-71）。

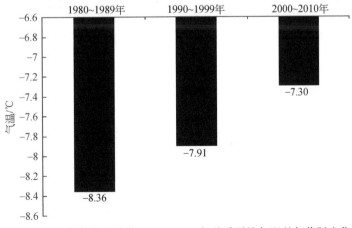

图 4-71　亚寒带针叶林带 1980～2010 年秋季平均气温的年代际变化

温带混交林带 30 年秋季平均气温的年代际变化也表现为升高的趋势，从 20 世纪 80 年代的 5.88℃ 升高到 21 世纪初的 6.96℃，每 10 年平均上升 0.36℃。其中，1990～1999 年至 2000～2010 年上升温度小于 1980～1989 年至 1990～1999 年，1980～1989 年至 1990～1999 年秋季平均气温上升了 0.66℃（图 4-72）。

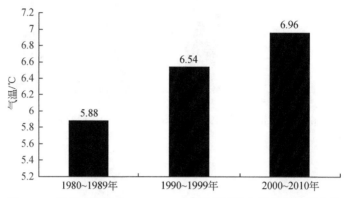

图 4-72　温带混交林带 1980～2010 年秋季平均气温的年代际变化

温带草原带 30 年秋季平均气温的年代际变化表现为升高的趋势，从 20 世纪 80 年代 1.41℃ 升高到 21 世纪初的 2.72℃，每 10 年平均上升 0.44℃，且温度上升速率基本稳定（图 4-73）。

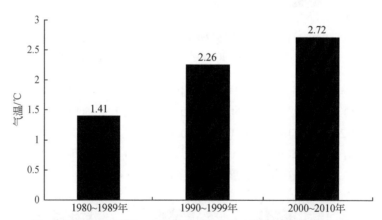

图 4-73　温带草原带 1980～2010 年秋季平均气温的年代际变化

温带荒漠带 30 年秋季平均气温的年代际变化同样表现为升高的趋势，从 20 世纪 80 年代的 6.86℃ 升高到 21 世纪初的 7.51℃，每 10 年平均上升 0.22℃，且温度上升速率基本稳定（图 4-74）。

苔原带 30 年秋季平均气温的年代际变化表现为先下降再上升的趋势。温度变化从 1980～1989 年到 1990～1999 年下降了 0.1℃，1990～1999 年至 2000～2010 年代温度下降了 1.14℃（图 4-75）。

（2）年际变化的时间特征

东北亚地区秋季平均气温距平的变化在 2000 年以前以负距平为主，累积距平曲线下降，属于气温偏冷阶段，其中，1987 年气温最低。2000 年以后以正距平为主，累积

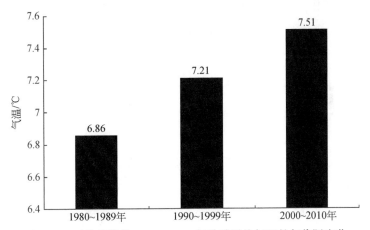

图 4-74   温带荒漠带 1980～2010 年秋季平均气温的年代际变化

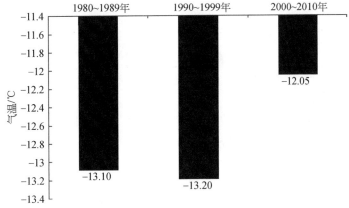

图 4-75   苔原带 1980～2010 年秋季平均气温的年代际变化

距平曲线持续上升，东北亚地区秋季气温升高，气温最高年份是 2008 年。从平均气温累积距平来看，东北亚地区秋季平均气温基本以 1986 年和 2001 年为界，1987 年以前气温呈现下降趋势，1987～2000 年温度呈现波动变化，2000 年之后气温加速回升。从总体看，1980～1987 年，东北亚地区秋季气候偏冷，气温呈现下降趋势；1987～2000 年温度呈波动状态；2000 年开始，东北亚地区秋季平均气温变化呈现逐步升温的趋势，且温度上升速度逐渐变大（图 4-76）。

中国北方地区秋季平均气温距平变化在 1998 年以前以负距平位置，累积距平曲线下降，属于气温偏冷阶段，其中，1981 年气温最低。1998 年以后以正距平为主，累积距平曲线持续上升，中国北方地区秋季进入气温偏暖阶段，秋季气温最高年份是 2006 年（图 4-77）。

蒙古秋季温度距平的年际变化在 1987 年以前为负值，秋季平均气温累积距平曲线下降，属于气温偏冷阶段，其中，1981 年气温最低。1987～2000 年，蒙古秋季平均气温距平正负值交替出现，气温累积距平呈现波动状态。2000 年以后秋季平均气温距平以正距平为主，累积距平曲线持续上升，蒙古秋季进入气温回暖阶段，气温最高年份是 2006 年。从总体看，1980～1987 年，蒙古气候偏冷，气温呈现降低趋势。1987～2000

年，气候呈现波动变化。1999～2010年蒙古进入偏暖阶段，气温逐渐升高（图4-78）。

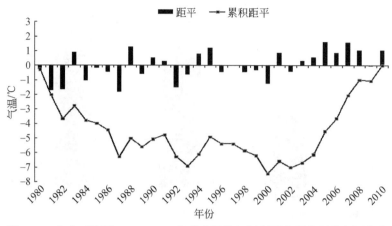

图4-76 东北亚地区1980～2010年秋季平均气温距平和累积距平年际变化

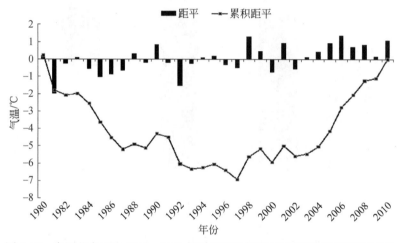

图4-77 中国北方地区1980～2010年秋季平均气温距平和累积距平年际变化

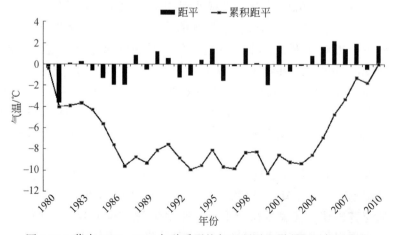

图4-78 蒙古1980～2010年秋季平均气温距平和累积距平年际变化

俄罗斯西伯利亚及远东地区秋季平均气温距平的变化在1980~1989年，秋季平均气温距平以负值为主，累积距平曲线不断下降，属于气温偏冷阶段，1990~1996年，秋季温度处于波动变化状态。1996年开始，秋季温度距平以正值为主，累积距平曲线不断上升，气温呈明显升高态势（图4-79）。

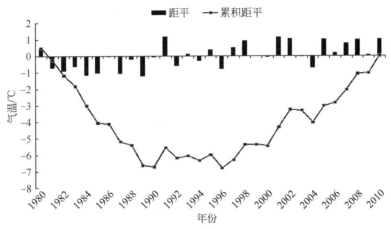

图4-79　俄罗斯西伯利亚及远东地区1980~2010年秋季平均气温距平和累积距平年际变化

从东北亚五大生态地理分区秋季平均气温距平和累积距平的变化看，亚寒带针叶林带秋季平均气温距平的变化在2000年以前基本上以负距平为主，累积距平曲线下降，属于气温偏冷阶段，其中，1983年气温最低。2000年以后变成以正距平为主，少量年份距平为负，累积距平曲线整体呈上升趋势，亚寒带针叶林带秋季进入气温偏暖阶段，气温最高年份是2008年。从秋季平均气温累积距平来看，亚寒带针叶林带秋季平均气温基本以2000年为界，2000年以前秋季气温在波动中整体呈现下降趋势，2000年之后气温回升。从总体看，1980~2000年，亚寒带针叶林带秋季气候偏冷，气温呈现波动状态，总体呈现下降趋势。2000年开始，亚寒带针叶林带秋季温度变化呈现逐步升温的趋势，且温度上升速度逐渐变大（图4-80）。

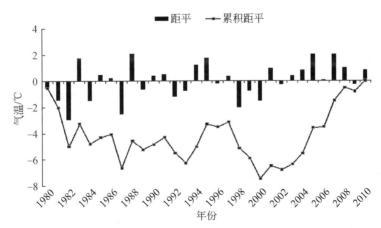

图4-80　亚寒带针叶林带1980~2010年秋季平均气温距平和累积距平年际变化

温带混交林带的秋季平均气温距平的变化在1990年以前基本上以负距平为主，累积距平曲线下降，属于气温偏冷阶段，其中，1981 年气温最低。2000 年以后变成以正距平为主，少量年份距平为负，累积距平曲线持续上升，温带混交林带进入秋季气温偏暖阶段，秋季气温最高年份是 2004 年。从秋季平均气温累积距平来看，温带混交林带基本以 1986 年、2002 年为界。1986 年以前秋季气温呈现下降趋势，1986～2002 年秋季温度呈现波动变化，2002 年之后秋季气温升高。从总体看，1980～1986 年，温带混交林带秋季气候偏冷，气温呈现波动变化，略有下降。2002 年开始，温带混交林带秋季温度变化呈现逐步升温的趋势，且温度上升速度逐渐变大（图 4-81）。

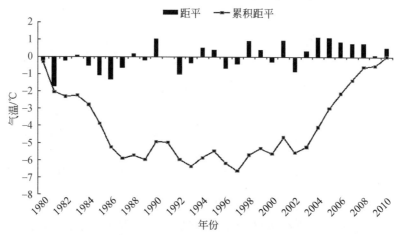

图 4-81　温带混交林带地区 1980～2010 年秋季平均气温距平和累积距平年际变化

温带草原带秋季平均气温距平的变化在 1988 年以前大部分为负距平，累积距平曲线下降，属于气温偏冷阶段，其中，1981 年气温最低。2004 年以后变成以正距平为主，少量年份距平为负，累积距平曲线持续上升，温带混交林带进入秋季气温偏暖阶段，秋季气温最高年份是 2006 年。从秋季平均气温累积距平来看，温带草原带在 1988 年以前秋季气温呈现下降趋势，1988～2004 年秋季温度呈现波动状态，2004 年之秋季后气温升高。从总体看，1980～1988 年，温带混交林带秋季气候偏冷，气温呈现波动变化，略有下降。2004 年开始，温带草原带秋季温度变化呈现逐步升温的趋势（图 4-82）。

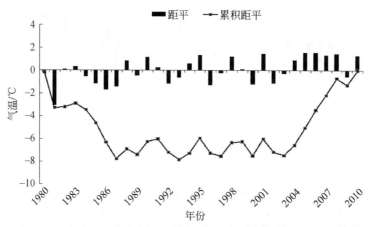

图 4-82　温带草原带 1980～2010 年秋季平均气温距平和累积距平年际变化

温带荒漠带秋季平均气温距平的变化在 1998 年以前，以负距平为主，累积距平曲线下降，属于气温偏冷阶段，其中，1981 年秋季气温最低。1999 年以后，以正距平为主，累积距平曲线持续上升，温带荒漠带秋季进入气温偏暖阶段，秋季气温最高年份是 2006 年。从秋季平均气温累积距平来看，温带荒漠带秋季平均气温基本以 1998 年为界，1998 年以前秋季气温呈现下降趋势，1996 年之后秋季气温升高。从总体看，1980～1996 年，温带混交林带秋季气候偏冷，气温呈现波动变化，略有下降。1998 年开始，温带荒漠带秋季温度变化呈现逐步升温的趋势，且温度上升速度逐渐变大（图 4-83）。

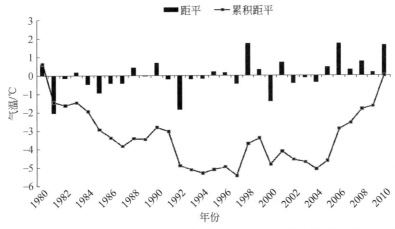

图 4-83　温带荒漠带地区 1980～2010 年秋季平均气温距平和累积距平年际变化

2002 年以前，苔原带秋季平均气温距平正负值交替出现，累积距平值同样波动较大，总体呈现变小趋势。2002 年以后，累积距平整体呈升高趋势，秋季温度整体呈现明显上升趋势（图 4-84）。

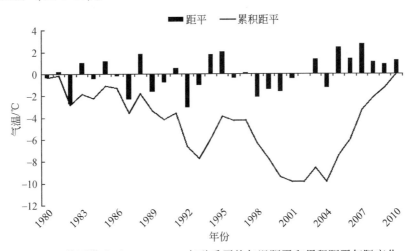

图 4-84　苔原带地区 1980～2010 年秋季平均气温距平和累积距平年际变化

（3）年际变化的空间格局

从中国北方及其毗邻地区 1980～2010 年秋季平均气温变化倾斜率空间分布（图 4-85）看，30 年东北亚秋季平均气温呈明显的上升态势，大部分地区年平均气温年上升幅度在 0~0.1℃/a，局部地区上升幅度 0.1~0.4℃/a，如中国新疆西部地区、蒙古西部地区以及俄罗斯远东地区东部局部地区。此外在俄罗斯远东地区东部存在一个明显的增温区和降温区。

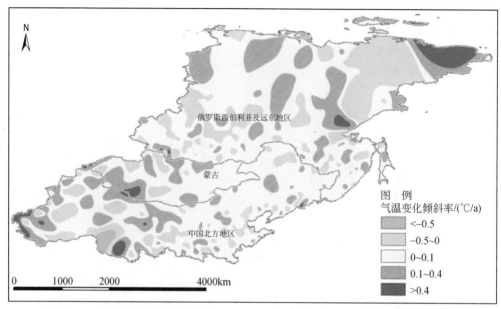

图 4-85　中国北方及其毗邻地区 1980~2010 年秋季平均气温变化倾斜率空间分布

中国东北地区以及华北地区秋季温度变化以升温为主，温度变化范围为 0~0.1℃/a，其中京津地区存在明显的降温区。中国西北地区，温度变化差异性较大，青海省南部以及新疆维吾尔自治区中部存在明显的降温区，温度变化在 -0.1℃/a（图 4-86）。

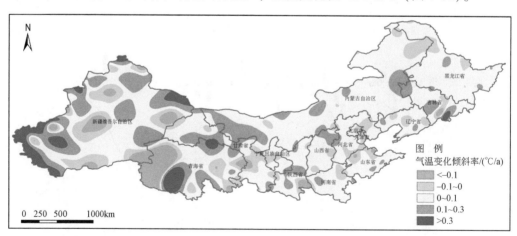

图 4-86　中国北方地区 1980~2010 年秋季气温变化倾斜率空间分布

蒙古大部分地区秋季温度变化在 0~0.2℃/a，这些地区主要分布在蒙古中部、北部以及东部地区。此外，温度上升范围在 0.3℃/a 以上的地区主要集中在蒙古西部地区的戈壁阿尔泰地区。在巴彦洪戈尔、前杭爱以及南戈壁三地交界处存在一个明显的降温区，库苏古尔、后杭爱以及布尔干鄂尔浑三地交界处同样存在降温区（图 4-87）。

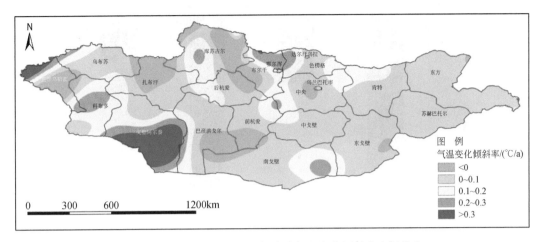

图 4-87　蒙古 1980~2010 年秋季气温变化倾斜率空间分布

俄罗斯西伯利亚及远东大部分地区秋季温度变化存在较大的差异性。远东地区以降温为主，存在几个温度变化在 -0.15℃/a 的明显区域。俄罗斯西伯利亚地区主要以增温为主，温度变化范围在 0.1℃/a 左右。其中，尔库茨克州和布里亚共和国存在部分降温地区，温度变化在 -0.15~0℃/a（图 4-88）。

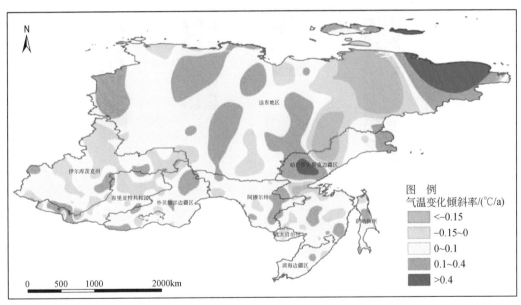

图 4-88　俄罗斯西伯利亚及远东地区 1980~2010 年秋季气温变化倾斜率空间分布

4.2.1.7　冬季气温的变化特征

（1）年代际变化特征

东北亚地区 30 年冬季平均气温的年代际变化表现为先升高后降低的趋势，温度变化从 1980~1989 年的 -22.2℃ 上升到 1990~1999 年的 -21.6℃，上升了 0.6℃，2000~2010 年温度下降到 -22.4℃，下降了 0.8℃（图 4-89）。

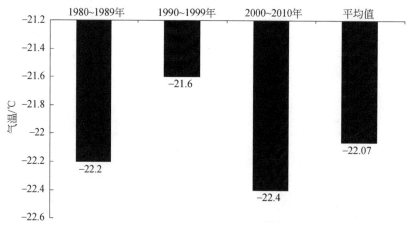

图 4-89　东北亚地区 1980～2010 年冬季平均气温的年代际变化

中国北方地区 1980～2010 年冬季年代际平均气温均在零度以下，30 年平均气温的年代际变化表现为先升高再降低的趋势，冬季温度从 1980～1989 年的−9.73℃上升到 1990～1999 年的−8.85℃，温度上升 1.23℃，到 21 世纪初温度下降至−9.1℃，温度下降了 0.25℃（图 4-90）。

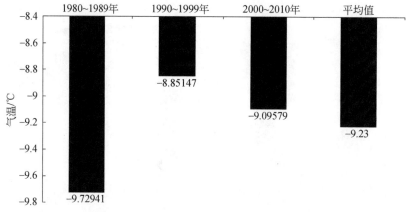

图 4-90　中国北方地区 1980～2010 年冬季平均气温的年代际变化

蒙古 1980～2010 年冬季年代际平均气温均在零度以下，30 年冬季平均气温的年代际变化表现为先升高再降低，从 1980～1989 年的−18.53℃上升到 1990～1999 年的−17.11℃，温度上升 1.42℃，到 21 世纪初温度下降至−18.22℃，温度下降了 1.11℃（图 4-91）。

俄罗斯西伯利亚及远东地区 1980～2010 年冬季年代际平均气温均在零度以下，30 年冬季平均气温的年代际变化表现为先升高再降低，从 1980～1989 年的−30.17℃上升到 1990～1999 年的−19.97℃，温度上升 0.2℃，到 21 世纪初温度下降至−30.96℃，温度下降了 0.99℃（图 4-92）。

从东北亚五大生态地理分区冬季平均气温年代际变化看，亚寒带针叶林带冬季年代际温度均在零度以下，30 年冬季平均气温的年代际变化表现为先升高再下降的趋势。

亚寒带针叶林冬季温度，1980～1989 年到 1990～1999 年上升了 0.46℃，1990～1999 年至 2000～2010 年温度下降 1℃（图 4-93）。

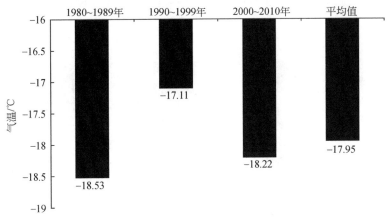

图 4-91　蒙古 1980～2010 年冬季平均气温的年代际变化

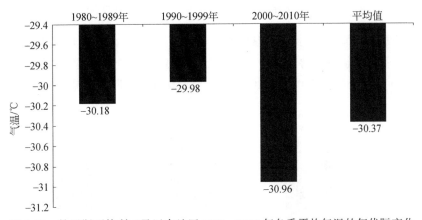

图 4-92　俄罗斯西伯利亚及远东地区 1980～2010 年冬季平均气温的年代际变化

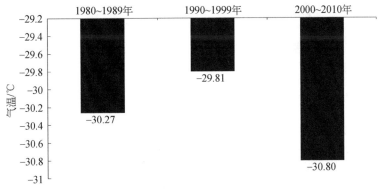

图 4-93　亚寒带针叶林带 1980～2010 年冬季平均气温的年代际变化

温带混交林带年代际冬季平均气温均在零度以下，30 年冬季平均气温的年代际变化表现为升高的趋势，从 20 世纪 80 年代的-10.66℃升高到 21 世纪初的-9.57℃，每 10 年平均上升 0.36℃。其中，1980～1989 年至 1990～1999 年升温幅度显著大于 1990～1999 年至 2000～2010 年代的升温幅度，1980～1989 年至 1990～1999 年升温 1.04℃（图 4-94）。

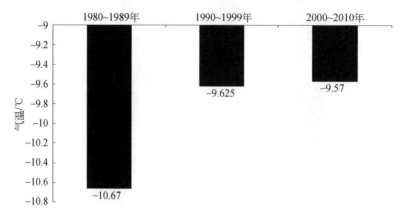

图 4-94　温带混交林带 1980～2010 年冬季平均气温的年代际变化

温带草原带年代际冬季平均气温均在零度以下，30 年冬季平均气温的年代际变化表现为先升高再下降的趋势。1980～1989 年到 1990～1999 年冬季平均气温上升了 1.53℃，1990～1999 年至 2000～2010 年代冬季平均气温下降了 0.97℃（图 4-95）。

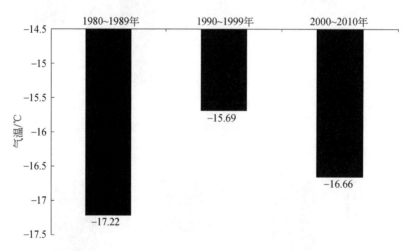

图 4-95　温带草原带 1980～2010 年冬季平均气温的年代际变化

温带荒漠带 30 年冬季平均气温的年代际变化表现为先升高再下降的趋势。1980～1989 年到 1990～1999 年冬季平均气温上升了 0.63℃，1990～1999 年至 2000～2010 年冬季平均气温下降了 0.83℃（图 4-96）。

苔原带 30 年冬季平均气温的年代际变化表现为下降趋势，从 20 世纪 80 年代的-33.50℃升高到 21 世纪初的-36.20℃，每 10a 平均下降了 0.9℃，且温度下降速率基本稳定（图 4-97）。

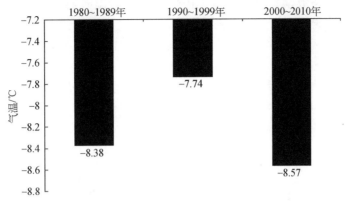

图 4-96　温带荒漠带 1980～2010 年冬季平均气温的年代际变化

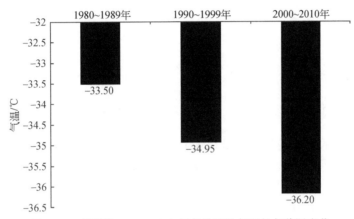

图 4-97　苔原带 1980～2010 年冬季平均气温的年代际变化

(2) 年际变化的时间特征

从东北亚地区冬季平均气温距平和累积距平的年际变化（图 4-98）看，东北亚地区冬季平均气温距平的变化呈现不规律波动，且变化较大，正负距平交叉出现。最低温度出现在 2002 年，最高温度出现在 1996 年。从冬季平均气温累积距平来看，1980～

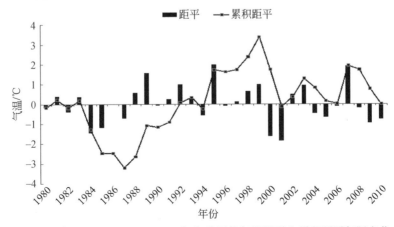

图 4-98　东北亚地区 1980～2010 年冬季平均气温距平和累积距平年际变化

1984 冬季温度变化呈波动状态，1984～1988 年处于低温时期，1988 年气温开始升高。2000 年开始，温度再次开始大幅度波动变化。

中国北方地区冬季平均气温距平呈现波浪式变化，1987 年以前基本上以负距平为主，累积距平曲线下降，属于气温偏冷阶段，其中，1984 年气温最低。1987 年以后冬季平均气温累积距平曲线持续上升，中国北方地区冬季进入气温升高阶段，气温最高年份是 2007 年（图 4-99）。

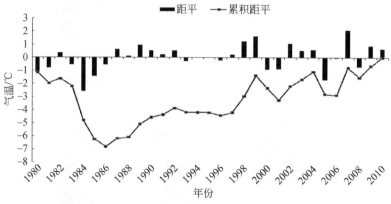

图 4-99　中国北方地区 1980～2010 年冬季平均气温距平和累积距平年际变化

蒙古冬季温度的年际变化总体呈现上升状态，期间波动变化剧烈，1985 年以前蒙古冬季平均气温距平以负距平为主，累积距平曲线下降，属于气温偏冷阶段，其中，1984 年气温最低。1988～2000 年，蒙古冬季平均气温距平以正值为主，累积距平呈现上升状态，蒙古冬季呈现回暖状态。2000 年以后冬季平均气温距平呈现正负交替出现的状态，气温最高年份是 2007 年，温度最低是 2005 年。从总体看，1980～1985 年，蒙古气候偏冷，气温呈现降低趋势。1987～2000 年，气进入偏暖阶段，气温逐渐升高，增长趋势明显。2000～2010 年蒙古冬季气温呈现不规律变化，且变化波动较大（图 4-100）。

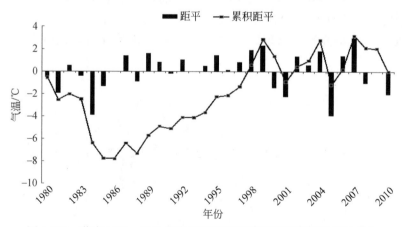

图 4-100　蒙古 1980～2010 年冬季平均气温距平和累积距平年际变化

俄罗斯西伯利亚及远东地区的冬季平均气温最低，且 1980～2010 年变化过程具有较大的波动性，冬季温度累积距平曲线呈现上升—下降—上升—下降的规律。1980～

1984 年，温度波动上升。1984～1988 年，温度波动下降。1988～2000 年，温度再次呈现波动上升状态。2000～2003 年，温度再次下降。2004～2010 年有一次温度上升期，之后温度再次快速下降（图 4-101）。

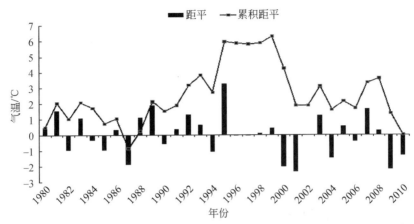

图 4-101　俄罗斯西伯利亚及远东地区 1980～2010 年冬季平均气温距平和累积距平年际变化

从东北亚五大生态地理分区冬季平均气温距平和累积距平的年际变化看，亚寒带针叶林带冬季平均气温距平的变化波动性较大，冬季平均气温距平正负值交替出现。温度距平累积曲线呈现上升—下降—上升—下降的周期性变化。其中，1988～1996 年是一个较大的升温期，最高温度出现在 1995 年。1996～2002 年为一个明显的降温期，最低温度出现在 2002 年（图 4-102）。

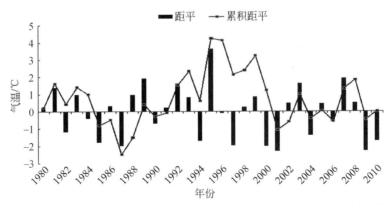

图 4-102　亚寒带针叶林带 1980～2010 年冬季平均气温距平和累积距平年际变化

温带混交林带冬季平均气温距平的变化在 1988 年以前全部为负距平，累积距平曲线下降，属于气温偏冷阶段，其中，1985 年气温最低，气温最高年份是 2007 年。从冬季平均气温累积距平来看，温带混交林带基本以 1988 年为界，1988 年以前冬季气温呈现下降趋势，1988 年之后冬季气温回升。从总体看，1980～1988 年，温带混交林带冬季气候偏冷，气温呈现波动变化，略有下降。1988 年开始，温带混交林带冬季温度变化呈现逐步升温的趋势，且温度上升速度逐渐变大（图 4-103）。

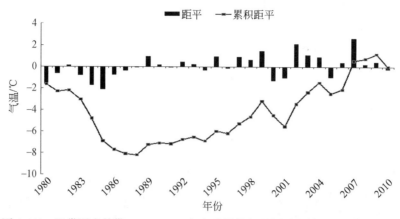

图 4-103　温带混交林带 1980～2010 年冬季平均气温距平和累积距平年际变化

　　温带草原带冬季平均气温距平的变化在 1986 年以前基本上以负距平为主，累积距平曲线下降，属于气温偏冷阶段，其中，1984 年气温最低。1986～2000 年累积距平曲线持续上升，温带混交林带进入气温偏暖阶段。2000～2010 年，气温呈现不规律波动变化状态，气温最高年份是 2007 年。从冬季平均气温累积距平来看，温带草原带 1996 年以前冬季气温呈现下降趋势，1996～2000 年之后冬季气温回升。从总体看，1980～1996 年，温带混交林带冬季气候偏冷，气温呈现波动变化，略有下降。1996～2000 年，温带草原带冬季温度变化呈现逐步升温的趋势。2000～2010 年，温带草原带冬季平均气温呈现波动状态（图 4-104）。

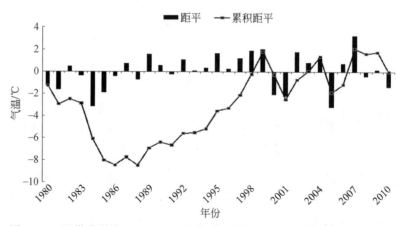

图 4-104　温带草原带 1980～2010 年冬季平均气温距平和累积距平年际变化

　　温带荒漠带冬季平均气温距平的变化在 1980～1986 年以负距平为主，冬季平均气温累积距平曲线下降，为温度下降阶段。1986～2000 年为一个明显的升温阶段，冬季平均气温累积距平不断上升，气温升高。2000 年以后，冬季温度再次进入下降阶段（图 4-105）。

　　苔原带冬季平均气温距平的变化在 1996 年以前基本上以正距平为主，累积距平曲线上升，属于气温偏暖阶段，其中，1985 年气温最高。1998 年以后变成以负距平为主，

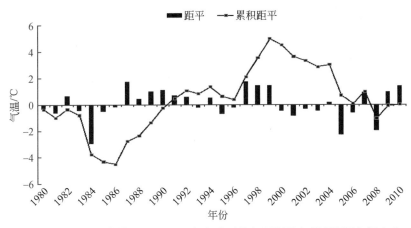

图 4-105　温带荒漠带 1980～2010 年冬季平均气温距平和累积距平年际变化

少量年份距平为正,累积距平曲线持续下降,苔原带冬季进入气温偏冷阶段,气温最低年份是 2009 年。从冬季平均气温累积距平来看,苔原带基本以 1996 年为界,1996 年以前冬季气温呈现上升趋势,1996 年之后冬季气温下降。从总体看,1980～1996 年,苔原带冬季气候偏暖,气温呈现波动变化。1996 年开始,苔原带冬季温度将进入偏冷阶段(图 4-106)。

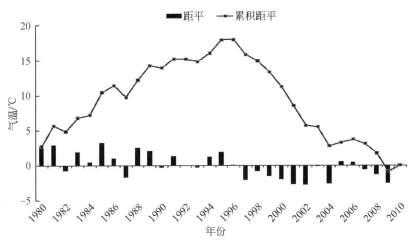

图 4-106　苔原带 1980～2010 年冬季平均气温距平和累积距平年际变化

(3) 年际变化的空间格局

从中国北方及其毗邻地区 1980～2010 年冬季平均气温变化倾斜率空间分布(图 4-107)看,30 年东北亚冬季平均气温变化存在明显的地域性差别,中国北方地区大部分以升温为主,且温度上升范围主要在 0.2～0.5℃/a。蒙古和俄罗斯西伯利亚及远东地区以降温为主,温度变化范围在 −0.5～0.2℃/a。其中,远东地区东部边缘地区存在一个大片连续升温区,温度变化在 0.5℃/a 以上。与该区相邻的地区为一个降温区,温度变化在 −0.5℃/a 左右。

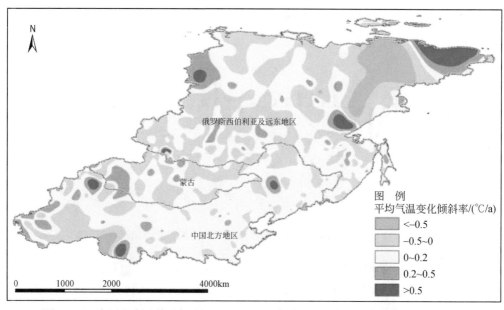

图 4-107　中国北方及其毗邻地区 1980~2010 年冬季平均气温变化倾斜率空间分布

　　中国东北地区以及华北地区冬季温度变化以升温为主，温度变化范围在 0~0.1℃/a。其中，内蒙古自治区最北部存在一个明显的降温区。西北地区温度变化具有较大的地区差异性，新疆维吾尔自治区南部以及青海省西部为明显降温区，温度变化范围在 −0.1℃/a 左右（图 4-108）。

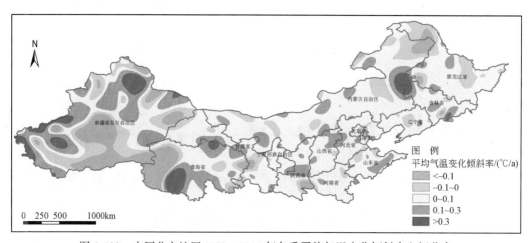

图 4-108　中国北方地区 1980~2010 年冬季平均气温变化倾斜率空间分布

　　蒙古大部分地区冬季温度变化地区差异性较大，前杭爱、巴彦洪戈尔以及南戈壁三地交界处存在明显的降温区，温度变化范围在 −0.2℃/a 左右。科布多及周边地区为明显的升温区，温度变化在 0.2℃/a 左右。另外，东方、肯特、乌兰巴托等地区为降温区，温度变化范围在 −0.2~0℃/a（图 4-109）。

　　俄罗斯西伯利亚及远东地区冬季温度变化存在较大的地区差异性（图 4-110）。远东地区以降温为主，温度变化在 −0.2℃/a 的地区比较突出。此外，在远东地区东部边

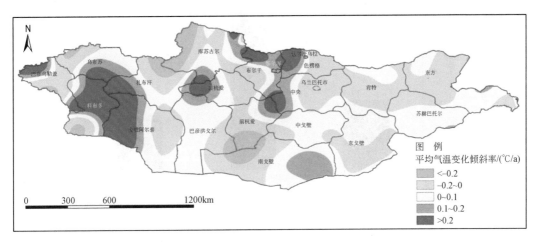

图 4-109　蒙古 1980 ~ 2010 年冬季平均气温变化倾斜率空间分布

缘存在一个较大的升温区。俄罗斯西伯利亚地区同样主要以降温为主，温度变化范围在 -0.2 ~ 0℃/a。其中，哈巴罗夫斯克边疆区为升温区，温度变化在 0.6℃/a 左右。

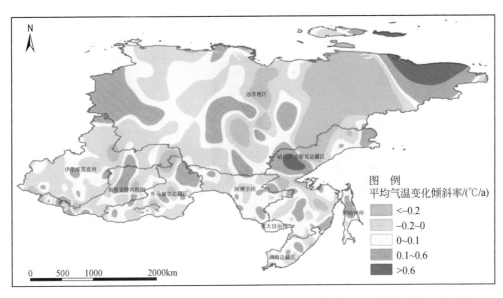

图 4-110　俄罗斯西伯利亚及远东地区 1980 ~ 2010 年冬季平均气温变化倾斜率空间分布

4.2.2　降水变化态势

4.2.2.1　降水的年代际变化特征

从东北亚地区平均降水的年代际变化（图 4-111）看，30 年平均降水的年代际变化表现为先增加后减少的趋势，1980 ~ 1989 年降水量由 342.69mm 上升到 392.68mm，上升了 50mm，21 世纪初降水由 20 世纪 90 年代的 392.68mm 减少到 334.41mm，减少了 58.27mm。可见，东北亚地区 90 年代年降水量最大，2000 ~ 2010 年年降水量最小。

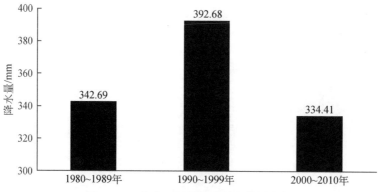

图 4-111　东北亚平均降水的年代际变化

　　从中国北方地区平均降水的年代际变化（图 4-112）看，30 年平均降水的年代际变化表现为先增加后减少的趋势，1980 ~ 1989 年降水量由 355.3348mm 增加到 387.6938mm，增加了 32.3552mm，21 世纪初的降水下降到 325.8094mm，在 20 世纪 90 年代的基础上下降了 61.8844mm。可见，中国北方地区 90 年代年降水量最大，21 世纪初年降水量最小。

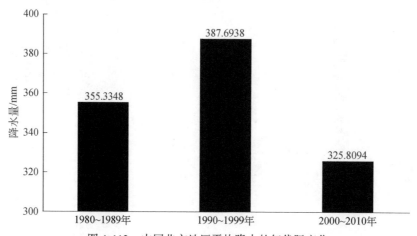

图 4-112　中国北方地区平均降水的年代际变化

　　从蒙古平均降水的年代际变化（图 4-113）看，30 年平均降水的年代际变化表现为逐渐减少的趋势，1980 ~ 1989 年降水量由 338.2699mm 下降到 300.9638mm，下降了 37.3061mm，21 世纪初的降水则由 20 世纪 90 年代的 300.9638mm 下降到 183.5478mm，下降了 117.4205mm。可见，蒙古地区 80 年代年降水量最大，21 世纪初年降水量最小。

　　从俄罗斯西伯利亚及远东地区平均降水的年代际变化（图 4-114）看，30 年平均降水的年代际变化表现为先减少后增加的趋势，1980 ~ 1989 年降水量由 334.7484mm 下降到 280.5341mm，下降了 54.2143mm，21 世纪初的降水由 20 世纪 90 年代的 280.5341mm 增加到 341.3239mm，增加了 60.7898mm。可见，俄罗斯西伯利亚及远东地区 21 世纪初年降水量最大，20 世纪 90 年代年降水量最小。

　　从东北亚五大生态地理分区平均降水的年代际变化看，亚寒带针叶林带 30 年平均降水的年代际变化表现为先增加后减少的趋势，1980 ~ 1989 年降水量由 344.49mm 增加到363.74mm，增加了19.25mm，21世纪初的降水则由2000～2010年的363.74mm下降到354.54mm，下降了9.2mm。可见，亚寒带针叶林带20世纪90年代年降水量最大，80年代年降水量最小（图4-115）。

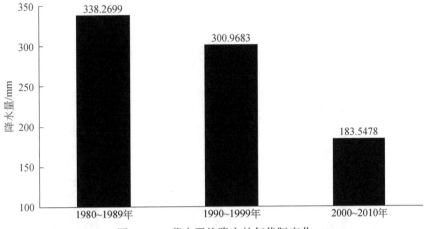

图 4-113　蒙古平均降水的年代际变化

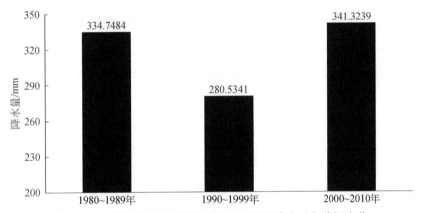

图 4-114　俄罗斯西伯利亚及远东地区平均降水的年代际变化

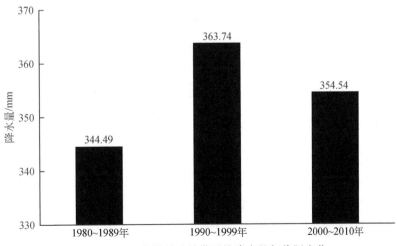

图 4-115　亚寒带针叶林带平均降水的年代际变化

温带混交林带 30 年平均降水的年代际变化表现为先增加后减少的趋势，1980～1989 年降水量由 558.83mm 增加到 685.62mm，增加了 126.79mm，21 世纪初的降水下降到 570.50mm，比 20 世纪 90 年代下降了 115.12mm。可见，温带混交林带 90 年代年降水量最大，80 年代年降水量最小（图 4-116）。

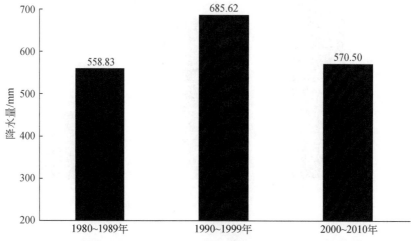

图 4-116　温带混交林带平均降水的年代际变化

温带草原带 30 年平均降水的年代际变化也表现为先增加后减少的趋势，1980～1989 年降水量由 351.35mm 增加到 416.75mm，增加了 65.4mm，21 世纪初的降水由 20 世纪 90 年代的 416.75mm 下降到 250.06mm，下降了 166.69mm。可见，温带草原带 90 年代年降水量最大，21 世纪初期年降水量最小（图 4-117）。

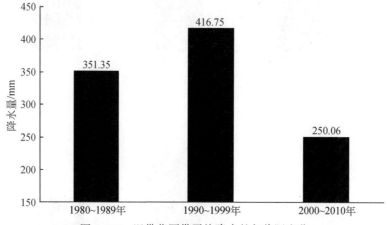

图 4-117　温带草原带平均降水的年代际变化

温带荒漠带 30 年平均降水的年代际变化表现为先增加后减少的趋势，1980～1989 年降水量由 187.33mm 增加到 251.33mm，增加了 64mm，21 世纪初的降水则由 20 世纪 90 年代的 251.33mm 下降到 157.13mm，下降了 94.2mm。可见，温带荒漠带 90 年代年降水量最大，21 世纪初年降水量最小（图 4-118）。

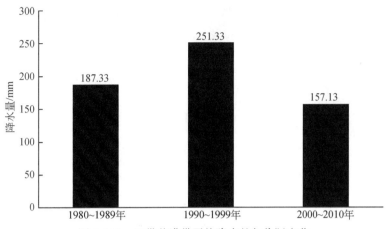

图 4-118　温带荒漠带平均降水的年代际变化

苔原带 30 年平均降水的年代际变化表现为逐渐增加的趋势，1980～1989 年降水量由 224.75mm 增加到 239.85mm，增加了 15.1mm，21 世纪初的降水则增加到 270.72mm，比 20 世纪 90 年代增加了 30.87mm。可见，苔原带 21 世纪初年降水量最大，20 世纪 80 年代年降水量最小（图 4-119）。

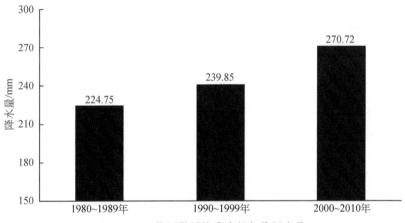

图 4-119　苔原带平均降水的年代际变化

4.2.2.2　降水年际变化的时间特征

30 年东北亚地区的降水量总体水平为 250～500mm，降水量高于 400mm 的年份只有 1980 年、1981 年、1992 年和 1994 年 4 年。从东北亚地区 30 年年降水量变化曲线（图 4-120）看，20 世纪 80 年代东北亚降水量呈下降趋势，90 年代降水量基本上呈现上升趋势，21 世纪初则表现缓慢上升的趋势。其中，20 世纪 90 年代降水量的波动较大，而 80 年代和 21 世纪初降水量的变化相对比较平稳。

东北亚各个地区的降水变化很不一致。降水波动最明显的是蒙古，20 世纪 80 年代初蒙古降水量有一个短暂的上升趋势，随后又迅速下降，最后是呈缓慢下降的趋势。1981 年蒙古的降水量最高，达到 706mm，而 1988 年的降水量又低至 199mm。90 年代蒙

— 东北亚　·····中国北方地区　—— 蒙古　－－ 俄罗斯西伯利亚及远东地区

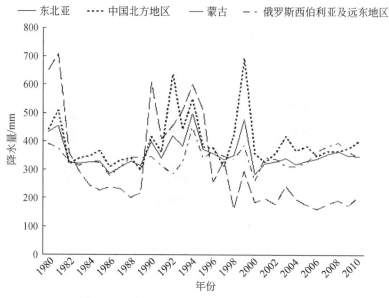

图4-120　东北亚1980～2010年降水年际变化

古降水量大致呈现先上升后下降的趋势，且年际波动较大，1990年降水量达到608mm，而1998年降水量仅为159mm。21世纪初蒙古降水量波动不大，呈现逐渐减小的趋势。蒙古降水量的总趋势大致为从较干旱的时期转向较湿润的过渡期再回到较干旱状态。

中国北方地区降水量的变化趋势同蒙古大体一致，由于中国北方地区东南部位于沿海，受到来自太平洋季风的影响，整体降水量比蒙古略高，降水量的极大值出现在1992年，达到636.7mm。俄罗斯西伯利亚及远东地区降水量变化不大，且30年的降水量均较小，只有1994年的降水量达到了448mm，其余年份降水量均保持在400mm以下。

中国北方地区包括西北、华北、东北三部分，面积广大，地形复杂，影响降水的因素繁多，不同地区的降水变化特征存在较大差异。特别是近几十年来，在全球气候变暖背景下，中国北方有从干旱到湿润转变的迹象，但华北和东北南部仍处于持续干旱期；从1987年起，新疆以天山西部为主出现了气候转向暖湿的强劲信号（王英等，2006）。在中国东北三省，20世纪80年代降水有一定增加，90年代则为旱涝交替的波动状态。李崇银（1992）研究发现，华北汛期降水以准2年振荡和16年周期比较明显。黄荣辉等（1999）研究发现华北地区降水在60年代中期70年代末发生两次跃变：在1965年发生一次跃变，降水由偏多明显变成偏少，并在70年代末又一次发生跃变，降水再次减少，干旱加剧，而从90年代初以来有增加的趋势。黄玉霞等（2004）分析了西北地区年降水发现，近40年除西北高原东北区及东部区降水呈下降趋势外，其余各区呈上升趋势；西北地区降水存在10年以上长周期和3～4年短周期。

从东北亚3个国家（地区）年降水距平和累积距平的年际变化看，中国北方地区年降水累积距平年际波动较大，20世纪80年代仅有1980年和1981年年降水距平为正，1982年以后中国北方年降水累积距平开始逐年减小，到1991年达到最小值351.4mm，1992年中国北方年降水距平有一个较大幅度增长，达到254.5mm，之后年降水在波动中逐渐增加，1999年年降水距平为最大值300.6mm，随后中国北方年降水累积距平进入逐年减少阶段。可见，中国北方地区 30 年年降水变化大体可划分为三个阶段：1980 ～ 1991 年的下降阶段、1991 ～ 1999 年的上升阶段和 1999 年以后的下降阶段。其中，年降水距平最大的年份为 1999 年，为 300.6mm，且年降水累积距平也为最大值；1989 年降水距平最小，为 116.7mm（图 4-121）。

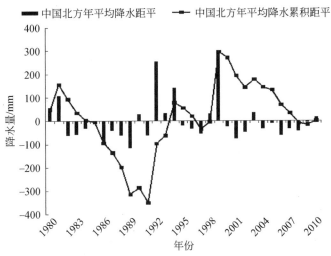

图 4-121　中国北方地区年平均降水距平和累积距平年际变化

蒙古年降水累积距平均为正值，1980 年和 1981 年的年降水距平较大，降水量处在较高的阶段，从 1984 年开始，蒙古年降水累积距平进入减小阶段，但减少幅度不大，1990 年开始，蒙古年降水累积距平又逐渐增加，直到 1995 年达到最大值 1485.3mm，1996 年之后蒙古年降水距平均为负值，年降水累积距平开始逐年减少。可见，蒙古 30 年年降水距平最大的年份为 1981 年，为 449.1mm；而 2006 年降水距平最小，为 −175.9mm（图 4-122）。

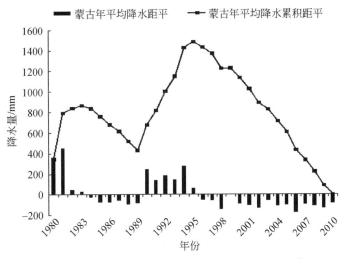

图 4-122　蒙古年平均降水距平和累积距平年际变化

俄罗斯西伯利亚及远东地区年降水年际变化波动较大，在 20 世纪 80 年代初有一个短期的增长波动，随后降水进入下降阶段，到 1993 年降水累积距平达到最小值 −178.5mm，之后降水进入增加阶段。其中，1994 年降水有一个大幅度的增加，降水距平达到 104.7mm，2000 年开始俄罗斯年降水又进入减少阶段，且 2000 年年降水距平为 −107.2mm，2005 年之后俄罗斯年降水再次进入增加阶段。可见，俄罗斯西伯利亚及远东地区 30 年年降水距平最大的年份为 1994 年，为 104.7mm；最小的是 2000 年，为 −107.2mm（图 4-123）。

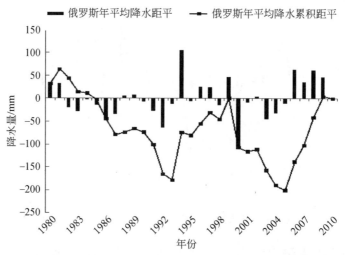

图 4-123　俄罗斯西伯利亚及远东地区年平均降水距平和累积距平年际变化

从中国北方地区、蒙古、俄罗斯西伯利亚及远东地区 3 个国家（地区）每 10 年降水距平平均值（表 4-2）看，20 世纪 80 年代是少雨时期，90 年代是多雨时期，21 世纪初降水又明显偏少。中国北方地区的降水量 1980 ～ 1989 年为负距平；到 1990 ～ 1999 年降水量明显增加，为正距平，10 年的平均距平值为 34.1mm；进入 21 世纪初，降水量递减，距平平均值下降为 −29.52mm。俄罗斯西伯利亚及远东地区与中国北方地区降水量距平值变化规律一致，只是波动减缓，30 年降水距平值变化幅度在 10mm 以内。蒙古在 21 世纪前降水量均为正距平，21 世纪后大幅度降低，比 21 世纪前降低 227.5mm。

表 4-2　东北亚 3 个国家（地区）每 10 年降水距平平均值　　（单位：mm）

东北亚国家（地区）	1980 ～ 1989 年	1990 ～ 1999 年	2000 ～ 2009 年
俄罗斯西伯利亚及远东地区	−7.3	4.6	−0.9
蒙古	23	101.6	−125.9
中国北方地区	−35.27	34.1	−29.52

从东北亚五个生态地理分区年降水距平和累积距平的年际变化看，亚寒带针叶林带 1980 ～ 1988 年的年降水距平以负距平为主，降水累积距平表现为逐年减少的趋势，1989 ～ 1996 年年降水距平多为正值，年降水累积距平进入增长阶段，1996 年之后年降水累积距平又经历了先减少后增加的阶段。可见，亚寒带针叶林带 30 年年降水距平最大的年份为 2008 年，为 6.26mm；降水距平最小的年份为 1988 年，为 −8mm（图 4-124）。

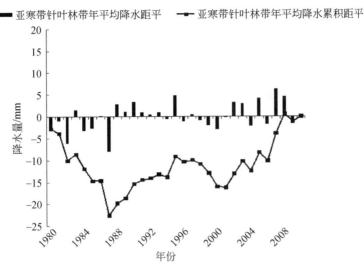

图 4-124　亚寒带针叶林带年降水距平和累积距平年际变化

　　温带混交林带年降水累积距平均为负值，1980～1996 年年降水距平以负距平为主，年降水累积距平表现为逐年减少的趋势，1997 年之后年降水距平多为正值，年降水累积距平表现为逐年增加的趋势。可见，温带混交林带 30 年年降水距平最大的年份为 2007 年，为 4.8mm；1985 年降水距平最小，为−4.3mm（图 4-125）。

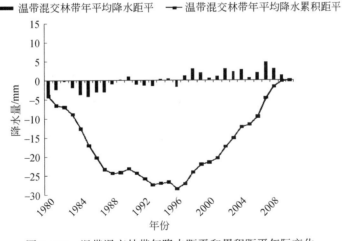

图 4-125　温带混交林带年降水距平和累积距平年际变化

　　温带草原带年降水累积距平都为负值，1980～1993 年年降水距平值基本为负值，累积距平总体上表现为逐年减少的趋势，1994 年之后温带草原带年降水距平多为正值，年降水累积距平则为逐年增加的趋势。可见，温带草原带 30 年年降水变化可划分为两个阶段：1980～1993 年的下降阶段和 1994～2010 年的增长阶段。其中，年降水距平最大的年份为 2007 年，为 7.48mm；年降水距平最小的年份为 1984 年，为−6.68mm（图 4-126）。
　　温带荒漠带年降水累积距平都为负值，1980～1996 年的年降水累积距平总体上表现为逐年减少的趋势，年降水距平值基本为负值，1997 年之后温带荒漠带年降水累积

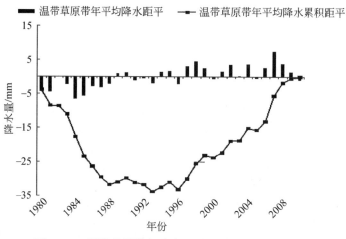

图 4-126　温带草原带年降水距平和累积距平年际变化

距平呈逐年增加的趋势，年降水距平多为正值。可见，温带荒漠带30年年降水变化可划分为两个阶段：1980~1996年的下降阶段和1997~2010年的增长阶段。其中，年降水距平最大的年份为2010年，为4.48mm；年降水距平最小的年份为1984年，为−4.47mm（图4-127）。

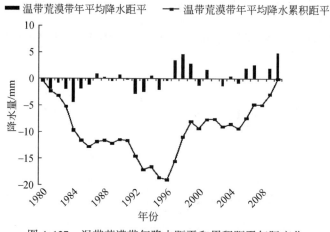

图 4-127　温带荒漠带年降水距平和累积距平年际变化

苔原带1980~1995年的年降水距平的波动较大，年降水累积距平曲线的变化也处于波动期，1996年之后苔原带年降水累积距平表现为先减少后增加的趋势。可见，苔原带30年年降水的变化可划分为3个阶段：1980~1995年的不稳定波动期、1996~2004年的下降阶段和2004~2010年的增长阶段。其中，年降水距平最大的年份为2007年，为7.3mm；年降水距平最小的年份是1985年，为−8.06mm（图4-128）。

4.2.2.3　降水年际变化的空间特征

从中国北方及其毗邻地区1980~2010年年降水量变化倾斜率空间分布（图4-129）看，30年东北亚年降水量变化空间差异较大，俄罗斯西伯利亚地区、中国华北地区、

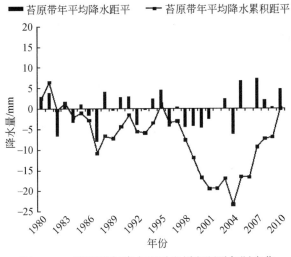

图 4-128 苔原带年降水距平和累积距平年际变化

中国东北地区以及中国西北地区南部降水增加趋势相对明显，年降水量变化倾斜率为 5~20mm/a。其中，中国北方地区的山东、河北、河南、辽宁和青海中南部地区年降水量增加趋势明显，年降水量增加幅度在 10mm/a 以上，内蒙古、甘肃和新疆大部分地区年降水量以减少为主，减少幅度在 10mm/a 以内，而甘肃南部的部分地区减少幅度则在 10mm/a 以上。俄罗斯大部分地区年降水量增加趋势明显，伊尔库茨克北部地区、外贝加尔边疆区和阿穆尔州接壤地区以及俄罗斯远东的广大地区年降水量增加幅度都在 5mm/a 以上。俄罗斯西伯利亚东南部地区降水量主要呈减小趋势，且大部分地区减小幅度在 10mm/a 以上。此外，蒙古全境年降水量下降趋势均较为明显，大部分地区年降水量下降幅度在 10mm/a 以上，其中蒙古中部地区降水量下降幅度大于 20mm/a。

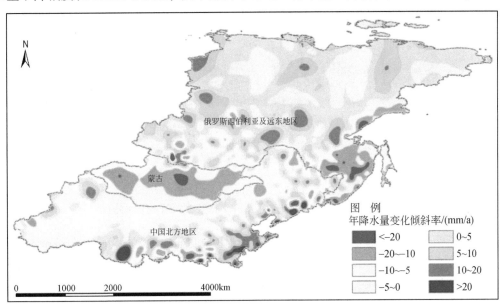

图 4-129 东北亚 1980~2010 年年降水量变化倾斜率空间分布

　　中国北方地区的年降水量变化趋势空间差异较大，中国西北地区大部分降水变化在－10～0mm/a，东北地区在－20～20mm/a，华北地区在0～20mm/a（图4-130）。中国西北地区存在两个明显的降水增加的地区，即青海省西南部和新疆维吾尔自治区北部部分地区，降水量增加幅度大于20mm/a。此外，甘肃省南部部分地区降水量明显减少，减少幅度大于20mm/a。华北地区降水量普遍呈增加趋势，且山东省和河南省部分地区降水量增加幅度较明显，大于20mm/a。

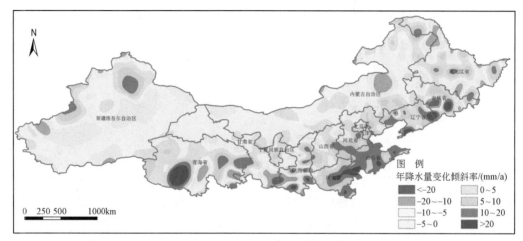

图4-130　中国北方地区1980～2010年年降水量变化倾斜率空间分布

　　蒙古大部分地区降水量变化在－20～－5 mm/a，其中蒙古中央地区降水年减少趋势明显，减少幅度大于20 mm/a。此外，蒙古年降水量增长明显的地区位于达尔汗乌拉北部小部分地区，降水量增长幅度在10～20 mm/a（图4-131）。

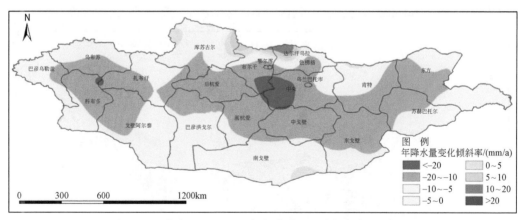

图4-131　蒙古1980～2010年年降水量变化倾斜率空间分布

　　俄罗斯西伯利亚及远东地区的年降水量变化呈现明显的地域性分布，远东地区年降水量变化率大部分在－5～10 mm/a；东南部地区降水量变化范围在－20～－10 mm/a；西南地区降水量变化范围在－10～5mm/a（图4-132）。

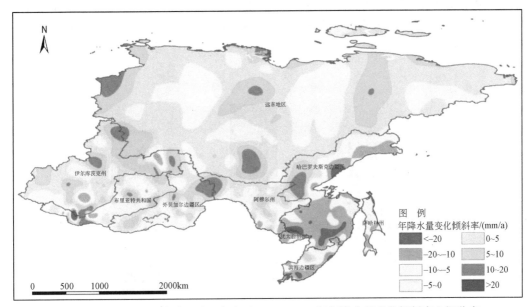

图 4-132　俄罗斯西伯利亚及远东地区 1980～2010 年年降水量变化倾斜率空间分布

4.2.2.4　春季降水的变化特征

（1）年代际变化特征

东北亚地区 30 年春季降水的年代际变化表现为先增加后减少的趋势（图 4-133），1980～1989 年至 1990～1999 年，春季降水量由 57.9mm 上升到 67.7mm，上升了 9.8mm；至 21 世纪初的降水则由 1990～1999 年的 67.7mm 减少到 55.9mm，减少了 11.8mm。可见，东北亚地区 1990～1999 年春季降水量最大，21 世纪初春季降水量最小。

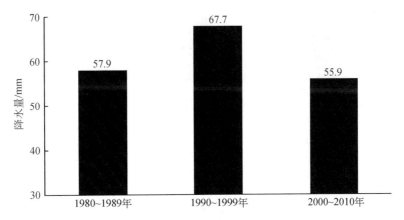

图 4-133　东北亚春季降水年代际变化

中国北方地区 30 年春季降水的年代际变化表现为先增加后减少的趋势，1980～1989 年至 1990～1999 年春季降水量由 63.9145mm 增加到 73.28mm，增加了 9.3655mm，

21 世纪初的降水量则由 20 世纪 90 年代的 73.28mm 减少到 67.02mm，减少了 6.26mm。可见，中国北方地区 90 年代春季降水量最大，80 年代春季降水量最小，且各个年代春季降水量差异不大（图 4-134）。

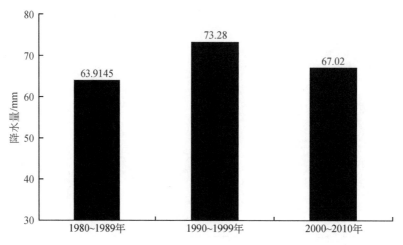

图 4-134　中国北方春季降水年代际变化

蒙古 30 年春季降水的年代际变化也表现为先增加后减少的趋势，1980～1989 年至 1990～1999 年春季降水量由 68.8073mm 增加到 82.4mm，增加了 13.5927mm；21 世纪初的降水量则由 20 世纪 90 年代的 82.4mm 减少到 32.7984mm，减少了 49.6016mm。可见，蒙古 90 年代春季降水量最大，21 世纪初春季降水量最小，且各个年代春季降水量差异较大（图 4-135）。

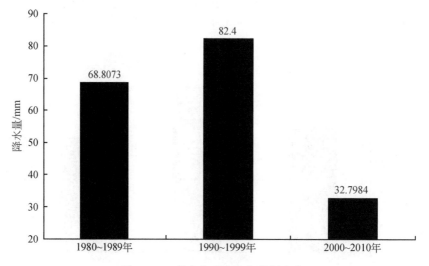

图 4-135　蒙古春季降水年代际变化

俄罗斯西伯利亚及远东地区 30 年春季降水的年代际变化表现为先减少后增加的趋势，1980～1989 年至 1990～1999 年春季降水量由 55.48mm 增加到 62.30mm，增加了 6.82mm；21 世纪初的降水量由 20 世纪 90 年代的 62.30mm 减少到 54.47mm，减少了

7.83mm。可见，俄罗斯西伯利亚及远东地区 90 年代春季降水量最大，21 世纪初春季降水量最小，不同年代春季降水量差异较大（图 4-136）。

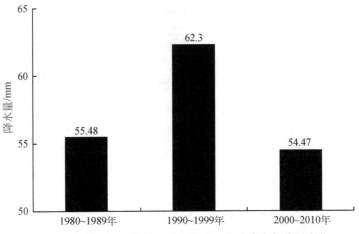

图 4-136　俄罗斯西伯利亚及远东地区春季降水年代际变化

从东北亚五大生态地理分区春季降水的年代际变化看，亚寒带针叶林带 30 年春季降水的年代际变化表现为先增加后减少的趋势，1980～1989 年至 1990～1999 年春季降水量由 57.34mm 增加到 64.42mm，增加了 7.08mm；21 世纪初的降水量则由 20 世纪 90 年代的 64.42mm 减少到 56.58mm，减少了 7.84mm。可见，亚寒带针叶林带 90 年代春季降水量最大，21 世纪初春季降水量最小（图 4-137）。

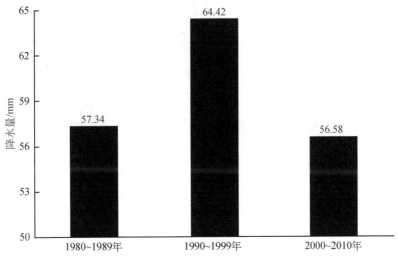

图 4-137　亚寒带针叶林带春季降水年代际变化

温带混交林带 30 年春季降水的年代际变化表现为先增加后减少的趋势，1980～1989 年至 1990～1999 年春季降水量由 93.52mm 增加到 104.18mm，增加了 10.66mm；21 世纪初的降水量则由 20 世纪 90 年代的 104.18mm 减少到 102.52mm，减少了 1.66mm。可见，温带混交林带 90 年代春季降水量最大，80 年代春季降水量最小（图 4-138）。

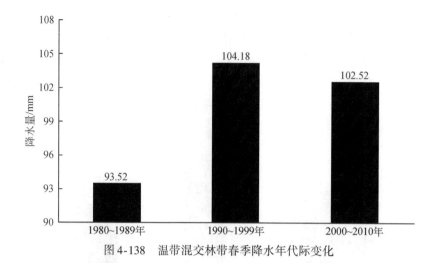

图 4-138　温带混交林带春季降水年代际变化

温带草原带 30 年春季降水的年代际变化表现为先增加后减少的趋势，1980～1989 年至 1990～1999 年春季降水量由 61.51mm 增加到 74.42mm，增加了 12.91mm；21 世纪初的降水量则由 20 世纪 90 年代的 74.42mm 减少到 43.88mm，减少了 30.54mm。可见，温带草原带 90 年代春季降水量最大，21 世纪初春季降水量最小（图 4-139）。

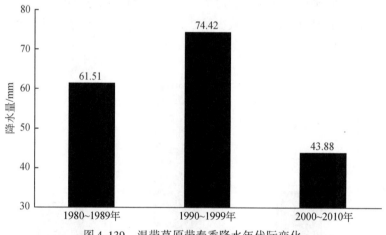

图 4-139　温带草原带春季降水年代际变化

温带荒漠带 30 年春季降水的年代际变化表现为先增加后减少的趋势，1980～1989 年至 1990～1999 年春季降水量由 41.88mm 增加到 50.53mm，增加了 8.65mm；21 世纪初的降水量由 20 世纪 90 年代的 50.53mm 减少到 30.27mm，减少了 20.26mm。可见，温带荒漠带 90 年代春季降水量最大，21 世纪初春季降水量最小（图 4-140）。

苔原带 30 年春季降水的年代际变化表现为先增加后减少的趋势，1980～1989 年至 1990～1999 年春季降水量由 35.51mm 增加到 43.52mm，增加了 8.01mm；21 世纪初的降水量则由 20 世纪 90 年代的 43.52mm 减少到 40.94mm，减少了 2.58mm。可见，苔原带 90 年代春季降水量最大，80 年代春季降水量最小（图 4-141）。

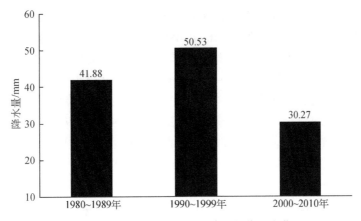

图 4-140　温带荒漠带春季降水年代际变化

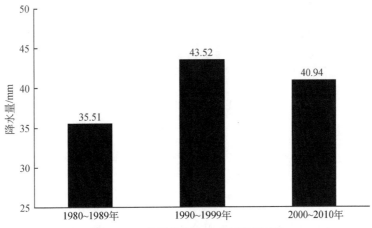

图 4-141　苔原带春季降水年代际变化

（2）年际变化的时间特征

从东北亚地区春季降水距平和累积距平年际变化（图 4-142）看，东北亚地区春季降水年际变化波动较大，20 世纪 80 年代初有一个短期的降水量增加阶段，随后春季降水进

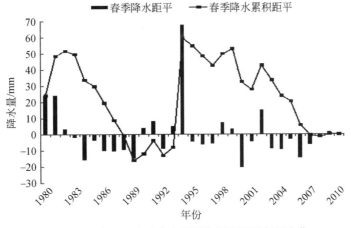

图 4-142　东北亚春季降水距平和累积距平年际变化

185

入下降阶段，到1989年春季降水累积距平达到最小值-12.08mm，之后1994年春季降水有一个大幅度的增加，降水距平达到67.5mm。1994年后春季降水进入减少阶段。其中，90年代后期和21世纪初春季降水有些小幅度的波动。可见，30年东北亚地区春季降水距平最大的年份为1994年，为67.5mm；春季降水距平最小的年份为2000年，仅为-20.48mm。

中国北方地区春季降水年际波动较大，1993年之前春季降水累积距平为减少的趋势，1994~2002年春季降水累积距平有较大波动，1994年、1998年春季降水距平值较大。2003年以后春季降水总体上表现为缓慢增加趋势。可见，中国北方地区30年春季降水距平最大的年份为1994年，为46.8mm；春季降水距平最小的年份为1989年，为-26.1mm（图4-143）。

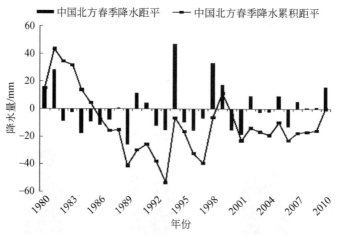

图4-143　中国北方地区春季降水距平和累积距平年际变化

蒙古春季降水表现为先增加后减少再增加再减少的趋势，20世纪80年代初有一个短期的降水量增加阶段，随后春季降水进入下降阶段，到1990年春季降水累积距平又开始增加，且1993年、1994年降水距平较大，增加趋势明显，1995年春季降水进入减少阶段。可见，蒙古地区30年春季降水距平最大的年份为1981年，为149mm；春季降水距平最小的年份为1999年，为-41.73mm（图4-144）。

俄罗斯西伯利亚及远东地区春季降水年际变化波动很大，20世纪80年代初有一个短期的降水量增长阶段，随后春季降水进入下降阶段，到1993年春季降水累积距平达到最低值，1994年俄罗斯西伯利亚及远东地区春季降水有一个大幅度的增加，春季降水距平达到65.23mm，随后春季降水进入减少阶段。可见，俄罗斯西伯利亚及远东地区30年春季降水距平最大的年份为1994年，为65.23mm；春季降水距平最小的年份为2000年，为-20.67mm（图4-145）。

从东北亚五大生态地理分区春季降水距平和累积距平的年际变化看，亚寒带针叶林带春季降水年际波动较大，1992年之前春季降水累积距平表现为减少的趋势，1994年春季降水距平有一个较大的增加，因此降水累积距平曲线也有了较大波动；1995~2002年亚寒带针叶林带春季降水累积距平表现为波动状态，2002年之后春季降水呈减少趋势。可见，亚寒带针叶林带30年春季降水距平最大的年份为1994年，为65.38mm；春季降水距平最小的年份为2000年，为-19.3mm（图4-146）。

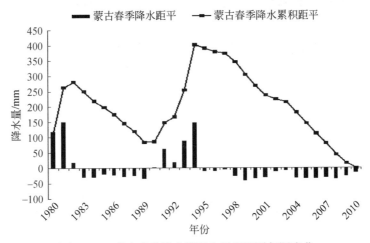

图 4-144　蒙古春季降水距平和累积距平年际变化

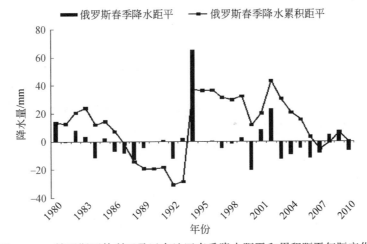

图 4-145　俄罗斯西伯利亚及远东地区春季降水距平和累积距平年际变化

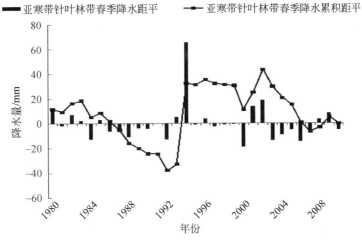

图 4-146　亚寒带针叶林带春季降水距平和累积距平年际变化

　　温带混交林带 30 年春季降水大体上表现为先减少后增加的趋势，但 20 世纪 90 年代降水的年际波动较大，20 世纪 80 年代温带混交林带春季降水主要是减少趋势，21 世纪初春季降水主要是增加趋势。可见，温带混交林带 30 年春季降水距平最大的年份为 1998 年，为 44.98mm；春季降水距平最小的年份为 2001 年，为 –29.25mm（图 4-147）。

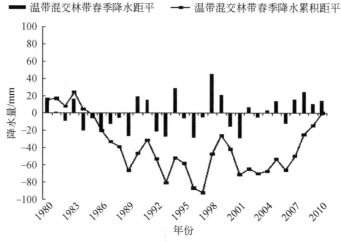

图 4-147　温带混交林带春季降水距平和累积距平年际变化

　　温带草原带春季降水表现为先增加后减少再增加再减少的趋势，20 世纪 80 年代初有一个短期的降水量增加，随后春季降水进入下降阶段，到 1990 年春季降水累积距平又开始增加，且 1993 年、1994 年降水距平较大，增加趋势明显，1995 年春季降水进入减少阶段。可见，温带草原带 30 年春季降水距平最大的年份为 1981 年，为 91.78mm；春季降水距平最小的年份为 1989 年，为 –29.44mm（图 4-148）。

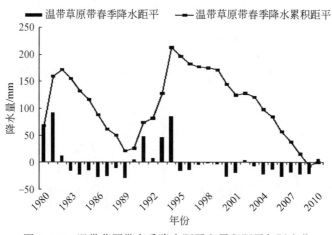

图 4-148　温带草原带春季降水距平和累积距平年际变化

　　温带荒漠带春季降水年际波动较大，20 世纪 80 年代初春季降水累积距平有一个短暂的增加阶段，1982～1993 年春季降水累积距平呈下降趋势，1994 年春季降水距平有一个较大的突变值，因此降水累积距平有较大波动，1995 年之后春季降水仍有波动，但总体上表现为减少的趋势。可见，温带荒漠带 30 年春季降水距平最大的年份为 1994 年，为 98.97mm；春季降水距平最小的年份为 1989 年，为 -24.37mm（图 4-149）。

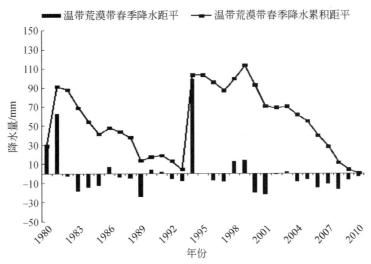

图 4-149　温带荒漠带春季降水距平和累积距平年际变化

苔原带春季降水年际波动较大，20 世纪 80 年代春季降水累积距平主要为减少的趋势，1994 年和 2002 年春季降水距平值较大，因此 1994 年以后苔原带春季降水累积距平有较大波动。可见，苔原带 30 年春季降水距平最大的年份为 1994 年，为 59.36mm；春季降水距平最小的年份为 2000 年，为 -22.13mm（图 4-150）。

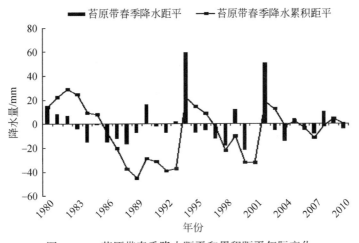

图 4-150　苔原带春季降水距平和累积距平年际变化

(3) 年际变化的空间格局

东北亚地区春季降水变化在空间上有较大差异（图 4-151），中国西北部、蒙古全境以及俄罗斯西伯利亚东南部和远东地区春季降水变化趋势以减少为主，中国东北地区、华北东部以及俄罗斯西伯利亚西南大部分地区降水变化趋势则是以增加为主。

中国北方地区春季降水大体上呈现东部增加而西部减少的分布趋势（图 4-152）。

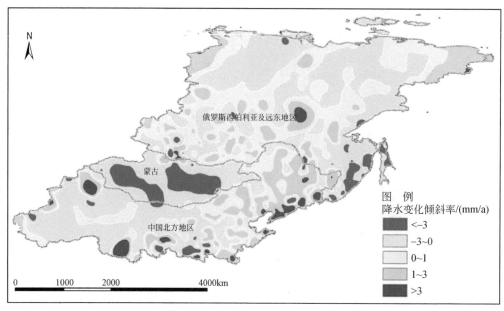

图 4-151　中国北方及其毗邻地区 1980～2010 年春季降水变化倾斜率空间分布

中国东北地区春季降水增加趋势明显，且沿海地区降水增加幅度较大，仅有部分地区降水呈现减少趋势，其中吉林省中部降水减少幅度超过 3mm/a；华北地区春季降水变化趋势是东部以增加为主、西部以减少为主，其中，山东省、河北省大部分地区以及河南省南部春季降水呈增加趋势，山西省大部分地区春季降水呈减少趋势；西北地区春季降水总体上是减少趋势，仅有青海省东部和南部地区以及新疆维吾尔自治区北部地区降水增加趋势较明显。

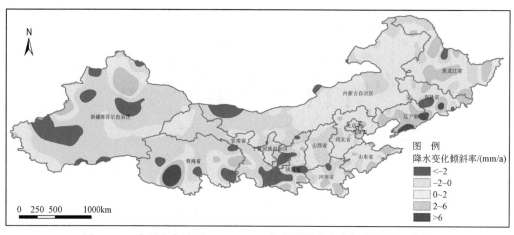

图 4-152　中国北方地区 1980～2010 年春季降水变化倾斜率空间分布

　　蒙古春季降水变化趋势以减少为主（图 4-153），仅有蒙古边境部分地区降水呈增加趋势，蒙古西南部和中东部地区降水减少趋势明显，其中科布多、扎布汗与戈壁阿尔泰交界处、布尔干鄂尔浑南部以及中戈壁与东戈壁交界处春季降水减少幅度大于 5mm/a。

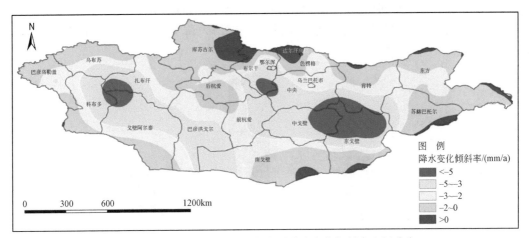

图 4-153　蒙古 1980 ~ 2010 年春季降水变化倾斜率空间分布

　　俄罗斯西伯利亚及远东地区春季降水变化趋势的空间差异较大（图 4-154），总体来看，降水趋势以增加为主，其中俄罗斯远东西部、南部和东部边缘部分地区降水增加幅度较大。俄罗斯西伯利亚东南部地区春季降水减少趋势较为明显。俄罗斯西伯利亚西南部地区春季降水在空间上差异较大，其中伊尔库茨克州与外贝加尔边疆区交界处降水减少趋势较明显，其他地区降水变化幅度较小。

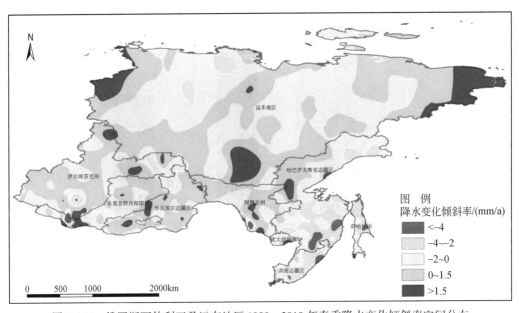

图 4-154　俄罗斯西伯利亚及远东地区 1980 ~ 2010 年春季降水变化倾斜率空间分布

4.2.2.5　夏季降水的变化特征

（1）年代际变化特征

　　东北亚地区 30 年夏季平均降水的年代际变化表现为先增加后减少的趋势，1980 ~ 1989 年至 1990 ~ 1999 年夏季降水量由 170.2mm 上升到 195mm，上升了 24.8mm；21 世纪初夏季降水量则由 20 世纪 90 年代的 195mm 减少到 166.4mm，减少了 28.6mm。可见，东北亚地区 90 年代夏季平均降水量最大，21 世纪初夏季平均降水量最小（图 4-155）。

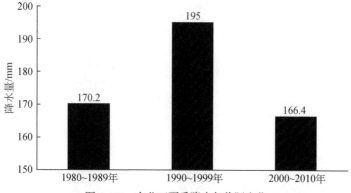

图 4-155　东北亚夏季降水年代际变化

俄罗斯西伯利亚及远东地区 30 年夏季平均降水的年代际变化表现为先增加后减少的趋势，1980～1989 年至 1990～1999 年夏季降水量由 160.95mm 增加到 161.26mm，增加了 0.31mm；21 世纪初的降水量则由 20 世纪 90 年代的 161.26mm 减少到 161.12mm，减少了 0.14mm。可见，俄罗斯西伯利亚及远东地区 90 年代夏季平均降水量最大，80 年代夏季平均降水量最小（图 4-156）。

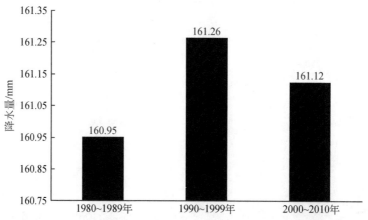

图 4-156　俄罗斯西伯利亚及远东地区夏季降水年代际变化

蒙古 30 年夏季平均降水的年代际变化表现为先增加后减少的趋势，1980～1989 年至 1990～1999 年夏季降水量由 157.19mm 增加到 177.04mm，增加了 19.85mm；21 世纪初的降水量则由 20 世纪 90 年代的 177.04mm 减少到 110.48mm，减少了 66.56mm。可见，蒙古 90 年代夏季平均降水量最大，21 世纪初夏季平均降水量最小（图 4-157）。

中国北方地区 30 年夏季平均降水的年代际变化表现为先增加后减少的趋势，1980～1989 年至 1990～1999 年夏季降水量由 193.83mm 增加到 262.25mm，增加了 68.42mm，21 世纪初的降水量则由 20 世纪 90 年代的 262.25mm 减少到 196.25mm，减少了 66mm。可见，中国北方地区 90 年代夏季平均降水量最大，80 年代夏季平均降水量最小（图 4-158）。

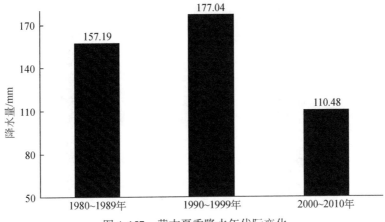

图 4-157　蒙古夏季降水年代际变化

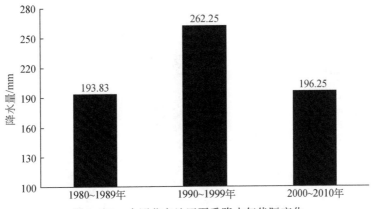

图 4-158　中国北方地区夏季降水年代际变化

从东北亚五大生态地理分区夏季平均降水的年代际变化看，亚寒带针叶林带 30 年夏季平均降水的年代际变化表现为逐渐增加的趋势，1980 ~ 1989 年至 1990 ~ 1999 年夏季降水量由 164.93mm 增加到 166.19mm，增加了 1.26mm；21 世纪初的夏季降水量则由 20 世纪 90 年代的 166.19mm 增加到 170.40mm，增加了 4.21mm。可见，亚寒带针叶林带 21 世纪初夏季平均降水量最大，20 世纪 80 年代夏季平均降水量最小（图 4-159）。

温带混交林带 30 年夏季平均降水的年代际变化表现为先增加后减少的趋势，1980 ~ 1989 年至 1990 ~ 1999 年夏季降水量由 320.31mm 增加到 415.09mm，增加了 94.78mm；21 世纪初的降水量则由 20 世纪 90 年代的 415.09mm 减少到 319.62mm，减少了 95.47mm。可见，温带混交林带 90 年代夏季平均降水量最大，21 世纪初夏季平均降水量最小（图 4-160）。

温带草原带 30 年夏季平均降水的年代际变化表现为先增加后减少的趋势，1980 ~ 1989 年至 1990 ~ 1999 年夏季降水量由 190.22mm 增加到 228.03mm，增加了 37.81mm；21 世纪初的降水量则由 20 世纪 90 年代的 228.03mm 减少到 149.38mm，减少了 78.65mm。可见，温带草原带 90 年代夏季平均降水量最大，21 世纪初夏季平均降水量最小（图 4-161）。

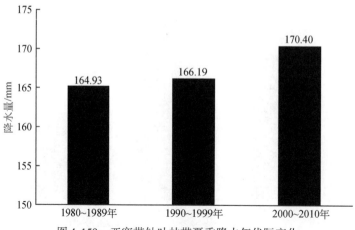

图 4-159 亚寒带针叶林带夏季降水年代际变化

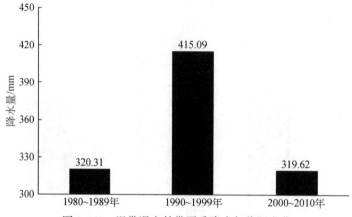

图 4-160 温带混交林带夏季降水年代际变化

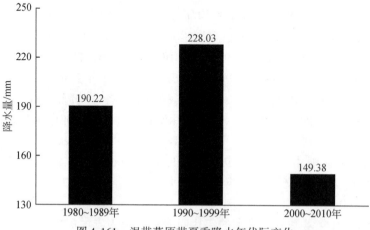

图 4-161 温带草原带夏季降水年代际变化

温带荒漠带 30 年夏季平均降水的年代际变化表现为先增加后减少的趋势,1980~1989 年至 1990~1999 年夏季降水量由 76.6mm 增加到 115.59mm,增加了 38.99mm;21 世纪初的降水量则由 20 世纪 90 年代的 115.59mm 减少到 76.24mm,减少了 39.35mm。可见,温带荒漠带90年代夏季平均降水量最大，21世纪初夏季平均降水量最小（图 4-162）。

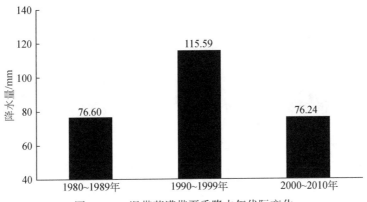

图 4-162　温带荒漠带夏季降水年代际变化

苔原带 30 年夏季平均降水的年代际变化表现为逐渐增加的趋势，1980～1989 年至 1990～1999 年夏季降水量由 105.12mm 增加到 108.16mm，增加了 3.04mm，21 世纪初的降水量由 20 世纪 90 年代的 108.16mm 增加到 112.28mm，增加了 4.12mm。可见，苔原带 21 世纪初夏季平均降水量最大，20 世纪 80 年代夏季平均降水量最小（图 4-163）。

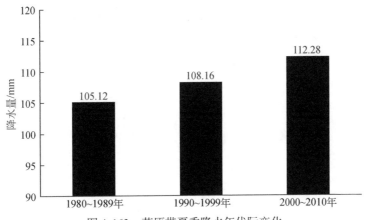

图 4-163　苔原带夏季降水年代际变化

（2）年际变化的时间特征

从东北亚地区夏季平均降水距平和累积距平年际变化（图 4-164）看，20 世纪 80 年代仅有 1981 年和 1984 年夏季降水距平为正值，80 年代夏季降水累积距平曲线呈下降趋势，90 年代夏季降水进入增加阶段，到 1999 年夏季降水有了较大幅度的增加，平均降水距平达到 120.27mm，进入 21 世纪后夏季降水又开始逐渐减少，到 2005 年后又有了缓慢的降水增加趋势。可见，从总体上看东北亚夏季降水呈现减少-增加-减少-增加的变化趋势。东北亚地区 30 年夏季平均降水距平最大的年份为 1999 年，为 120.27mm；夏季平均降水距平最小的年份为 2000 年，为 -46.61mm。

中国北方地区夏季平均降水在各个年代有着较明显的变化趋势，20 世纪 80 年代中国北方夏季降水主要表现为减少的趋势，90 年代在 1992 年和 1999 年降水距平有一个明

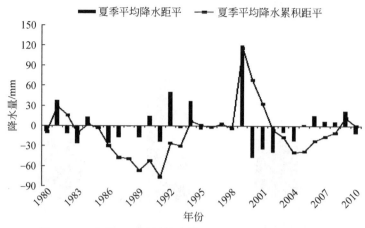

图 4-164　东北亚夏季平均降水距平和累积距平年际变化

显增加，其他年份降水波动不大，21 世纪初中国北方夏季降水距平多为负值，降水累积距平主要表现为减少的趋势。可见，30 年中国北方地区夏季平均降水距平最大的年份为 1999 年，为 299.25mm；夏季平均降水距平最小的年份为 1989 年，为 -71.62mm（图 4-165）。

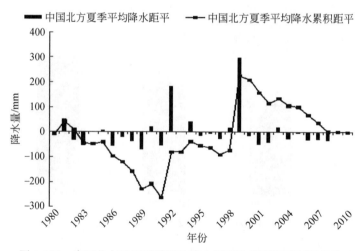

图 4-165　中国北方地区夏季平均降水距平和累积距平年际变化

　　蒙古夏季平均降水在各个年代有着较明显的变化趋势，20 世纪 80 年代和 90 年代蒙古夏季降水都表现为先增加后减少的趋势，且 90 年代降水距平普遍高于 80 年代；21 世纪初蒙古夏季降水距平多为负值，降水累积距平主要表现为减少的趋势。可知，蒙古 30 年夏季平均降水距平最大的年份为 1990 年，为 121.77mm；2006 年夏季平均降水距平最小，为 -84.15mm（图 4-166）。

　　俄罗斯西伯利亚及远东地区夏季平均降水在 20 世纪 80 年代和 90 年代的变化波动较小，降水距平多为负值；21 世纪初夏季降水表现为先减少后增加的趋势。可见，该地区 30 年夏季平均降水距平最大的年份为 2006 年，为 61.74mm；夏季平均降水距平最小的年份为 2000 年，为 -73.02mm（图 4-167）。

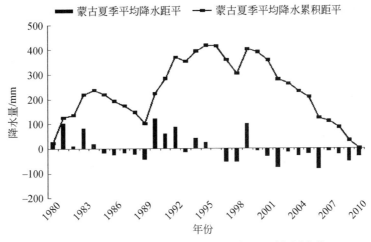

图 4-166　蒙古夏季平均降水距平和累积距平年际变化

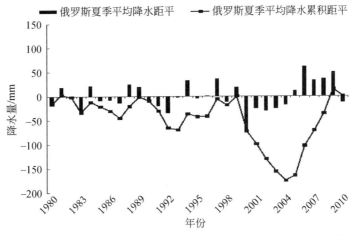

图 4-167　俄罗斯西伯利亚及远东地区夏季平均降水距平和累积距平年际变化

　　从东北亚五大生态地理分区夏季平均降水距平和累积距平的年际变化看，亚寒带针叶林带夏季平均降水在 20 世纪 80 年代和 90 年代的变化波动较小，降水距平多为负值；21 世纪以来亚寒带针叶林带夏季降水基本以 2004 年为界，2004 年以前呈减少趋势，2004 年以后呈增加趋势。可见，该地区 30 年夏季平均降水距平最大的年份为 2006 年，为 63.71mm；夏季平均降水距平最小的年份为 2000 年，为 -74.32mm（图 4-168）。

　　温带混交林带夏季平均降水在 20 世纪 80 年代主要表现为减少的趋势；20 世纪 90 年代，1992 年和 1999 年降水距平有较明显的增加，其他年份降水波动不大；21 世纪初温带混交林带夏季降水距平多为负值，降水累积距平主要表现为减少的趋势。可见，该地区 30 年夏季平均降水距平最大的年份为 1999 年，为 549.35mm；夏季平均降水距平最小的年份为 1989 年，为 -118.85mm（图 4-169）。

　　温带草原带夏季平均降水在各个年代有着较明显的变化趋势，20 世纪 80 年代温带草原带夏季降水表现为先增加后减少的趋势，但降水距平变化不大；90 年代夏季降水距平多为正值，降水累积距平表现为增加趋势；21 世纪初温带草原带夏季降水距平多为负值，降水累积距平主要表现为减少的趋势。可见，该地区 30 年夏季平均降水距平最大的年份为 1992 年，为 189.244mm；夏季平均降水距平最小的年份为 2006 年，为 -68.02mm（图 4-170）。

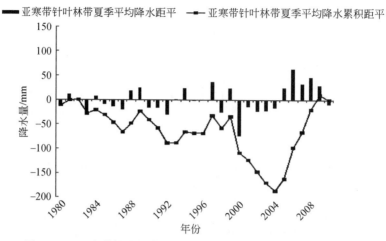

图 4-168　亚寒带针叶林带夏季平均降水距平和累积距平年际变化

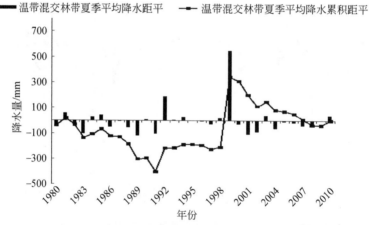

图 4-169　温带混交林带夏季平均降水距平和累积距平年际变化

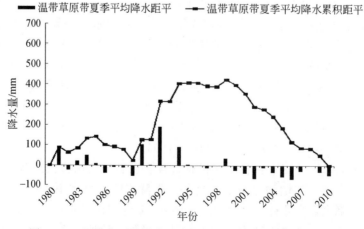

图 4-170　温带草原带夏季平均降水距平和累积距平年际变化

温带荒漠带夏季平均降水在各个年代有着较明显的变化趋势，20世纪80年代夏季降水主要表现为减少的趋势；90年代夏季降水表现为先增加后减少的趋势，但1999年降水距平有一个明显增加；21世纪初温带荒漠带夏季降水距平多为负值，降水累积距平主要表现为减少的趋势。可见，该地区30年夏季平均降水距平最大的年份为1999年，为198.97mm；夏季平均降水距平最小的年份为2006年，为-43.56mm（图4-171）。

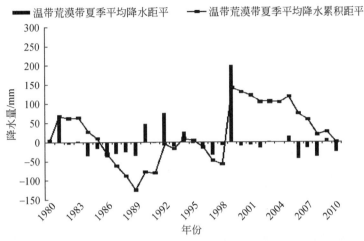

图4-171　温带荒漠带夏季平均降水距平和累积距平年际变化

苔原带夏季平均降水在20世纪80年代和90年代的变化波动较小，但降水距平多为负值，21世纪以来苔原带夏季降水表现为先减少后增加的趋势。该地区30年夏季平均降水距平最大的年份为2009年，为125.36mm；夏季平均降水距平最小的年份为1983年，为-55.05mm（图4-172）。

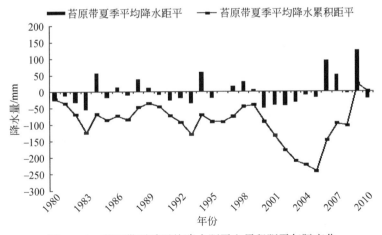

图4-172　苔原带夏季平均降水距平和累积距平年际变化

（3）年际变化的空间格局

从30年夏季降水变化倾斜率空间分布（图4-173）看，东北亚夏季降水变化在空间上的差异十分显著。夏季降水减少幅度最大的地区主要分布在蒙古、中国内蒙古部分地区、俄罗斯西伯利亚东南部地区和远东东部地区。

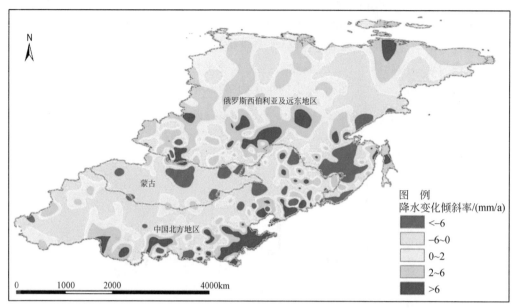

图 4-173   东北亚 1980～2010 年夏季降水变化倾斜率空间分布

中国北方大部分地区夏季降水变化趋势以减少为主，其中东北地区降水减少幅度较大的地区主要集中在黑龙江省北部、吉林省中部和辽宁省中西部地区，减少幅度超过5mm/a，此外，辽宁省西南部和辽宁省与吉林省交界处夏季降水增加幅度较大，超过8mm/a。此外，我国华北大部分地区夏季降水表现为增加的趋势，其中，山东省和河南省部分地区降水增加幅度较大，而降水减少的区域主要集中在河北省北部、山西省南部和陕西省部分地区。青海省中部地区、内蒙古、甘肃和新疆大部分地区夏季降水变化趋势以减少为主（图 4-174）。

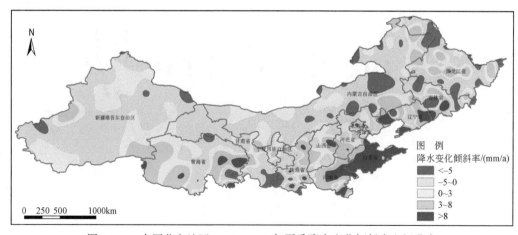

图 4-174   中国北方地区 1980～2010 年夏季降水变化倾斜率空间分布

蒙古大部分地区夏季降水呈现减少趋势（图 4-175），仅蒙古南北边境处部分地区夏季降水有增加趋势。蒙古夏季降水减少幅度较大的地区主要分布在蒙古西部、中部、东部和东戈壁东南部地区。其中，布尔干鄂尔浑与中央大部分地区、首特与东方交界处以及东戈壁东南部地区降水减少幅度较大，超过7mm/a。

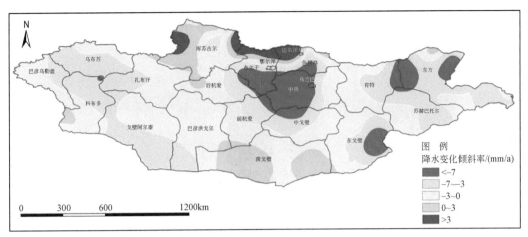

图 4-175　蒙古 1980～2010 年夏季降水变化倾斜率空间分布

俄罗斯西伯利亚及远东地区夏季降水变化增加趋势明显（图 4-176），俄罗斯西伯利亚东南部（包括外贝加尔边疆区中北部和伊尔库茨克州部分地区）夏季降水增加趋势较明显。在远东东部部分地区夏季降水有减少趋势。俄罗斯西伯利亚东南部地区降水主要为减少趋势，犹太自治州大部分地区、哈巴罗夫斯克边疆区南部以及滨海边疆区南部地区夏季降水减少幅度较大。

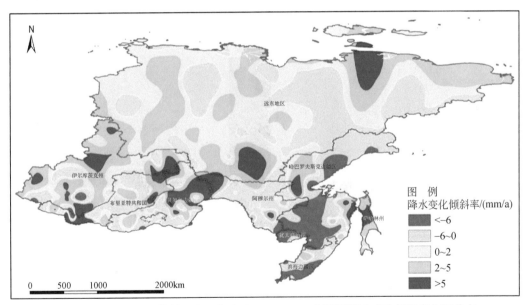

图 4-176　俄罗斯西伯利亚及远东地区 1980～2010 年夏季降水变化倾斜率空间分布

4.2.2.6　秋季降水的变化特征

（1）年代际变化特征

从东北亚秋季降水年代际平均变化（图 4-177）看，30 年秋季平均降水的年代际变化表现为先增加后减少的趋势，1980～1989 年至 1990～1999 年秋季降水量由 75.4mm 上升到 86.2mm，上升了 10.8mm，21 世纪初秋季降水量则由 20 世纪 90 年代的 86.2mm 减少到 78.1mm，减少了 8.1mm。可见，东北亚地区 20 世纪 90 年代秋季平均降水量最大，80 年代秋季平均降水量最小。

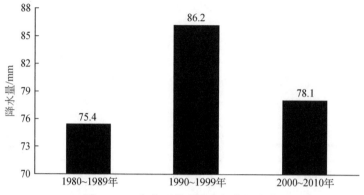
图 4-177　东北亚秋季降水年代际变化

中国北方地区 30 年秋季平均降水的年代际变化表现为先增加后减少的趋势，1980～1989 年至 1990～1999 年秋季降水量由 73.01mm 增加到 82.79mm，增加了 9.78mm，21 世纪初的降水量则由 20 世纪 90 年代的 82.79mm 减少到 73.82mm，减少了 8.97mm。可见，中国北方地区 20 世纪 90 年代秋季平均降水量最大，80 年代秋季平均降水量最小（图 4-178）。

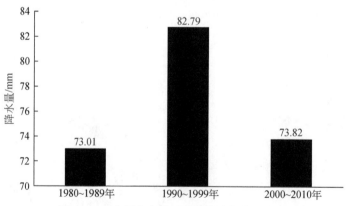
图 4-178　中国北方地区秋季降水年代际变化

蒙古 30 年秋季平均降水的年代际变化表现为先增加后减少的趋势，1980～1989 年至 1990～1999 年秋季降水量由 64.27mm 增加到 84.79mm，增加了 20.52mm，21 世纪初的降水量则由 20 世纪 90 年代的 84.79mm 减少到 28.95mm，减少了 55.84mm。可见，蒙古 20 世纪 90 年代秋季平均降水量最大，21 世纪初秋季平均降水量最小（图 4-179）。

俄罗斯西伯利亚及远东地区 30 年秋季平均降水的年代际变化表现为逐渐增加的趋势，1980～1989 年到 1990～1999 年秋季降水量由 83.57mm 增加到 89.78mm，增加了 6.21mm，21 世纪初的降水量则由 20 世纪 90 年代的 89.78mm 增加到 90.25mm，增加了

0.47mm。可见，俄罗斯西伯利亚及远东地区 21 世纪初秋季平均降水量最大，20 世纪 80 年代秋季平均降水量最小（图 4-180）。

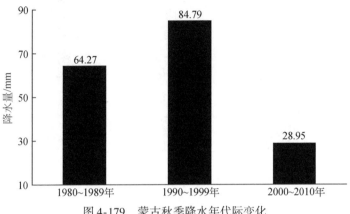

图 4-179　蒙古秋季降水年代际变化

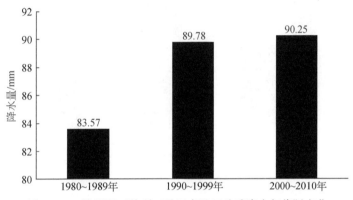

图 4-180　俄罗斯西伯利亚及远东地区秋季降水年代际变化

　　从东北亚五大生态地理分区秋季平均降水的年代际变化看，亚寒带针叶林带 30 年秋季平均降水的年代际变化表现为先增加后减少的趋势，1980～1989 年至 1990～1999 年秋季降水量由 86.06mm 增加到 94.39mm，增加了 8.33mm，21 世纪初的降水量则由 20 世纪 90 年代的 94.39mm 减少到 93.07mm，减少了 1.32mm。可见，亚寒带针叶林带 20 世纪 90 年代秋季平均降水量最大，80 年代秋季平均降水量最小（图 4-181）。

　　温带混交林带 30 年秋季平均降水的年代际变化表现为先增加后减少的趋势，1980～1989 年至 1990～1999 年秋季降水量由 119.98mm 增加到 125.85mm，增加了 5.87mm，21 世纪初的降水量则由 20 世纪 90 年代的 125.85mm 减少到 116.59mm，减少了 9.26mm。可见，温带混交林带 20 世纪 90 年代秋季平均降水量最大，21 世纪初秋季平均降水量最小（图 4-182）。

　　温带草原带 30 年秋季平均降水的年代际变化表现为先增加后减少的趋势，1980～1989 年至 1990～1999 年秋季降水量由 65.24mm 增加到 82.43mm，增加了 17.19mm，21 世纪初的降水量则由 20 世纪 90 年代的 82.43mm 减少到 44.18mm，减少了 38.25mm。可见，温带草原带 20 世纪 90 年代秋季平均降水量最大，21 世纪初秋季平均降水量最小（图 4-183）。

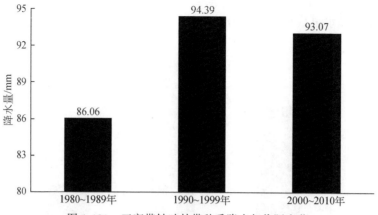

图 4-181 亚寒带针叶林带秋季降水年代际变化

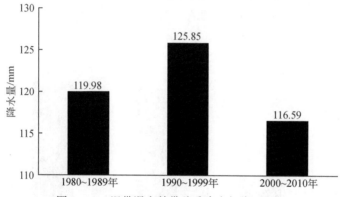

图 4-182 温带混交林带秋季降水年代际变化

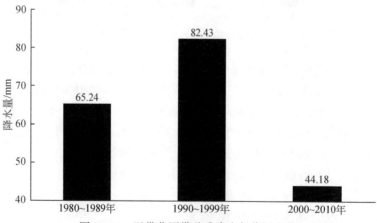

图 4-183 温带草原带秋季降水年代际变化

温带荒漠带 30 年秋季平均降水的年代际变化表现为先增加后减少的趋势，1980 ~ 1989 年至 1990 ~ 1999 年秋季降水量由 38.21mm 增加到 49.83mm，增加了 11.62mm，21 世纪初的降水量则由 20 世纪 90 年代的 49.83mm 减少到 32.35mm，减少了 17.48mm。可见，温带荒漠带 20 世纪 90 年代秋季平均降水量最大，21 世纪初秋季平均降水量最小（图 4-184）。

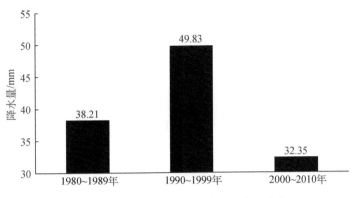

图 4-184　温带荒漠带秋季降水年代际变化

　　苔原带 30 年秋季平均降水的年代际变化表现为逐渐增加的趋势，1980 ~ 1989 年至 1990 ~ 1999 年秋季降水量由 57.13mm 增加到 57.48mm，仅增加了 0.35mm，21 世纪初的降水量则由 20 世纪 90 年代的 57.48mm 增加到 78.42mm，增加了 20.94mm。可见，苔原带 21 世纪初秋季平均降水量最大，20 世纪 80 年代秋季平均降水量最小（图 4-185）。

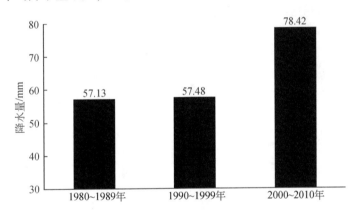

图 4-185　苔原带秋季降水年代际变化

（2）年际变化的时间特征

　　从东北亚地区秋季平均降水距平和累积距平的年际变化（图 4-186）看，秋季平均降水年际变化波动较大，20 世纪 80 年代初秋季降水有一个较短期的增加，随后 80 年代秋季降水基本为减少的趋势，1990 年开始秋季降水进入增加阶段。其中，1992 年秋季降水增加幅度较大，平均降水距平达到 27.89mm，到 1996 年秋季降水累积距平达到最大值 46.44mm，之后秋季降水又进入逐年减少的阶段，2003 年秋季降水有了一个小幅度的增加，之后又呈减少趋势。总体上，东北亚秋季降水呈现减少—增加—减少的变化趋势。其中，东北亚地区 30 年秋季平均降水距平最大的年份为 1980 年，为 28.15mm；秋季平均降水距平最小的年份为 1986 年，为 -16.81mm。

　　中国北方地区秋季平均降水在各个年代有着较明显的变化趋势，20 世纪 80 年代中国北方秋季降水主要表现为减少的趋势，1992 年降水距平有一个明显增加，1999 年降水距平有一个明显减少，因此 90 年代秋季降水表现为先增加后减少的趋势，21 世纪初

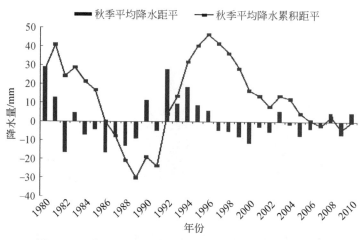

图 4-186 东北亚秋季平均降水距平和累积距平年际变化

中国北方秋季降水距平多为负值，降水累积距平主要表现为减少的趋势。其中，该地区30年秋季平均降水距平最大的年份为1992年，为87.35mm；秋季平均降水距平最小的年份为1999年，为−36.53mm（图4-187）。

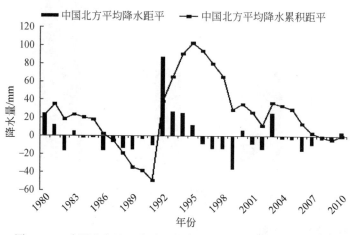

图 4-187 中国北方地区秋季平均降水距平和累积距平年际变化

蒙古秋季平均降水在各个年代有着较明显的变化趋势，20世纪80年代蒙古秋季降水表现为先增加后减少的趋势，但降水距平变化不大，90年代秋季降水也表现为先增加后减少的趋势，但降水距平值普遍高于80年代，21世纪初蒙古秋季降水距平多为负值，降水累积距平主要表现为减少的趋势。其中，该地区30年秋季平均降水距平最大的年份为1990年，为117.54mm；秋季平均降水距平最小的年份为1999年，为−41.43mm（图4-188）。

俄罗斯西伯利亚及远东地区秋季平均降水在1993年之前主要表现为减少的趋势，1994年之后秋季降水呈波动增加趋势。其中，该地区30年秋季平均降水距平最大的年份为1996年，为21.15mm；秋季平均降水距平最小的年份为2000年，为−19.04mm（图4-189）。

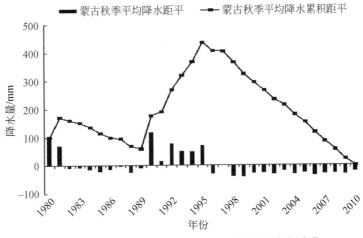

图 4-188　蒙古秋季平均降水距平和累积距平年际变化

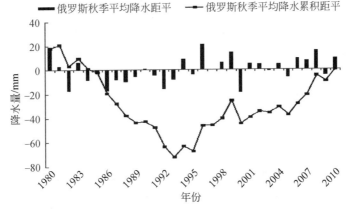

图 4-189　俄罗斯西伯利亚及远东地区秋季平均降水距平和累积距平年际变化

　　从东北亚五大生态地理分区秋季平均降水距平和秋季平均降水累积距平的年际变化看，亚寒带针叶林带秋季平均降水在 1993 年之前主要表现为减少的趋势，1994 年之后亚寒带针叶林带秋季降水在一些年份有波动，但总体呈增加趋势。其中，该地区 30 年秋季平均降水距平最大的年份为 1996 年，为 24.68mm；秋季平均降水距平最小的年份为 2000 年，为−23.88mm（图 4-190）。

　　温带混交林带秋季平均降水在各个年代有着较明显的变化趋势，20 世纪 80 年代温带混交林带秋季降水累积距平变化幅度较小，80 年代后期降水有减少的趋势，1992 年降水距平有一个明显增加，因此 90 年代秋季降水表现为先增加后减少的趋势。21 世纪初温带混交林带秋季降水距平多为负值，降水累积距平主要表现为减少的趋势。其中，该地区 30 年秋季平均降水距平最大的年份为 1992 年，为 124.16mm；秋季平均降水距平最小的年份为 1999 年，为−51.87mm（图 4-191）。

　　温带草原带秋季平均降水在各个年代有着较明显的变化趋势，20 世纪 80 年代温带草原带秋季降水表现为先增加后减少的趋势，但降水距平变化不大，90 年代秋季降水也表现为先增加后减少的趋势，但降水累积距平值高于 80 年代。1995 年之后温带草原带秋季降水距平多为负值，降水累积距平主要表现为减少的趋势。可见，该地区30年秋季平均降水距平最大的年份为1992年，为88.21mm；秋季平均降水距平最小的年份为1999年，为-36.75mm（图4-192）。

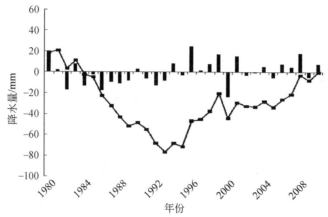

图4-190　亚寒带针叶林带秋季平均降水距平和累积距平年际变化

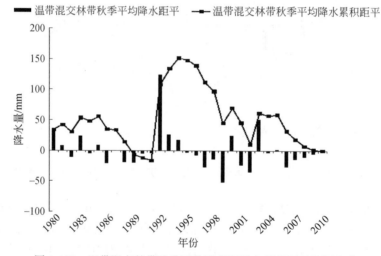

图4-191　温带混交林带秋季平均降水距平和累积距平年际变化

温带荒漠带秋季平均降水年际变化波动较大，1981～1991年温带荒漠带秋季降水有呈减少趋势，1991年之后秋季降水表现为先增加后减少的趋势，且20世纪90年代初期的几年秋季降水距平较大，降水累积距平增加趋势较明显，21世纪初温带荒漠带秋季降水距平多为负值，降水累积距平主要表现为减少的趋势。可见，该地区30年秋季平均降水距平最大的年份为1994年，为45.78mm；秋季平均降水距平最小的年份为1999年，为-23.85mm（图4-193）。

苔原带秋季平均降水30年主要表现为1998年之前的减少趋势和1998年之后的增加趋势，21世纪初苔原带在个别年份秋季降水有波动，但总体趋势仍为增加态势。可见，该地区30年秋季平均降水距平最大的年份为2002年，为55.4mm；秋季平均降水距平最小的年份为1982年，为-34.13mm（图4-194）。

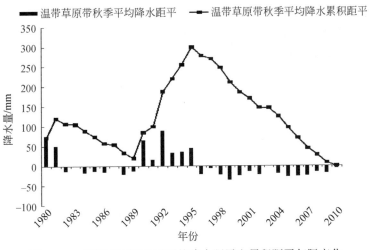

图 4-192　温带草原带秋季平均降水距平和累积距平年际变化

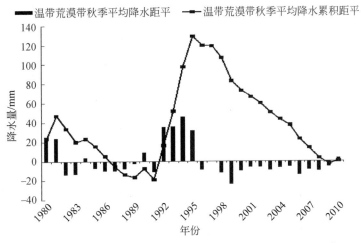

图 4-193　温带荒漠带秋季平均降水距平和累积距平年际变化

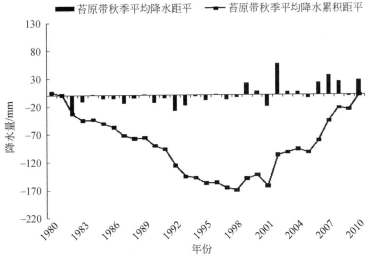

图 4-194　苔原带秋季平均降水距平和累积距平年际变化

(3) 年际变化的空间格局

从东北亚 30 年秋季降水年变化倾斜率空间分布（图 4-195）看，俄罗斯西伯利亚和远东大部分地区降水变化呈增加趋势，蒙古全境秋季降水都为减少趋势，且蒙古中部大部分地区降水减少幅度较大。中国北方地区秋季降水减少的地区主要集中在东北北部、内蒙古部分地区以及新疆大部分地区，而东北南部、华北地区、甘肃和青海部分地区秋季降水呈现增加的趋势。

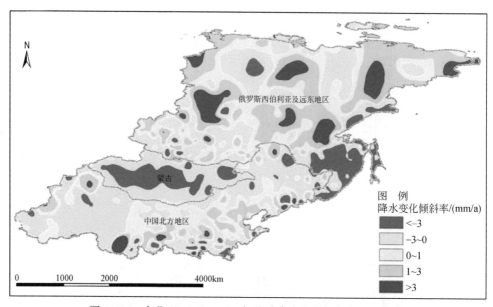

图 4-195　东北亚 1980～2010 年秋季降水变化倾斜率空间分布

从中国北方地区 30 年秋季降水变化倾斜率空间分布（图 4-196）看，中国东北地区秋季降水主要是减少趋势，其中黑龙江北部和吉林省中部降水减少幅度较大，内蒙古东部、山东省东部、河南省南部、陕西省南部、青海省东南部和新疆部分地区秋季降水减少趋势较为明显。此外华北地区、内蒙古西部、新疆北部、甘肃省大部分地区以及青海省南部和东北部地区秋季降水变化趋势则以增加为主，其中青海省南部降水增加幅度较大，超过 4mm/a。

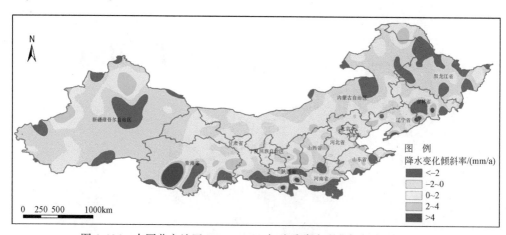

图 4-196　中国北方地区 1980～2010 年秋季降水变化倾斜率空间分布

蒙古境内大部分地区秋季降水变化呈减少趋势，仅有蒙古边境部分地区降水有增加趋势（图4-197）。蒙古中西部地区和东部边缘地区秋季降水增加趋势较为明显，增加幅度大于3mm/a。

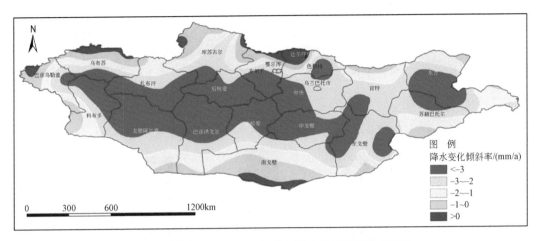

图4-197 蒙古1980~2010年秋季降水变化倾斜率空间分布

俄罗斯西伯利亚及远东大部分地区秋季降水变化趋势以增加为主（图4-198），其中远东西南部地区、中部地区和远东东部部分地区降水增加幅度较大。秋季降水减少的区域主要集中在俄罗斯西伯利亚东南部和远东部分地区，且远东地区东南部的哈巴罗夫斯克边疆区南部地区和滨海边疆区降水减少幅度大于3mm/a。另外，俄罗斯西伯利亚西南部也有部分地区秋季降水呈减少趋势。

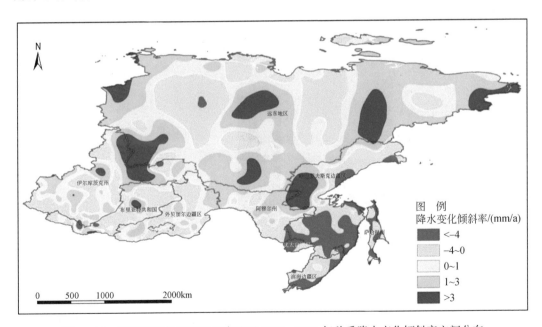

图4-198 俄罗斯西伯利亚及远东地区1980~2010年秋季降水变化倾斜率空间分布

4.2.2.7 冬季降水的变化特征

(1) 年代际变化特征

东北亚地区 30 年冬季平均降水的年代际变化表现为先增加后减少的趋势，1980～1989 年至 1990～1999 年冬季降水量由 31.9mm 上升到 36.5mm，上升了 4.6mm；21 世纪初冬季降水量则由 20 世纪 90 年代的 36.5mm 减少到 28.5mm，减少了 8mm。可见，东北亚地区 20 世纪 90 年代冬季平均降水量最大，21 世纪初冬季平均降水量最小（图 4-199）。

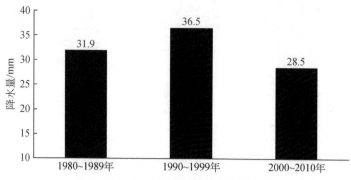

图 4-199 东北亚冬季降水年代际变化

中国北方地区 30 年冬季平均降水的年代际变化表现为先增加后减少的趋势，1980～1989 年至 1990～1999 年冬季降水量由 24.58mm 上升到 34.91mm，上升了 10.33mm；21 世纪初冬季降水量则由 20 世纪 90 年代的 34.91mm 减少到 22.94mm，减少了 11.97mm。可见，中国北方地区 20 世纪 90 年代冬季平均降水量最大，21 世纪初冬季平均降水量最小（图 4-200）。

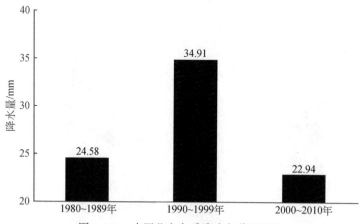

图 4-200 中国北方冬季降水年代际变化

蒙古 30 年冬季平均降水的年代际变化表现为逐渐减少的趋势，1980～1989 年至 1990～1999 年冬季降水量由 48.00mm 减少到 37.69mm，减少了 10.31mm；21 世纪初冬季降水量则由 20 世纪 90 年代的 37.69mm 减少到 11.33mm，减少了 26.36mm。可见，蒙古 20 世纪 80 年代冬季平均降水量最大，21 世纪初冬季平均降水量最小（图 4-201）。

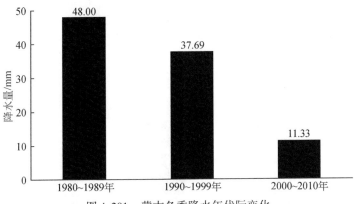

图 4-201　蒙古冬季降水年代际变化

　　俄罗斯西伯利亚及远东地区 30 年冬季平均降水的年代际变化表现为先增加后减少的趋势，1980~1989 年至 1990~1999 年冬季降水量由 34.75mm 上升到 37.69mm，上升了 2.94mm；21 世纪初冬季降水量则由 20 世纪 90 年代的 37.69mm 减少到 35.49mm，减少了 2.2mm。可见，俄罗斯西伯利亚及远东地区 20 世纪 90 年代冬季平均降水量最大，80 年代冬季平均降水量最小（图 4-202）。

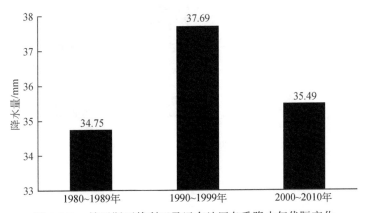

图 4-202　俄罗斯西伯利亚及远东地区冬季降水年代际变化

　　从东北亚五大生态地理分区冬季平均降水的年代际变化看，亚寒带针叶林带 30 年冬季平均降水的年代际变化表现为先增加后减少的趋势，1980~1999 年至 1990~1999 年冬季降水量由 36.17mm 上升到 38.74mm，上升了 2.57mm；21 世纪初冬季降水量则由 20 世纪 90 年代的 38.74mm 减少到 34.48mm，减少了 4.26mm。可见，亚寒带针叶林带 20 世纪 90 年代冬季平均降水量最大，21 世纪初冬季平均降水量最小（图 4-203）。

　　温带混交林带 30 年冬季平均降水的年代际变化表现为先增加后减少的趋势，1980~1989 年至 1990~1999 年冬季降水量由 25.02mm 上升到 40.51mm，上升了 15.49mm；21 世纪初冬季降水量则由 20 世纪 90 年代的 40.51mm 减少到 31.77mm，减少了 8.74mm。可见，温带混交林带 20 世纪 90 年代冬季平均降水量最大，80 年代冬季平均降水量最小（图 4-204）。

　　温带草原带 30 年冬季平均降水的年代际变化表现为逐渐减少的趋势，1980~1989 年至 1990~1999 年冬季降水量由 34.38mm 减少到 31.87mm，减少了 2.51mm；21 世纪初冬季降水量则由 20 世纪 90 年代的 31.87mm 减少到 12.63mm，减少了 19.24mm。可见，温带草原带 20 世纪 80 年代冬季平均降水量最大，21 世纪初冬季平均降水量最小（图 4-205）。

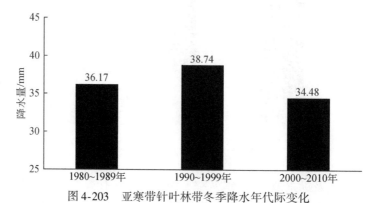

图 4-203　亚寒带针叶林带冬季降水年代际变化

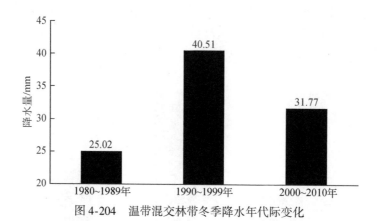

图 4-204　温带混交林带冬季降水年代际变化

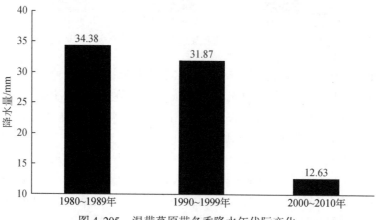

图 4-205　温带草原带冬季降水年代际变化

温带荒漠带 30 年冬季平均降水的年代际变化表现为先增加后减少的趋势，1980～1989 年至 1990～1999 年冬季降水量由 30.65mm 上升到 35.39mm，上升了 4.74mm；

21 世纪初冬季降水量则由 20 世纪 90 年代的 35.39mm 减少到 18.28mm，减少了 17.11mm。可见，温带荒漠带 20 世纪 90 年代冬季平均降水量最大，21 世纪初冬季平均降水量最小（图 4-206）。

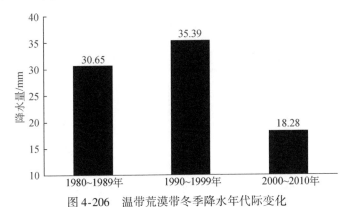

图 4-206　温带荒漠带冬季降水年代际变化

苔原带 30 年冬季平均降水的年代际变化表现为逐渐增加的趋势，1980～1989 年至 1990～1999 年冬季降水量由 27.00mm 增加到 30.69mm，增加了 3.69mm；21 世纪初冬季降水量则由 20 世纪 90 年代的 30.69mm 增加到 39.08mm，增加了 8.39mm。可见，苔原带 21 世纪初冬季平均降水量最大，20 世纪 80 年代冬季平均降水量最小（图 4-207）。

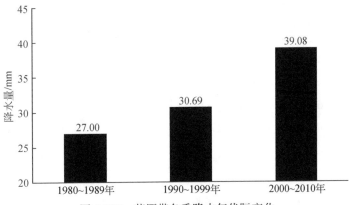

图 4-207　苔原带冬季降水年代际变化

（2）年际变化的时间特征

从东北亚地区冬季平均降水距平和累积距平年际变化（图 4-208）看，20 世纪 80 年代初东北亚地区仅有 1980 年和 1981 年冬季降水距平为正值且值较大，随后 1981～1992 年冬季降水进入逐年减少的阶段，直到 1992～1994 年冬季降水有了短期的增加，随后 1994～2010 年东北亚冬季降水波动较大，但总体呈减少的趋势。因此，总体上看东北亚冬季降水的波动较大，个别年份冬季降水距平较大。其中，该地区 30 年冬季平均降水距平最大的年份为 1980 年，为 26.83mm；冬季平均降水距平最小的年份为 2005 年，为 -11.31mm。

中国北方地区 20 世纪 80 年代初冬季降水有一个短暂的增加趋势，随后到 1992 年主要表现为减少的趋势，1993 年、1994 年和 1999 年冬季降水距平明显增加，因此 90 年代冬

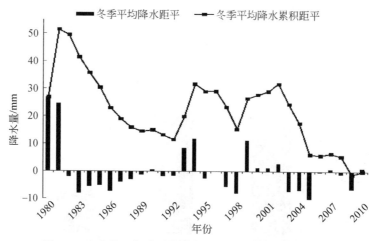

图 4-208　东北亚冬季平均降水距平和累积距平年际变化

季降水处于波动期，2001 年以后中国北方冬季降水距平多为负值，降水累积距平曲线主要表现为减少的趋势。可见，中国北方地区 30 年冬季平均降水距平最大的年份为 1994 年，为 26.7mm；冬季平均降水距平最小的年份为 1988 年，为–10.68mm（图 4-209）。

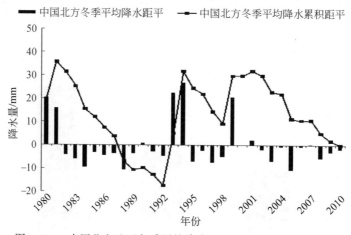

图 4-209　中国北方地区冬季平均降水距平和累积距平年际变化

　　蒙古冬季平均降水在各个年代有着较明显的变化趋势，20 世纪 80 年代蒙古冬季降水表现为先增加后减少的趋势，且 1980 年和 1981 年的冬季降水距平较大，90 年代冬季降水也表现为先增加后减少的趋势，21 世纪初蒙古冬季降水距平都为负值，降水累积距平表现为减少的趋势。可见，蒙古 30 年冬季平均降水距平最大的年份为 1981 年，为 126.36mm；冬季平均降水距平最小的年份为 1998 年，为–23.14mm（图 4-210）。

　　俄罗斯西伯利亚及远东地区冬季平均降水累积距平年际波动较大，1980 年和 1981 年冬季降水距平值都较大，1981～1994 年冬季降水进入逐年减少的阶段，1994 年之后冬季降水进入波动期，但 2005～2010 年俄罗斯西伯利亚及远东地区冬季呈增加趋势。因此，从总体看，俄罗斯西伯利亚及远东地区冬季降水的年际波动较大，个别年份冬季降水距平较大。可见，该地区 30 年冬季平均降水距平最大的年份为 1980 年，为 16.35mm；冬季平均降水距平最小的年份为 2005 年，为–9.94mm（图 4-211）。

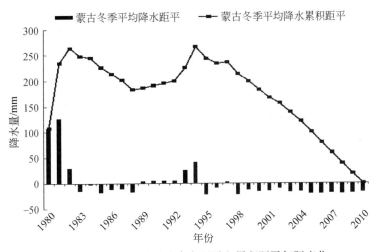

图 4-210　蒙古冬季平均降水距平和累积距平年际变化

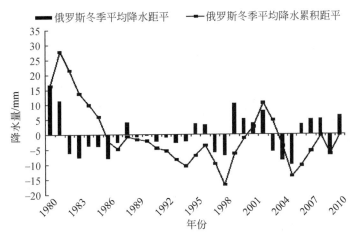

图 4-211　俄罗斯西伯利亚及远东地区冬季平均降水距平和累积距平年际变化

　　从东北亚五大生态地理分区冬季平均降水距平和累积距平年际变化看，亚寒带针叶林带冬季平均降水累积距平值基本都是正值，1980 年和 1981 年冬季降水距平为正值，且值都较大。20 世纪 80 年代冬季降水进入逐年减少的阶段，80 年代末又有了短期的增加，90 年代亚寒带针叶林带冬季降水有年际波动但波动幅度不大，21 世纪初冬季降水整体表现为先增加后减少的趋势。因此，从总体看，亚寒带针叶林带冬季降水的波动较大，个别年份冬季降水距平较大。该地区 30 年冬季平均降水距平最大的年份为 1980 年，为 17.88mm；冬季平均降水距平最小的年份为 2005 年，为-10.11mm（图 4-212）。

　　温带混交林带 20 世纪 80 年代和 90 年代冬季平均降水累积距平基本都为负值，80 年代温带混交林带冬季降水表现为逐年减少的趋势，90 年代冬季降水波动不大，但 1999 年冬季降水距平值较大，21 世纪初温带混交林带冬季降水变化幅度较小。该地区 30 年冬季平均降水距平最大的年份为 1999 年，为 58.21mm；冬季平均降水距平最小的年份为 1983 年，为-16.74mm（图 4-213）。

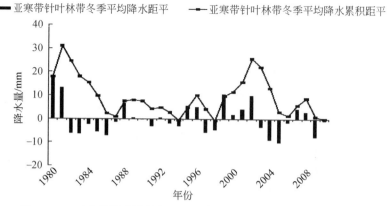

图 4-212　亚寒带针叶林带冬季平均降水距平和累积距平年际变化

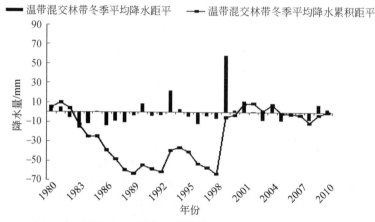

图 4-213　温带混交林带冬季平均降水距平和累积距平年际变化

　　温带草原带冬季平均降水累积距平 30 年均为正值，20 世纪 80 年代冬季降水表现为先增加后减少的趋势，且 1980 年和 1981 年冬季降水距平较大，90 年代冬季降水也表现为先增加后减少的趋势，21 世纪初温带草原带冬季降水距平都为负值，降水累积距平表现为减少的趋势。该地区 30 年冬季平均降水距平最大的年份为 1981 年，为 77.5mm；冬季平均降水距平最小的年份为 1995 年，为-14.16mm（图 4-214）。

　　温带荒漠带区冬季平均降水在各个年代有着较明显的变化趋势，20 世纪 80 年代温带荒漠带冬季降水表现为先增加后减少的趋势，且 1980 年和 1981 年冬季降水距平较大，其他年份降水距平变化范围较小，1992 以后冬季降水也表现为先增加后减少的趋势，1996 年以后温带荒漠带冬季降水距平基本为负值，降水累积距平表现为持续减少的趋势。该地区 30 年冬季平均降水距平最大的年份为 1994 年，为 53.61mm；冬季平均降水距平最小的年份为 1999 年，为-17.84mm（图 4-215）。

　　苔原带 30 年冬季平均降水累积距平基本都为负值，且 20 世纪 80 年代和 90 年代苔原带冬季降水基本表现为逐年减少的趋势，只有 1999 年冬季降水距平有一个较小的增加，21 世纪初苔原带冬季降水变化幅度较大，但总体上呈现增加的趋势。该地区 30 年冬季平均降水距平最大的年份为 2010 年，为 30.18mm；冬季平均降水距平最小的年份为 1998 年，为-16.33mm（图 4-216）。

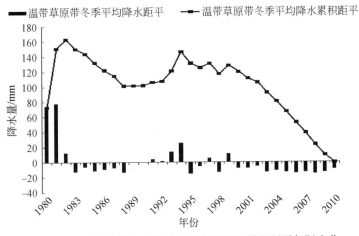

图 4-214　温带草原带冬季平均降水距平和累积距平年际变化

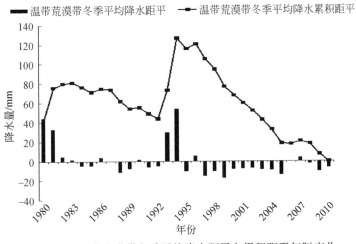

图 4-215　温带荒漠带冬季平均降水距平和累积距平年际变化

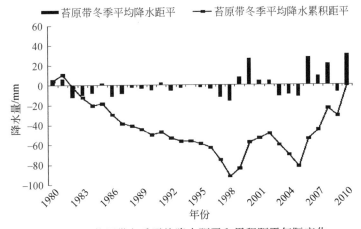

图 4-216　苔原带冬季平均降水距平和累积距平年际变化

（3）年际变化的空间格局

从东北亚30年冬季降水变化倾斜率空间分布（图4-217）看，东北亚地区冬季降水变化趋势以减少为主，降水减少幅度最明显的地区主要集中在蒙古和我国新疆的西南部，减少幅度大于3mm/a。从中国北方地区、蒙古、俄罗斯西伯利亚和远东地区3个国家（地区）冬季平均降水变化倾斜率的统计结果看，蒙古降水减少趋势最明显，冬季降水变化倾斜率为−21.64mm/a，而中国北方地区为−1.63mm/a。俄罗斯西伯利亚及远东地区冬季降水变化不大，冬季降水变化倾斜率仅为0.089mm/a。

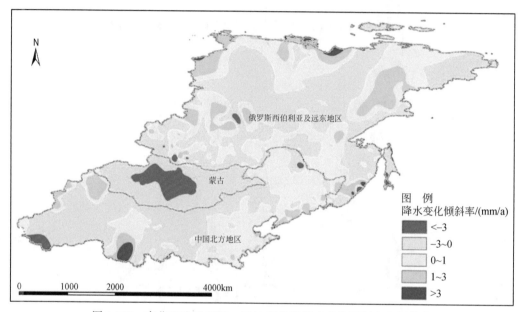

图4-217　东北亚地区1980～2010年冬季降水变化倾斜率空间分布

中国东北大部分地区、华北大部分地区、新疆北部边缘、甘肃省西部和青海省西部地区冬季降水均呈增加趋势，其中青海西南部和新疆北部地区降水增加幅度大于2mm/a，内蒙古、甘肃东部、宁夏、青海东部和新疆大部分地区冬季降水呈现减少趋势，其中新疆中部和西南部部分地区降水减少趋势较明显（图4-218）。

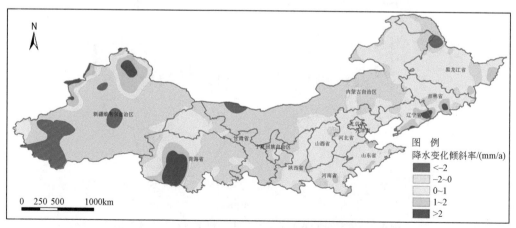

图4-218　中国北方地区1980～2010年冬季降水变化倾斜率空间分布

蒙古境内冬季降水年变化趋势主要以减少为主，且年减少有一定的空间规律性，从蒙古中部到蒙古边境冬季降水减少幅度越来越小，其中蒙古中部地区降水减少幅度大于 3mm/a（图 4-219）。

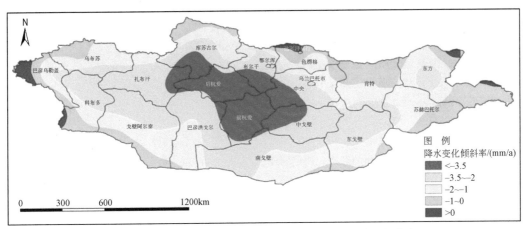

图 4-219　蒙古 1980～2010 年冬季降水变化倾斜率空间分布

俄罗斯西伯利亚及远东地区冬季季降水主要呈减少趋势，其中远东东部边缘地区、远东中部和西南部大部分地区冬季降水减少幅度为 0～2mm/a，远东北部和西北部边境地区降水呈增加趋势，且增加幅度较明显。俄罗斯西伯利亚西南部和东南部大部分地区冬季降水变化趋势也以减少为主，另外俄罗斯西伯利亚南部的滨海边疆区有部分地区冬季降水呈较大幅度的增加趋势（图 4-220）。

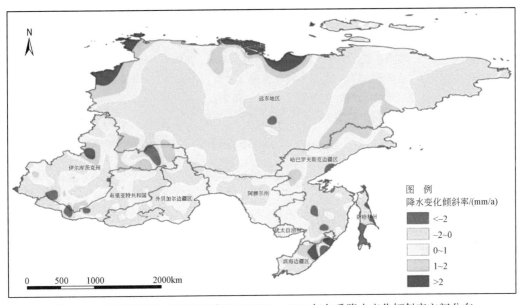

图 4-220　俄罗斯西伯利亚及远东地区 1980～2010 年冬季降水变化倾斜率空间分布

参 考 文 献

安可玛．2013．蒙古国矿产资源开发利用与中蒙矿产资源合作研究．长春：吉林大学硕士学位论文．

敖仁其．2004．制度变迁与游牧文明．呼和浩特：内蒙古人民出版社．

道日吉帕拉木．1996．集约化草原畜牧业．北京：中国农业科技出版社．

杜莫娃．2001．俄罗斯伊尔库茨克州与中国进行经济合作的可行性．东欧中亚市场研究，11：49-50．

傅小城，王芳，王浩，等．2011．柴达木盆地气温降水的长序列变化及与水资源关系．资源科学，33（3）：408-415．

高玲．1995．俄远东的经济中心——哈巴罗夫斯克边疆区．西伯利亚研究，22（6）：6-12．

葛新荣．2000．转轨时期赤塔州的经济．西伯利亚研究，27（6）：46-49．

龚强，汪宏宇，王盘兴．2006．东北夏季降水的气候及异常特征分析．气象科技，4：387-393．

郭志梅，缪启龙，李雄．2005．中国北方地区近50年来气温变化特征及其突变性．干旱区地理，2：176-182．

韩青，李景禹．2011．中俄两国边境区域合作开发文献落实问题探讨．延边大学学报（社会科学版），（1）：31-35．

黄荣辉，徐予红，周连童．1999．我国夏季降水的年代际变化及华北干旱化趋势．高原气象，4：465-476．

黄玉霞，李栋梁，王宝鉴，等．2004．西北地区近40年年降水异常的时空特征分析．高原气象，2：245-252．

贾忠祥，王建明，张桂兰．2004．与蒙古国合作开发矿产资源的条件分析与政策建议．西部资源，（2）：36-39．

蒋延玲．2001．全球变化的中国北方林生态系统生产力及其生态系统公益．北京：中国科学院博士学位论文．

卡拉伊万诺夫．2011．滨海边疆区的林业国际合作．钟建平译．西伯利亚研究，38（4）：22-23．

兰玉坤．2007．内蒙古地区近50年气候变化特征研究．北京：中国农业科学院硕士学位论文．

李崇银．1992．华北地区汛期降水的一个分析研究．气象学报，1：41-49．

李琨，王四海．2013．俄罗斯伊尔库茨克州油气资源潜力及开发战略探析．西伯利亚研究，40（4）：24-30．

刘东生．2004．黄土高原．北京：地震出版社．

马洁华，刘园，杨晓光，等．2010．全球气候变化背景下华北平原气候资源变化趋势．生态学报，14：3818-3827．

娜仁．2008．蒙古国草原畜牧业发展问题研究．呼和浩特：内蒙古大学硕士学位论文．

牛燕平．1997．俄罗斯萨哈共和国利用矿物资源促进经济增长．西伯利亚研究，24（6）：6-11．

瑟日革琳．2005．蒙古国草原畜牧业经济研究．北京：中央民族大学硕士学位论文．

孙晓谦．2007．俄罗斯滨海边疆区旅游业发展前景广阔．西伯利亚研究，34（3）：22-25．

唐国利，王绍武，闻新宇，等．2011．全球平均温度序列的比较．气候变化研究进展，7（2）：85-89．

通格．2012．蒙古国人口发展研究．长春：吉林大学博士学位论文．

汪青春，秦宁生．2007．青海高原近40a降水变化特征及其对生态环境的影响．中国沙漠，27（1）：153-158．

王富强．2010．蒙古国草原畜牧业可持续发展研究．呼和浩特：内蒙古大学硕士学位论文．

王海军，张勃，赵传燕，等．2009．中国北方近 57 年气温时空变化特征．地理科学进展，4：643-650．

王鹏祥，杨金虎，张强，等．2007．近半个世纪来中国西北地面气候变化基本特征．地球科学进展，6：649-656．

王万里．2012．蒙古气候变化点滴及尺度理论启示// 中国气象学会．S5 全球典型干旱半干旱地区气候变化及其影响．北京：中国气象学会：5．

王英，曹明奎，陶波，等．2006．全球气候变化背景下中国降水量空间格局的变化特征．地理研究，6：1031-1040．

王遵娅，丁一汇，何金海，等．2004．近 50 年来中国气候变化特征的再分析．气象学报，2：228-236．

韦志刚，董文杰，惠小英．2000．中国西北地区降水的演变趋势和年际变化．气象学报，2：234-243．

魏云洁，甄霖，刘雪林，等．2008．1992～2005 年蒙古国土地利用变化及其驱动因素．应用生态学报，19（9）：1995-2002．

徐娟，魏明建．2006．华北地区百年气候变化规律分析．首都师范大学学报（自然科学版），4：79-82．

闫志坚，孙红．2005．中国北方草地生态现状、保护及建设对策．四川草原，(7)：31-42．

尹林克．1997．中国温带荒漠区的植物多样性及其易地保护．生物多样性，5（1）：40-48．

尤莉，沈建国，裴浩．2002．内蒙古近 50 年气候变化及未来 10～20 年趋势展望．内蒙古气象，(4)：14-18．

张凤荣．2002．土壤地理学．北京：中国农业出版社．

张磊．2007．中国北方降水变化特征及其影响因子的研究．南京：南京信息工程大学硕士学位论文．

张美雷．2005．俄罗斯阿穆尔州的林业经济．西伯利亚研究，32（4）：30-32．

张新时．2007．中国植被及其地理格局．北京：地质出版社．

张义丰，王又丰，刘录祥，等．2002．中国北方旱地农业研究进展与思考．地理研究，21（3）：305-312．

赵海燕．1994．贝加尔湖畔的布里亚特共和国．西伯利亚研究，21（4）：30-35．

赵海燕．2003．俄罗斯联邦犹太自治州．西伯利亚研究，30（3）：45-48．

郑裕川．2008．俄罗斯远东地区经济开发展望．首尔：韩国对外经济政策研究院．

周丽艳．2011．中国北方针叶林生态系统碳通量及其影响机制研究．北京：北京林业大学博士学位论文．

左洪超，吕世华，胡隐樵．2004．中国近 50 年气温及降水的变化趋势分析．高原气象，23（2）：238-244．

Anisimov O, Reneva S. 2006. Permafrost and changing climate：the Russian perspective. AMBIO, 35（4）：169-175.

Bedritskii A I, Korshunov A A, Shaimardanov M Z. 2009. The Bases of Data on Hazardous Hydrometeorological Phenomena in Russia and Results of Statistical Analysis. Meteorol. Hydrol., 11（34）：703-708.

Gruza G V, Ran'kova E Y. 2003. Climate Oscillations and Changes over Russia. Izv. Akad. Nauk. Fiz. Atmos. Okeana, 39（2）：145-162.

Ippolitov I I, Kabanov M V, Komarov A I, et al. 2004. Modern Natural Climatic Changes in Siberia：A Trend of Annual Average Surface Temperatures and Air Pressure. Geogr. and Natural Resources，3.

Izrael Y A, Gruza G V, Kattsov V M, et al. 2001. Global Climate Changes. The Role of Anthropogenic Impacts. Russ. Meteorol. Hydrol.，5.

Qian Weihong, Zhu Yanfen. 2001. Climate change in China from 1880 to 1998 and its impacts on the environmental condition. Climatic Change, 50：419-444.

Smith T M, Reynolds R W. 2005. A global merged land-air-sea surface temperature reconstruction based on historical observations (1880—1997). Journal of Climate, 18：2021-2036.